云原生时代的
可观测系统
最佳实战

罗梦婷　蒲实◎著

電子工業出版社
Publishing House of Electronics Industry
北京•BEIJING

内 容 简 介

在云原生时代，可观测性覆盖了应用的全生命周期，是云原生应用必备的工具之一。

本书基于笔者多年的云原生可观测性实践经验，从可观测系统的演进和基础理论开始介绍，结合案例对可观测系统的开源架构、日志、链路、监控、事件和诊断等关键要素的系统设计方案及问题解决思路进行阐述，帮助读者了解在业务实践中可观测性对云原生应用有哪些巨大助力。

本书适合云原生应用开发人员、架构师、运维人员、测试人员，以及云计算相关从业人员阅读。

图书在版编目（CIP）数据

云原生时代的可观测系统最佳实战 / 罗梦婷，蒲实著. —北京：电子工业出版社，2023.9

ISBN 978-7-121-46045-6

Ⅰ. ①云… Ⅱ. ①罗… ②蒲… Ⅲ. ①云计算－可观测性 Ⅳ. ①TP393.027

中国国家版本馆 CIP 数据核字（2023）第 137735 号

责任编辑：孙奇俏
印　　刷：三河市君旺印务有限公司
装　　订：三河市君旺印务有限公司
出版发行：电子工业出版社
　　　　　北京市海淀区万寿路 173 信箱　　邮编：100036
开　　本：787×980　1/16　印张：20　字数：416 千字
版　　次：2023 年 9 月第 1 版
印　　次：2023 年 9 月第 1 次印刷
定　　价：108.00 元

凡所购买电子工业出版社图书有缺损问题，请向购买书店调换。若书店售缺，请与本社发行部联系，联系及邮购电话：（010）88254888，88258888。

质量投诉请发邮件至 zlts@phei.com.cn，盗版侵权举报请发邮件至 dbqq@phei.com.cn。

本书咨询联系方式：faq@phei.com.cn。

赞誉

可观测性表明了我们对系统的健康状况是否了然于胸，当出现异常时是否可以快速诊断。基于可观测性可以提升解决问题的效率。本书作者一直在腾讯云从事可观测性相关工作，有着丰富的项目实战经验。本书比较系统地讲解了云原生时代下可观测系统的实战，手把手教你入门，值得一读。

罗茂政

腾讯云中间件技术负责人

在云原生时代，分布式微服务架构已然成为主流，如何“驯服”并用好微服务架构是每个研发人员都需要掌握的技能，而可观测性技术则是公认的利器。本书由浅入深，从概念到实践都有非常完整的介绍，并且涵盖了可观测性技术的各个领域，相信领域内的各个“角色”都可以从中获得启发。

刘智新

腾讯专家工程师、腾讯云微服务平台技术负责人

在云原生时代，微服务和容器技术的大规模普及带来了业务系统复杂度的急剧提升。因此，快速帮助业务人员发现、定位和解决系统中的问题成了云原生架构落地过程中比较大的挑战之一。非常高兴能看到这样一本技术指南，从可观测性技术的发展历程出发，详细呈现了可观测系统的架构设计，先介绍如何使用 Profile 去定位和诊断复杂问题，再介绍业界比较前沿的 DevOps 和 AIOps 技

术实战，由浅入深，从横向到纵向完整描述可观测性技术的全貌，并提供实战经验。本书内容丰富，实用性强。对于云原生应用开发人员和运维人员来说，这是一本非常有价值的参考书。

韩欣

OPPO 互联网服务首席架构师、腾讯云前中间件技术总监

这本书剖析了可观测性这一新兴且蓬勃发展的领域，将理论和实践融合在一起。我深知云原生时代和微服务架构带来的新变革，本书能捕捉其脉络，洞悉其精髓。阅读本书，不仅能助您领略作者在可观测性技术领域的智慧，还能为您的工作带来新的启示。

宋蕴真

嘉为蓝鲸产品总经理

本书结合了作者丰富的实战经验和深刻的技术洞察力，围绕可观测性提供了很多生产级别的实战，是一本不可多得的、深入讲解可观测性理论和应用的技术书。不论你是初学者，还是经验丰富的从业者，都能在这本书中找到有价值的内容。相信这本书能帮助你基于可观测性构建可靠的云原生应用，建议持卷品读！

蔡波斯

《重新定义 Spring Cloud 实战》作者

在“云原生应用架构”被提出近 10 年，以及“软件系统可观测性”被提出近 5 年的今天，很高兴看到这本对云原生可观测系统进行整体介绍的图书诞生。这本书不仅阐释了概念原理，还总结了丰富的实战经验；不仅适用于辅助学习成熟的开源及商业项目，还有助于搭建适合业务自身特点的可观测系统。相信研发工程师、系统架构师、运维和质量保障工程师都能从本书中获得新的体会和启发。

chazling

腾讯云高级研发工程师

前　言

“可观测性”是一个新名词，但它的前身“监控”是计算机从业人员耳熟能详的名词。

那么，脱胎于“监控”的“可观测性”带来了哪些新技术呢?

在云原生时代，微服务架构与容器技术占据了业务头条，可观测性是如何将各个系统分裂的日志、指标等集为一体的呢?

使用链路追踪、事件、诊断是如何加速异常定位，以及帮助业务人员平稳度过流量波峰的呢?

相信这些问题也是很多云计算从业人员的疑问。云计算从业人员从来不怕实践新技术，只怕在错误的引导下使新技术的实践之路困难重重。基于此，笔者想撰写一本书，详细讲解云原生时代的可观测性技术，给出上述问题的答案。

然而，本书中的知识只能是知识，只有融于实践的知识才能创造价值。笔者从自身经历的多个可观测系统实战中提炼出了可观测系统各个模块的一体式解决方案，希望能以这些实践经验引导读者搭建自己的可观测系统（不仅包括适合业务系统的可观测系统，还包括能支撑大规模流量的高性能稳定的可观测系统）。

希望读者通过阅读本书不仅可以收获可观测性方面的知识，还能在每次实战中将知识沉淀为实践方法与经验。

本书内容

本书包括 8 章，主要介绍可观测性整体解决方案与业务实战案例。

第 1 章　可观测性概述

本章粗略地介绍可观测性，以期向读者展示可观测性的全貌。本章从分析系统架构的演进开始，带领读者了解可观测性的起源和可观测性技术的发展及现状。同时基于团队不同职责成员的视角介绍可观测性数据的类型、价值和作用，以及可观测性技术在实际应用中的价值。

第 2 章　系统架构

本章主要介绍可观测系统架构的设计和实战。首先分析可观测系统架构设计的基本原则，指导读者如何设计可观测系统；然后基于 Grafana 和 Elastic 技术栈搭建可观测平台；最后介绍如何基于开源架构解决大规模数据计算问题。

第 3 章　日志系统实战

本章主要介绍可观测系统中常见的日志系统。首先基于 OpenTelemetry 的规范介绍日志模型的设计，然后搭建 Elasticsearch 和 ClickHouse 两种日志系统，同时介绍如何建立集群并读/写日志。本章还介绍了 5 个典型的 Elasticsearch 调优实战，尤其是 PB 级别数据量下的 Elasticsearch 调优，以期帮助开发人员构建承载亿万级数据的日志系统。

第 4 章　链路追踪系统实战

本章直观地展现了系统运行情况，并还原了异常请求的链路追踪系统。首先介绍基于 OpenTelemetry 的链路追踪模型，然后对系统选型进行详细的实战分析。本章讨论了笔者在日均百亿级调用量的链路追踪系统上遇到的实际问题并展开分析，以期帮助读者搭建自己的链路追踪系统。

第 5 章　指标系统实战

本章主要介绍可观测系统中非常普遍的指标系统。构建完善的指标系统对于了解系统运行状态、保障系统健康运行具有至关重要的意义。本章先分析指标采集模型的设计，再对业界常见的指标监控系统进行实战分析。本章基于笔者在海量指标系统中遇到的实际问题展开介绍，以期帮助读者解决指标系统中常见的问题。

第 6 章　事件中心实战

本章主要介绍可观测系统中不可忽视的事件中心。可观测系统天然契合事件驱动架构。首先介绍事件驱动架构和事件模型设计，然后针对笔者在大规模事件场景中遇到的实际问题展开介绍，以期帮助读者搭建适合业务的事件中心。

第 7 章　Profile 诊断实战

本章主要介绍可观测系统中定位复杂问题根因的 Profile 诊断。首先介绍线上分析工具，包括 JDK 原生工具、Arthas 和 Wireshark；然后介绍在各类指标出现异常时如何定位与解决问题；最后介绍线上问题事后分析的方法，这对云原生应用的长期稳定运行具有重要作用。

第 8 章　可观测性的探索

本章主要介绍可观测性在 DevOps 与 AIOps 中的重要作用。首先介绍在 DevOps 中可观测性的作用，以及可观测性在全链路压力测试和混沌工程中的用处；然后介绍在 AIOps 中应用可观测性数据来实现智能化运维，以及企业级场景下 AIOps 落地的难点与经验。

阅读准备

要想阅读本书，读者需要具备一定的 Java 编程基础，并且对 Linux 环境和容器技术有一定的了解。要想正确运行本书中的示例代码，需要提前安装如下操作系统及软件。

- 操作系统：Windows、macOS、Linux 均可。
- Java 环境：推荐使用 JDK 8 及以上版本。
- 容器环境：在操作系统中运行 Docker。

联系作者

本书从选题构思、查阅资源、撰写内容、修改完善到出版成书，是由多人协作完成的。罗梦婷负责撰写第 1 ~ 2 章和第 4 ~ 6 章，并对全书的撰写工作进行统筹；蒲实负责撰写第 3 章和第 7 ~ 8 章。

可观测性是一个新兴且蓬勃发展的研究领域，由于笔者的水平、撰写时间有限，书中难免存在不足之处。若读者在阅读本书时发现问题，请及时与我们联系，我们将在第一时间裨补阙漏。

邮箱地址：459924535@qq.com。

致谢

在本书撰写过程中，笔者参考了国内外的诸多资料并归纳总结了精华知识，这些高质量的资料是本书的知识源头，笔者对资源的作者表示深深的敬意和感谢。另外，电子工业出版社博文视点的孙奇俏老师在选题策划和文字编辑方面付出了辛勤的劳动，在此向她表示由衷的感谢。

读者服务

微信扫码回复：46045

- 加入本书读者交流群，与作者互动。
- 获取【百场业界大咖直播合集】（持续更新），仅需 1 元。

目 录

第1章 可观测性概述

2022年10月，Gartner公司发布了《2023年十大战略技术趋势》报告。该报告中提到2023年需要探索的十大战略技术中就包括可观测性（Observability）。那么可观测性是什么呢？当人们谈到可观测性时，究竟在谈什么呢？

本章将从分析系统架构的演进开始介绍，带领读者逐步了解可观测性的起源和可观测性技术的发展历程。基于团队中不同职位的视角，帮助读者理解可观测性数据的价值和作用。

1.1 可观测系统的演进

可观测性是一种强大的能力，能够通过数据分析以明确的结果指导企业和团队做出正确的战略决策。如果能够在战略中予以规划并成功执行，那么可观测性应用将成为数据驱动型决策强有力的支撑。

最近几年，可观测性的热度开始飙升，那么，可观测系统是如何发展成现在的形态的呢？因为可观测系统的演进与系统架构的演进息息相关，所以本节首先分析系统架构的演进，然后介绍可观测性和监控的关系，最后介绍可观测性技术的现状。

1.1.1 系统架构的演进

众所周知，计算机从诞生到现在还不到100年，但在此期间，硬件技术和软件技术都发生了多次重大变革。计算机和互联网的诞生深深地影响了整个世界的发展。

1946 年，第一台通用计算机 ENIAC 在美国宾夕法尼亚大学诞生，如图 1-1 所示。这台计算机最初是为了处理弹道计算中的微积分问题而被设计的。计算机一开始是为了科研和计算而被创造的，不但体形巨大，而且价格昂贵。

图 1-1

1971 年，Intel 公司成功研制出第一台能够实际工作的微处理器 4004（见图 1-2），并于同年对外公布，这标志着计算机正式进入微处理器时代。微处理器的诞生直接使计算机开始进入个人家庭。

图 1-2

如今很多机构正在研究量子计算机，并且取得了一些不错的成果。例如，中国科学技术大学潘建伟研究团队，和中国科学院上海微系统与信息技术研究所、国家并行计算机工程技术研究中心合作，成功研制出量子计算原型机“九章”，其处理特定问题的速度比目前最快的超级计算机快 100 万亿倍。

虽然整个计算机的发展历史还不到 100 年，但半导体行业大致按照摩尔定律快速发展了半个多世纪，因此计算机的算力也得到了快速提升。

随着硬件技术的不断革新和快速发展，尤其是计算机进入个人家庭以后，计算机的民用软件和应用就开始飞速发展，与此同时，软件和应用的系统架构也在不断演进与发展。

本节涉及的架构指的是软件架构，也就是软件系统的基础结构。软件系统的基础结构规定了如何划分系统中的组件，各个组件如何运行，以及组件与组件之间如何沟通和协作。

系统架构的发展过程通常被定义为 4 个阶段，分别为单体架构阶段、垂直架构阶段、SOA 架构阶段和微服务架构阶段。但其实在 20 世纪 70—80 年代，为了弥补单台计算机算力的不足，人们就已经开始对分布式架构进行探索，但由于硬件发展的限制，最终并没有真正实现分布式架构。本节仅对单体架构和微服务架构进行对比，如果读者对垂直架构和 SOA 架构感兴趣，请自行查阅软件架构的相关资料。

单体架构是最简单的一种软件架构。其实，单体架构是在微服务架构被提出之后才出现的一个相对的概念。目前，许多软件在最初也是用单体架构完成的，之后随着业务的发展才逐渐演变成复杂的微服务架构。单体架构虽然是最早的架构形态，但其开发方便快捷、部署简单、不存在远程调用的性能问题和一致性问题，至今仍广泛应用于小型系统的设计中。因此，单体架构并不是一种被淘汰的架构方案。尤其是在项目启动初期，当业务体量极小时，因为单体架构简单灵活，所以可以促使项目更快地迭代发展。

以电商系统为例，单体架构的架构图如图 1-3 所示。单体架构将所有的系统都放在一个项目中，并且部署在同一 Web 服务器上，同时将所有应用的数据库放到一个数据库服务上，甚至可能放在一个数据库的不同表中。

单体架构的缺点是不易扩展，项目的代码都在一个代码仓库中，开发人员提交代码时容易产生冲突，系统在迭代部署时难度极大，每次都需要重新部署所有功能，容易出现因为一个功能问题导致整个系统发生故障而不可用的情况。

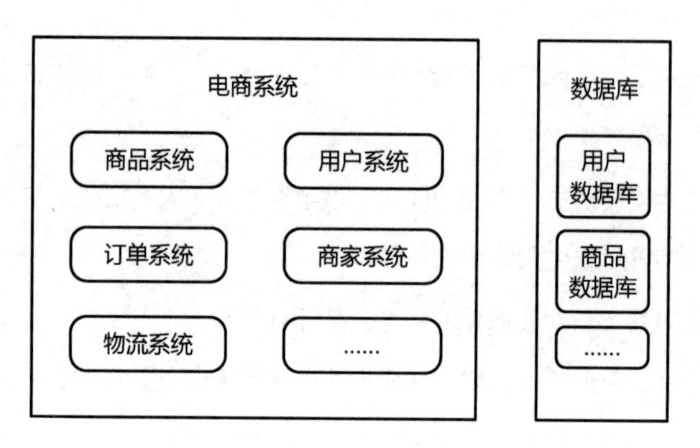

图 1-3

微服务的概念早在 2005 年就已经被提出。最初的微服务是指一种专注于单一职责、与语言无关的、细粒度的 Web 服务。微服务架构的快速发展和应用始于 2015 年前后，由于硬件设备、互联网、云计算等高速发展和不断革新，软件系统需要应对的场景越来越复杂，单体架构已经无法满足系统的需求（系统朝着越来越庞大、越来越复杂的方向发展），因此微服务架构就成为首选。

微服务架构通过多个小型服务组合来构建单个应用的架构。这些服务是围绕业务能力而非特定的技术标准来构建的，不仅可以采用不同的编程语言、不同的数据存储技术，还可以运行在不同的进程之中。

自 Spring Cloud 诞生以来，微服务框架呈爆发式增长，这些框架为开发人员提供了快速构建微服务系统的工具，并且基本涵盖了微服务架构所需的全部组件，包括服务发现、配置管理、熔断限流和服务监控等。微服务架构在 2018 年之后几乎成了系统架构的标准。

以电商系统为例，微服务架构的架构图如图 1-4 所示。微服务架构将不同的业务拆分为不同的服务。通过将微服务架构和单体架构进行对比可以发现，微服务架构具有组件化、松耦合、自治和去中心化等特点。

微服务架构的特点使其具有如下优点，这些优点使微服务架构非常契合大型系统。

（1）易于扩容

服务采取轻量级的通信机制和自动化的部署机制实现通信与运维。微服务架构的优点是，不仅可以使其中的每个服务专注于自身领域的业务，还可以轻松地根据自身业务特点来配置运行环境，并根据实际情况对不同的服务进行弹性伸缩。

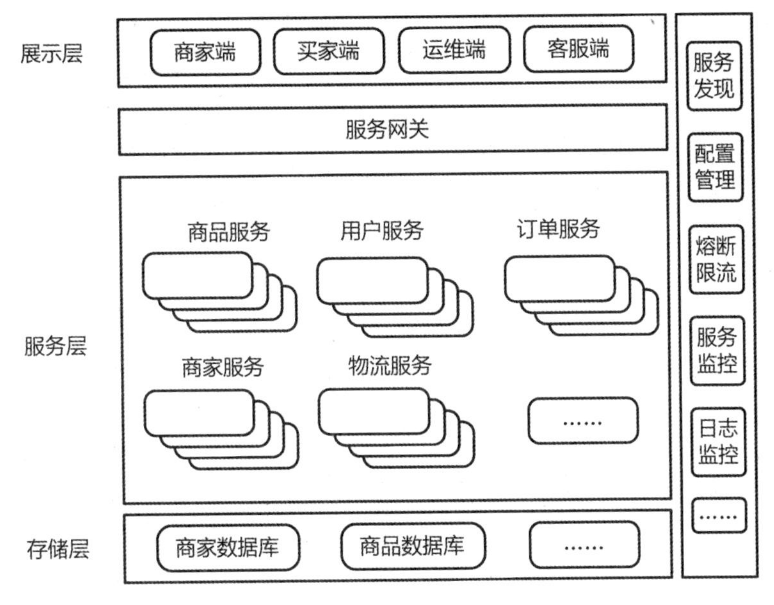

图 1-4

（2）服务间松耦合、高容错

由于微服务架构中的服务之间具有松耦合和高容错性，因此一个服务的异常不会导致系统的其他服务不可用。由于每个服务都是独立的，可以单独发布，因此提高了发布效率并且缩小了发布影响范围。每个服务都有单独的代码仓库，一个服务不会有过多的维护人员，这样可以减少开发过程中发生代码冲突的次数。

（3）提高开发效率

微服务架构中的服务都是小型的单个服务，可以根据服务特性选择最合适的技术来开发。开发人员可以通过快速在自身的服务上应用新技术来适应发展的需求。由于每个服务都是以业务为中心的，能够快速响应业务的变化，以及快速实现不同的业务场景，因此可以降低业务试错的成本。

虽然引入微服务架构具有诸多优点，但也存在如下几个问题。

（1）数据一致性问题

服务调用的网络业务系统被拆分成多个服务，服务之间的调用本身就会有额外的网络开销和延迟。如果一项功能涉及多个服务之间的数据提交结果，就会存在事务问题。尤其是电商、银行等需要强一致性的业务场景会涉及整个系统的数据一致性问题。

（2）集群维护问题

微服务架构中除了有庞大的业务节点集群，还有服务发现、配置管理、熔断限流和服务监控等额外的服务组件。整个集群中可能有成百上千个节点，这会导致系统复杂度陡然增加，维护成本也会随之增加。

（3）跨团队沟通问题

由于不同的服务是由不同的团队开发的，这些团队对其他团队开发的模块并不熟悉，业务边界划分也不够清晰，因此会产生额外的合作协调成本。

总体来说，虽然单体架构和微服务架构有各自适用的应用场景，但是受业务复杂度和业务体量的影响，微服务架构已成为众多系统的首选。尤其是当下，微服务已被列为云原生时代的代表技术之一，因此，微服务架构会得到更广泛的应用。

1.1.2 可观测性和监控的关系

1.1.1 节介绍了系统架构从单体架构到微服务架构的演变。随着系统架构的变化，在云原生技术的推广和普及下，传统监控已经无法满足需求，可观测性逐渐成为系统建设过程中必不可少的工具。本节主要介绍监控系统的发展历程，以及传统监控和可观测性之间的区别。

在计算机发展过程中，监控系统也一直在发展。当代计算机的发展经历了单机计算机时代、局域网时代、早期互联网时代、移动互联网时代和云原生时代 5 个阶段，不同阶段对监控系统的要求有所不同，监控系统在这 5 个阶段呈现出不同的特性。

（1）单机计算机时代

由于单机计算机时代没有网络，因此系统都是单机运行的。当时计算机的存储空间小且性能很低，各个软件的功能也比较单一。

在这种场景下，监控一台计算机就等于监控了整个系统，所以系统中提供了很多监控工具，用来观测计算机资源和应用的运行情况。例如，Windows 系统中的资源管理器、macOS 系统中的活动监视器等，以及 Linux 系统中的 top 命令和 ps 命令等，都可以用来观测系统当前的运行情况和某个程序的运行情况。在单机计算机时代，这些监控工具已经足以满足需求。在 Linux 系统中使用 top 命令显示的监控页面如图 1-5 所示。

```
top - 17:58:41 up 314 days,  5:47,  1 user,  load average: 1.08, 0.67, 0.31
Tasks:  84 total,   1 running,  83 sleeping,   0 stopped,   0 zombie
%Cpu(s):  1.7 us,  1.0 sy,  0.0 ni, 96.6 id,  0.3 wa,  0.0 hi,  0.3 si,  0.0 st
KiB Mem :  1882764 total,    81672 free,   741920 used,  1059172 buff/cache
KiB Swap:        0 total,        0 free,        0 used.   961692 avail Mem

  PID USER      PR  NI    VIRT    RES    SHR S %CPU %MEM     TIME+ COMMAND
23173 root      20   0 2742844 460116   5088 S  1.0 24.4   2682:03 java
 3034 root      20   0  680552  14604   1980 S  0.7  0.8 593:15.90 barad_agent
22125 root      20   0  366256  11184   1200 S  0.3  0.6 188:01.25 docker-containe
31166 root      20   0  998272  55528  13772 S  0.3  2.9 104:48.34 YDService
    1 root      20   0   43400   3004   1784 S  0.0  0.2  67:38.51 systemd
    2 root      20   0       0      0      0 S  0.0  0.0   0:06.27 kthreadd
    3 root      20   0       0      0      0 S  0.0  0.0  14:29.96 ksoftirqd/0
    5 root       0 -20       0      0      0 S  0.0  0.0   0:00.00 kworker/0:0H
    7 root      rt   0       0      0      0 S  0.0  0.0   0:00.00 migration/0
    8 root      20   0       0      0      0 S  0.0  0.0   0:00.00 rcu_bh
    9 root      20   0       0      0      0 S  0.0  0.0  49:28.72 rcu_sched
   10 root       0 -20       0      0      0 S  0.0  0.0   0:00.00 lru-add-drain
   11 root      rt   0       0      0      0 S  0.0  0.0   1:20.70 watchdog/0
   13 root      20   0       0      0      0 S  0.0  0.0   0:00.00 kdevtmpfs
   14 root       0 -20       0      0      0 S  0.0  0.0   0:00.00 netns
   15 root      20   0       0      0      0 S  0.0  0.0   0:07.26 khungtaskd
   16 root       0 -20       0      0      0 S  0.0  0.0   0:00.56 writeback
   17 root       0 -20       0      0      0 S  0.0  0.0   0:00.00 kintegrityd
   18 root       0 -20       0      0      0 S  0.0  0.0   0:00.00 bioset
   19 root       0 -20       0      0      0 S  0.0  0.0   0:00.00 kblockd
   20 root       0 -20       0      0      0 S  0.0  0.0   0:00.00 md
   21 root       0 -20       0      0      0 S  0.0  0.0   0:00.00 edac-poller
   27 root      20   0       0      0      0 S  0.0  0.0   1:26.78 kswapd0
   28 root      25   5       0      0      0 S  0.0  0.0   0:00.00 ksmd
   29 root      39  19       0      0      0 S  0.0  0.0   0:24.15 khugepaged
   30 root       0 -20       0      0      0 S  0.0  0.0   0:00.00 crypto
```

图 1-5

（2）局域网时代

由于出现了局域网，因此随之出现了服务器的概念和“客户端-服务端”架构。客户端可以通过数据交互使用服务端提供的系统，客户端和服务端之间的协作随之出现。为了降低单台服务器面临的压力，通常将多台服务器通过网络设备串联起来，由多台服务器共同为客户端提供服务。

这时就需要管理人员同时对多台服务器进行管理。如果继续使用单机监控工具，则管理人员必须分别登录每台服务器才能进行监控管理，这种模式的效率很低，所以就出现了网络监控工具，如 MTRG。网络监控工具通过对局域网内部所有服务器的网络情况进行监控来获取所有服务器的健康状态，管理人员可以通过查看网络监控工具来了解局域网中所有服务器的情况。

（3）早期互联网时代

早期互联网时代的用户通过浏览器访问网页以访问服务器上的资源。在这个阶段，虽然出现了互联网，但是互联网技术还极为简单，个人只能通过网页来访问服务器提供的系统，因此出现了“浏览器-服务器”架构。

在早期互联网时代，由于互联网技术的兴起和个人计算机的普及，同时电信运营商提供了一种全新的叫作互联网数据中心的接入技术，因此越来越多的企业或个人以浏览器为窗口通过互联网向全世界提供服务。这个阶段的系统及相关的软件架构开始变得越来越复杂。

此时对于监控来说，以前局域网中的单机监控工具已经无法满足需求，因此出现了以 Zabbix 为代表的新一代监控工具。新一代监控工具具有跨平台的特性，可以在多个平台上使用，不仅可以将系统中的数据收集起来使其通过浏览器页面被查看，还支持针对其中的某些监控指标设置阈值并发出告警。这些工具侧重于对服务器的网络和硬件进行监控，时至今日还有一定的用户群体。

（4）移动互联网时代

在移动互联网时代，由于 iOS 系统和 Android 系统的推出，移动设备迅速在全世界范围内普及。此时连接网络的移动设备开始快速增加，访问服务器提供的服务的客户端也从网页扩展为多种媒介。在硬件设备产生了巨大变革，尤其是海量移动设备加入互联网的情况下，服务器的访问量大幅度提升。同时，由于无线通信技术的发展，设备访问速度越来越快，对系统的性能要求也越来越高。

在移动互联网时代，VMware 公司推出的虚拟化技术和 Amazon 公司推出的互联网托管服务为整个互联网行业带来了巨大的变革。

VMware 公司推出的虚拟化技术核心原理是将一台物理服务器分割成多台虚拟机，这样不仅能提高服务器的利用率，还便于高效地管理海量的服务器。

而 Amazon 公司推出的互联网托管服务，最初是利用闲置的服务器提供网站托管服务的，现在，Amazon 公司已经成为市场占有率最高的云厂商，因此大量的中小型企业将服务托管到云上，云技术得到了空前的发展。

在移动互联网时代，庞大的用户意味着庞大的数据量，也意味着背后具有庞大的服务器集群。这意味着监控工具面临着巨大的挑战，不能仅用来监控服务器的硬件和网络，还需要对应用本身的指标进行监控，以及对系统中的服务调用进行追踪。这时出现了 APM（Application Performance Monitor，应用性能监控）。APM 的目的是通过数据采集的方式将系统指标、调用情况统一收集起来，用于系统发生故障时排查问题和指导提升应用性能。此时出现了各种各样的工具，如 Zipkin、Jaeger、SkyWalking 等链路追踪系统，以及 ELK 等日志系统。ELK 日志系统如图 1-6 所示，Zipkin 链路追踪系统如图 1-7 所示。

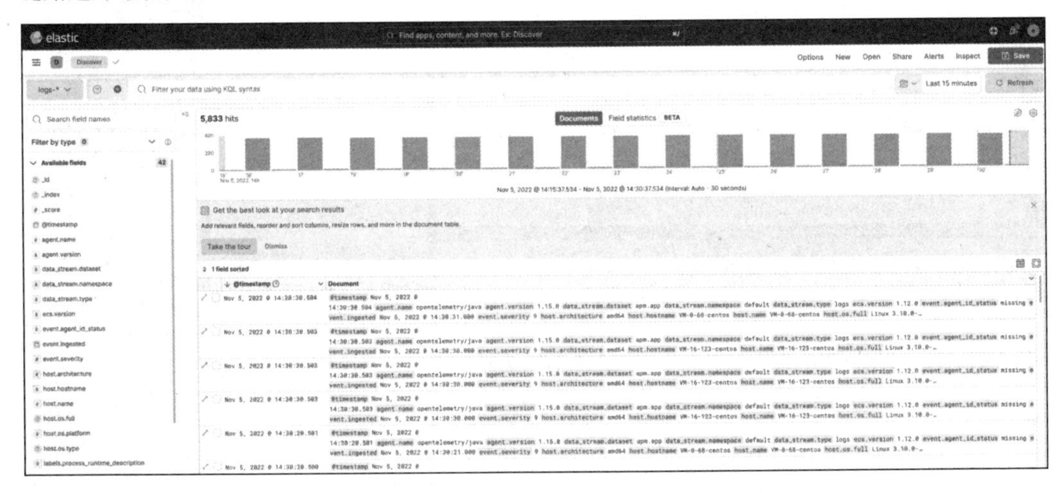

图 1-6

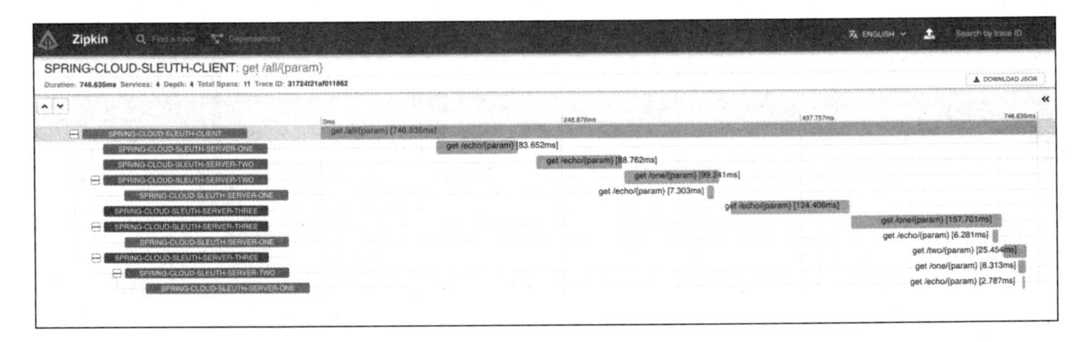

图 1-7

（5）云原生时代

云原生计算基金会（Cloud Native Computing Foundation，CNCF）成立于 2015 年，致力于云原生系统的推广和普及，是 Linux 基金会下最大的开源子基金会，也是目前最受关注且发展最快的基金会之一。当前 CNCF 的官方项目已经超过了 100 个，成为最活跃的社区。图 1-8 所示是 CNCF

官网上的云原生全景图（读者可以通过 CNCF 官网查阅具体内容）。国际数据公司的报告显示，截至 2023 年，企业云原生系统占比将超过 80%，可以认为当前已经步入云原生时代。云原生架构已成为应用部署的主流架构，应用系统已从传统的自建机房迁移到云上，并且在云上以容器的方式运行业务服务。

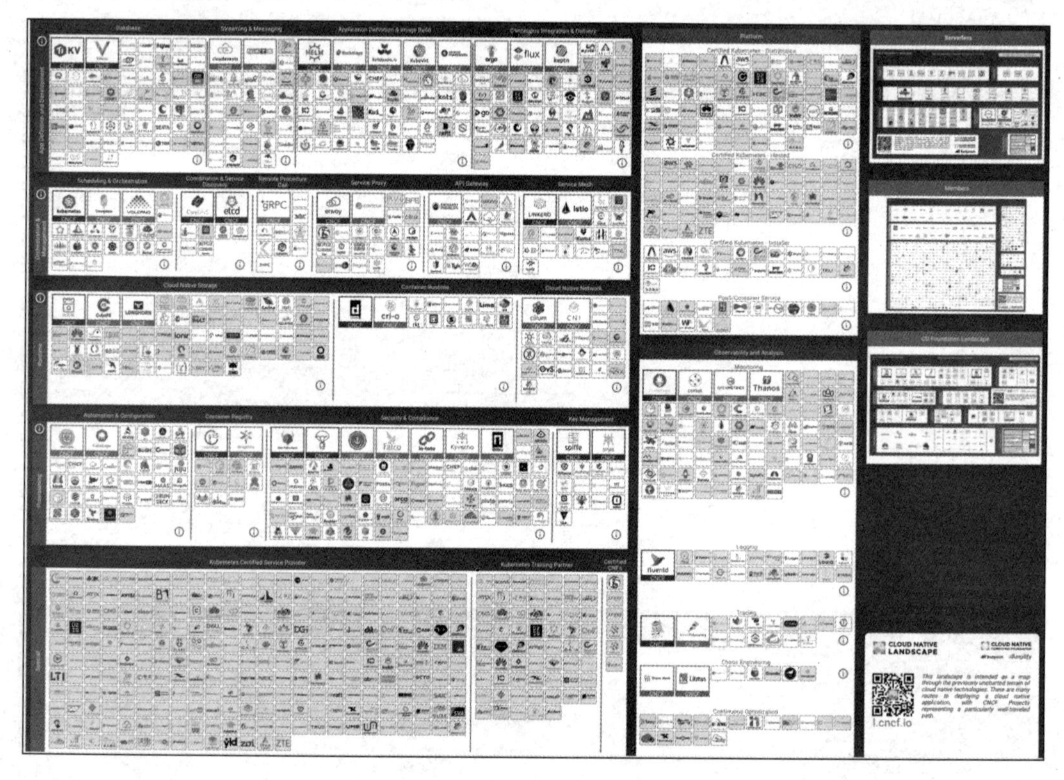

图 1-8

云原生架构能够尽可能剥离云应用中的非业务代码，聚焦功能性业务，从而打造敏捷、智能的云计算服务。从本质上来说，云原生架构也是一种软件架构，其核心特性是运行于云环境之中，对微服务进行延伸。从整体上来看，云原生架构不仅能够对云计算服务与互联网架构进行一体化升级，还可以助力企业快速迭代升级业务，并强化对不同量级流量的承载能力。

云原生的 4 个关键技术要素是微服务、容器化、持续交付和 DevOps。

- 微服务：在微服务架构中，服务被拆分成成百上千个微服务，包含上万个实例，本来系统部署在一台机器上，现在则被分布式部署在上万台机器上。

- 容器化：容器技术使服务部署更加方便、快捷。Docker 技术使用户可以标准化地自由组装环境，从而实现真正的“一次打包，随处运行”；Kubernetes 技术则解决了容器编排的问题，使运维人员能够轻松编排和管理海量容器的生命周期。
- 持续交付：持续交付意味着随时可以将一个版本发布到生产环境中，从而实现快速迭代。
- DevOps：DevOps 强调组织团队之间通过自动化工具来协同完成软件的生命周期管理，从而更快、更稳定地交付版本。

基于云原生时代的特点，传统的监控工具已经无法满足需求。传统的监控工具彼此之间的数据是割裂的，不同监控工具之间的数据无法联动产生“1+1>2”的效果。业务监控和基础设施监控之间也无法统一，当遇到一些边界问题涉及跨团队协作时，需要人工介入比对数据，将不同监控工具的数据进行关联。在这种场景下，虽然不同的数据都有各自的监控工具，但是没有全局的视角，无法了解系统整体的运行情况，也就无法快速、准确地了解当前系统的问题和可能存在的风险。这个时候出现了云原生时代的可观测系统，可观测系统从全局的视角进行观测，能够对系统中存在的异常进行全局的数据支撑和风险预测。

综上可知，由传统的监控工具转变为可观测系统，主要发生了如下几点变化。

- 系统关注的内容发生了变化：传统的监控工具通过监控系统的使用情况来观测系统中正在发生什么；可观测系统则通过系统整体的可观测性数据来了解系统中正在发生什么，以及为什么会发生。
- 团队成员的职责发生了变化：传统的监控工具主要由运维人员负责和关注，开发人员、测试人员通常不会关注；转变为可观测系统之后，开发人员、测试人员和运维人员要协调工作，共同建设统一的可观测系统，提升系统的服务质量。
- 观测数据的模型发生了变化：传统的监控工具采用分层模型，如图 1-9 所示。不同层的数据采用不同的监控系统，数据之间没有串联起来，如云和基础设施层的网络监控展现当前网络的状态、流量的情况，单从网络监控无法和业务流量进行关联。由于不同的观测数据分布在不同的系统中，因此当出现问题时需要同时使用多个系统来排除故障。可观测系统统一设计数据模型，并且将所有数据上报到一个系统中，使不同的数据之间能够相互关联，如图 1-10 所示。如果采用统一的数据模型将所有数据都放在一个系统中，就能通过关联关系对所有数据进行深度分析，从而使可观测系统更加高效和自动化。

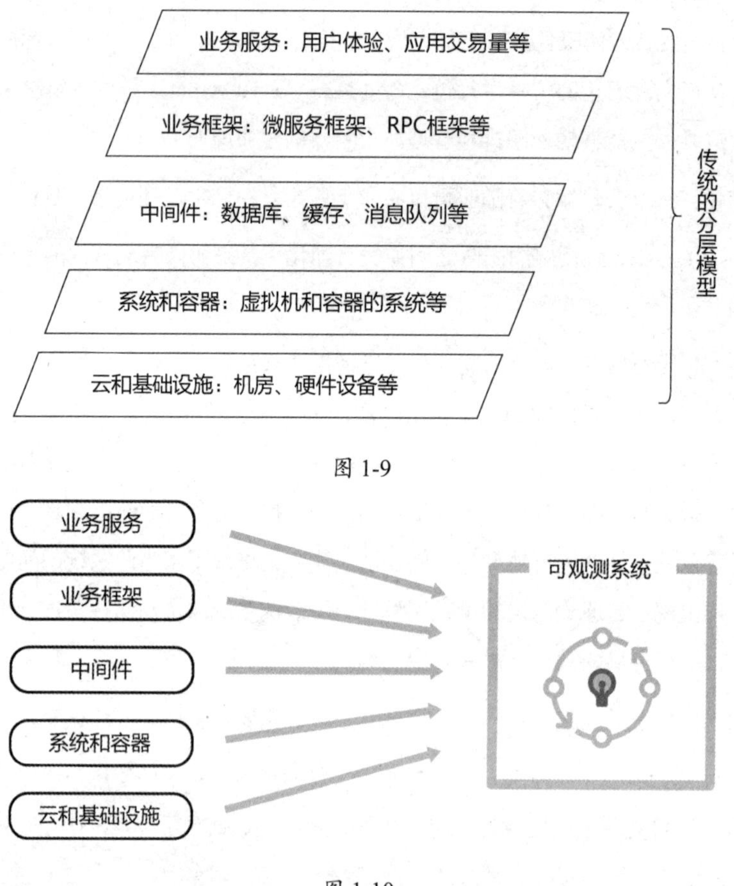

图 1-9

图 1-10

传统的监控工具更多的是指运维自动化工具，主要用途是代替人工自动监控系统的运行情况，在系统产生异常时发出告警，最终指导分析异常，以及进行故障诊断和根因分析。

可观测系统包含传统监控工具的能力，更多面向业务，同时强调将业务全过程透明化的理念，实现全景监控、智能运维和自修复等体系化的服务能力。可观测性最重要的能力是通过系统数据分析反映系统内部的状态，及时暴露系统风险，而传统监控系统仅仅对某些特定指标进行数据抓取并通过图标等呈现。

通过学习本节，读者可以了解到可观测系统的本质，即在传统监控工具的基础上进行统一的整合，并对观测的内容进行更深、更广的突破，尤其是对可观测性数据在海量数据下进行分析。

1.1.3　可观测性技术的现状

在 Gartner 公司发布的 2021 年基础设施和运维自动化技术成熟度周期表中，可观测性被置于膨胀期顶端（读者可以在 Gartner 公司的官网中查询详细的报告）。Gartner 公司将可观测性定义为软件和系统的一种特性，允许管理人员采集有关系统的外部和内部状态数据，以便回答有关系统行为的问题。其他相关团队也可以利用这些数据来调查异常情况，参与可观测性组件的开发，提高系统性能和正常运行时间。Gartner 公司预测，到 2024 年，30%的基于云架构的公司将使用可观测性技术。

当前，可观测性已经成为最重要的战略技术之一。下面介绍可观测性的起源和可观测性技术的发展历程。

可观测性和可控制性（Controllability）是由 Rudolf E. Kálmán 针对线性动态控制系统提出的一组对偶属性，原本的含义是“可以通过其外部输出判断其内部运行状态的精确程度”。

可观测性最早应用于电气工程领域。在控制论中，可观测性是衡量一个系统仅凭其外部输出来判断其内部运行状态的精确程度的指标。在互联网领域中，可观测性只是系统的一个属性。由于互联网技术近年来的发展速度非常快，系统的复杂度极速上升，尤其是分布式和云原生技术的普及和应用，因此，传统的监控工具逐渐演变为现在的可观测系统。

可观测性技术的发展历程可以概括为 3 个阶段，分别为感知系统状态、追踪问题位置和定位问题根因。

（1）阶段一：感知系统状态

在感知系统状态阶段，SRE（Site Reliability Engineering，网站可靠性工程）为用户提供了可靠且实用的方法论和实践经验。SRE 最初是由 Google 提出的，通过 *Site Reliability Engineering: How Google Runs Production Systems*（《SRE: Google 运维解密》）被广泛传播。

SRE 中有 3 个核心概念，分别为服务质量指标（Service Level Indicator，SLI）、服务质量目标（Service Level Objective，SLO）和服务质量协议（Service Level Agreement，SLA）。

- 服务质量指标：并不需要选择所有的指标，而是要选择合适的指标作为服务质量指标。通过服务质量指标可以感知系统当前的状态。

- 服务质量目标：在复杂的分布式系统下，当出现问题时往往会同时触发很多告警，无法立刻感知关键信息，因此需要分层设置服务质量目标，并且随着业务和系统的变化，服务质量目标也会变化。
- 服务质量协议：指的是全局协议，包含服务质量指标、服务质量目标，以及达到或没有达到服务质量目标时的结果。服务质量协议更靠近商务层面或产品设计层面。

通过合理地制定服务质量指标和服务质量目标，监控系统能提供有效的故障告警和风险预警。

在 SRE 运维体系中，Mikey 金字塔如图 1-11 所示。由 Mikey 金字塔可知，一个成熟的 SRE 系统已经具备了部分可观测系统的基础能力。在 SRE 系统中，可以通过监控数据、事故响应，来提供一定的自动恢复能力、故障诊断分析能力，以支撑事后回顾、测试与发布、容量规划等功能。

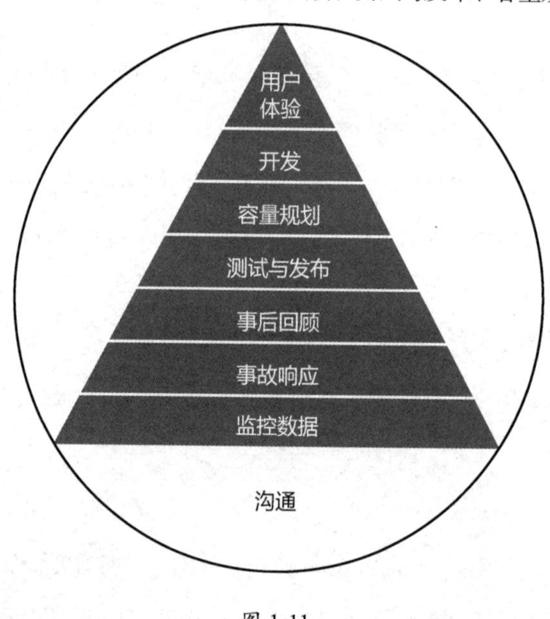

图 1-11

在 SRE 系统中，一个监控系统的输出应该只有 3 类，分别为紧急警报、工单和日志。由输出的定义可以看出传统监控工具的局限性，即只能感知系统的状态，需要人工介入来处理问题。

（2）阶段二：追踪问题位置

追踪问题位置阶段的核心技术就是链路追踪，只有实现了全链路追踪，才能对每个数据在系统中的流向进行还原。当前的大多数链路追踪系统都受到了 2010 年 Google 发表的论文 *Dapper, a*

Large-Scale Distributed Systems Tracing Infrastructure 的影响。

近几年链路追踪技术在社区百花齐放：在应用层面有 Zipkin、SkyWalking 和 Jaeger 等优秀且成熟的框架，可以用来实现业务应用的可观测性；在内核层面，eBPF 技术快速发展，通过在内核埋点可以实现内核的可观测性。2019 年，OpenTelemetry 成为 CNCF 的孵化项目，并一举成为当前可观测领域非常热门的项目。该项目旨在提供可观测领域的标准化采集方案。

链路系统中组件覆盖的完整性能够让用户在仅依赖采集数据的情况下快速定位问题发生的位置，从而快速进行系统恢复和根因分析。

（3）阶段三：定位问题根因

定位问题根因是当前可观测性技术发展的第三个阶段。2017 年的分布式追踪峰会之后，Peter Bourgon 撰写的 *Metrics, Tracing, and Logging* 系统地阐述了指标数据、链路数据和日志数据的定义、特征，以及它们之间的关系与差异，受到了业界的广泛认可。在此之后，传统系统开始逐步向可观测系统转变，将原本割裂的指标数据、链路数据和日志数据进行关联，通过对关联的数据进行分析来快速定位问题根因。

可观测性数据具有关联性和连贯性，而传统的监控工具是垂直分层的，所以无法对数据进行关联和自动化分析。

传统的监控数据包括服务指标数据（如服务的请求量、请求耗时）、服务间的链路数据（如服务调用的链路）和日志数据（仅业务服务的日志数据）。但这些数据远远不够，可观测系统还需要采集云和基础设施的数据、系统和容器的数据、事件数据、业务数据，并将这些数据整合成指标、链路、日志，然后进行分析，如图 1-12 所示。

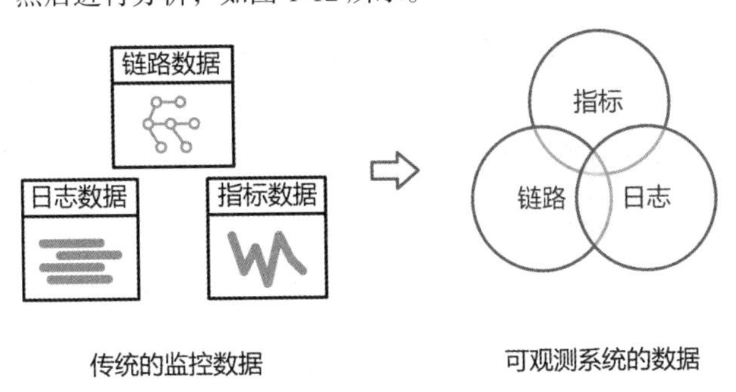

图 1-12

只有将格式统一的标准数据上报到可观测系统中，系统才能对数据进行统一的分析。另外，还需要结合对业务架构的理解设置不同数据所属的业务特性，这样才能最大限度地发挥可观测系统的价值。

目前处于云原生时代，云原生带来的不仅仅是可以将应用部署到云上，可以说其定义了一套新的 IT 系统架构升级版本，包括开发模式、系统架构、部署模式、基础设施全套的演进和迭代。

如果没有有效的可观测性解决方案，就意味着无法深入了解业务系统、应用程序、中间件与基础设施的运行状态和过程。因此，可观测性是进行系统故障分析和保证系统稳定性的重要依据，也是推进业务连续性建设的基石。

2018 年，在 CNCF 的云原生全景图中率先出现了可观测性的分组，自此，可观测性被正式引入 IT 领域。云原生全景图是 CNCF 的一个重要项目，旨在为云原生应用开发者提供资源地图，帮助企业和开发人员快速了解云原生体系的全貌。CNCF 对云原生的定义中已经明确将可观测性列为一项必备要素。自此以后，可观测性逐渐取代监控，成为云原生技术领域最热门的技术之一。

图 1-13 所示是云原生全景图中关于可观测性的部分。综上可知，社区已经有了相当多的探索成果。

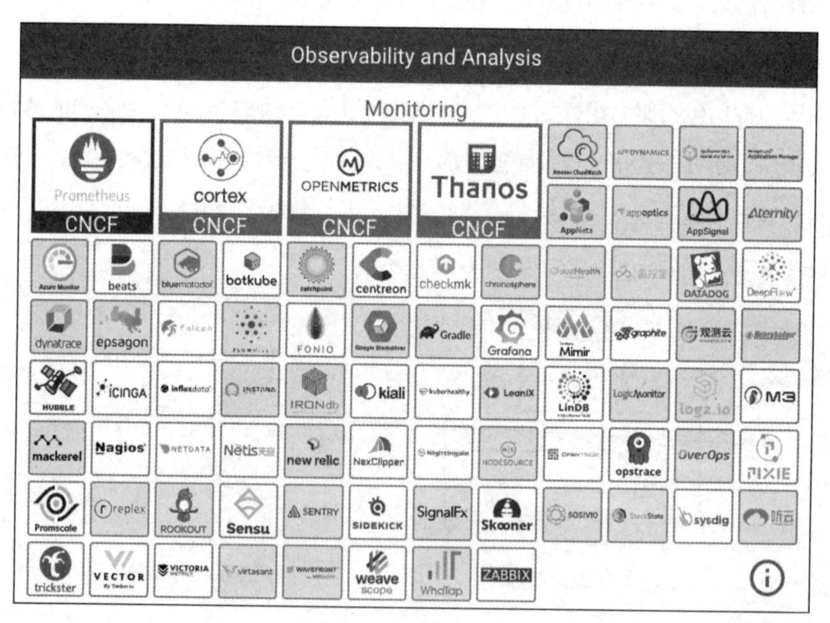

图 1-13

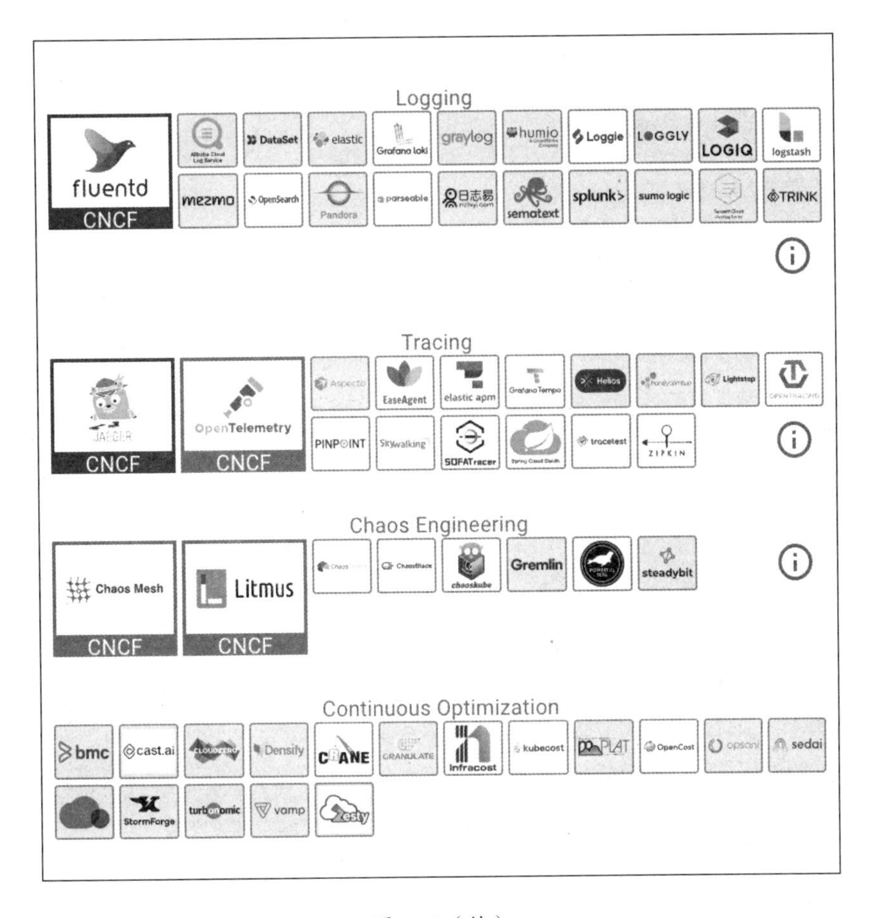

图 1-13（续）

除此之外，Elastic Stack 推出了 Elastic Observability，用来提供基于 Elasticsearch 的统一的可观测性解决方案。而国内的云厂商阿里云于 2022 年 6 月推出了阿里云可观测性套件（Alibaba Cloud Observability Suits，ACOS），旨在打造云原生时代的可观测性解决方案。

云原生时代的可观测性是通过检查其输出来衡量系统内部状态的。如果仅使用来自输出的信息即可估计系统当前状态，那么系统被认为是可观测的。可观测性的核心其实就是度量，度量系统中的基础设施、平台、应用和业务，通过度量获得的数据来了解它们是如何运行的，最终使系统内部的状态可以被衡量和理解。

可观测性从系统内部出发，基于白盒化的思路监测系统内部的运行情况。可观测性贯穿了应用开发的整个生命周期，通过分析应用的指标、日志和链路等数据，构建完整的观测模型，从而实现故障诊断、根因分析和快速恢复。

云原生时代的可观测系统需要满足以下要求。

（1）可观测性应全面

实现系统的可观测性需要全面采集系统的数据，否则无法发现和预测问题，也无法依赖可观测性数据分析和解决问题。但是全量可观测性数据对于系统来说体量过大，特别是在传输、计算和存储时对于可观测系统来说需要承受巨大的成本和压力。对于海量的可观测性数据，需要根据具体的业务模型对数据进行压缩，以降低系统的成本和压力。

可以说，可观测性的一切功能都建立在可观测性数据上，是数据驱动的典型系统。

（2）数据模型应统一

可观测系统有了全面的数据还不行，数据模型也必须是统一的。只有数据模型是统一的，才能将不同类型的数据进行关联，实现问题的精准定位，找到问题的根本原因。例如，当系统提示错误率升高时，可以通过指标和调用链的关联或根据时间范围找到异常的调用链，同时通过调用链和日志的关系找到具体的业务日志，从而获取系统报错的原因，如图 1-14 所示。如果数据间存在关联关系，那么系统可以自动探测并分析问题的原因，不需要人工介入查找关联数据。

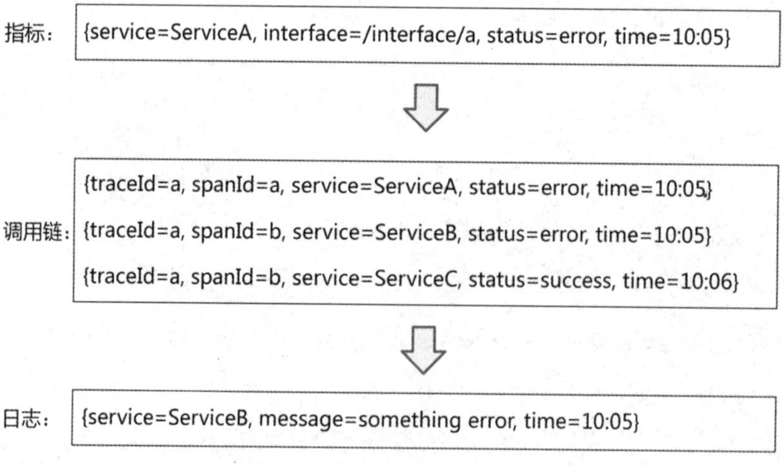

指标：{service=ServiceA, interface=/interface/a, status=error, time=10:05}

调用链：
{traceId=a, spanId=a, service=ServiceA, status=error, time=10:05}
{traceId=a, spanId=b, service=ServiceB, status=error, time=10:05}
{traceId=a, spanId=b, service=ServiceC, status=success, time=10:06}

日志：{service=ServiceB, message=something error, time=10:05}

图 1-14

（3）可观测系统应统一

目前，一个运维团队维护多套监控系统来完成可观测性工作的情况并不少见，如一些人维护基础设施的监控系统，一些人维护业务服务的监控系统，还有一些人维护链路追踪系统或日志系统。这样会使数据之间相互割裂，无法进行统一的数据分析。

只有将统一数据模型中的数据连接到统一的系统，才能统一进行数据处理、数据分析、数据编排和数据展示，以及最大限度地发挥可观测系统的作用和价值。

当前的可观测系统还存在以下几点不足之处。

（1）可观测性数据覆盖不全

当前的云原生系统非常复杂，需要观测的对象包括云服务器、容器 Kubernetes、DevOps、云存储、庞大的微服务集群等。由于云原生系统的架构非常复杂，以及可观测性的复杂度正在不断提升，因此可观测性数据覆盖不全。

（2）不同数据之间存在关联关系

不同的数据模型会导致数据之间存在语义差别，因此实际使用时比较困难。如果无法将不同类型的数据进行关联，那么系统将无法对其进行分析。例如，在日志中如果无法关联链路数据，那么在链路报错时便无法通过日志定位业务错误的根因，也无法通过日志报错的数据找到这条错误的链路是如何传递的。

（3）计算和分析海量数据的难度比较大

全面采集会导致可观测系统需要收集海量的数据，并且需要对海量的数据进行数据分析、数据编排和数据展示，这对于可观测系统的性能来说是一个巨大的挑战。

对于可观测系统来说，如何通过分析和处理数据来精确地发现系统中隐藏的问题和潜在的风险也是一个极大的挑战。因为不仅需要依赖对业务模型的理解和分析，还需要根据可观测性数据建立统一可关联的模型。

当前开源社区中诸如 OpenTelemetry 类的项目致力于解决采集端统一数据模型及数据覆盖的问题。OpenTelemetry 项目已经获得了大部分云厂商的支持，期望能通过一个活跃的开源项目共同建设一个覆盖全面的统一采集方案。

在可观测平台上，开源社区也拥有 Grafana 生态的相关组件和 Elastic 生态的相关组件。通过对这些组件进行组合使用，开发人员可以快速搭建一套可观测系统。

本节介绍了可观测性的起源和可观测性技术的发展历程。通过当前开源社区中的项目，开发人员可以快速搭建可观测系统，也可以使用各大云厂商提供的功能。但是，可观测性数据的分析和处理更多依赖业务的实践进行优化。

1.2 可观测性数据

可观测性将成为数据驱动型决策的强有力支撑，可观测性中的一切都基于可观测性数据。那么，可观测性数据是什么？应该如何建立统一的可观测性数据模型呢？本节将基于可观测性数据的类型和来源来介绍如何构建统一的可观测性数据模型，以及在实战场景下这些数据是如何联合发挥最大价值的。

1.2.1 可观测性数据的类型

通过可观测性可以轻松地了解一个系统的运行情况，在出现问题时也能快速得知其中的原因，并快速解决问题。因此，需要对系统进行必要的数据采集。

可观测系统中的数据可以分为多种类型，如链路数据、指标数据、日志数据、事件数据、诊断数据和快照数据，每种类型的数据都有特定的含义和使用场景。

在 2017 年的分布式追踪峰会之后，指标、链路和日志作为可观测性的三大支柱受到了业界的广泛认可。但只有这 3 类数据往往不足以完整地展现系统状态，因此还需要采集事件数据、诊断数据和快照数据。事件数据可以更直接地描述系统的运行状态，尤其是资源和基础设施的运行状态。诊断数据通常能帮助用户发现系统存在的问题。快照数据通常用于排除故障，在系统崩溃时将内存镜像写入 Dump 文件中，用于后续分析。

基于可观测性的基础数据，可观测系统可以实现指标监控、链路追踪、故障分析、系统诊断、智能告警、故障预警、容量规划等一系列功能，如图 1-15 所示。

1. 指标

指标（Metrics）是在运行时采集的用于衡量系统当前状态的度量，如请求量、请求耗时的平均值、错误请求的个数等。

指标包括指标的定义和指标的维度：指标的定义指明这是一个什么指标；指标的维度指明指

标计算的维度。例如，有一个请求耗时指标，指标的维度包括服务名 A 和接口 B，则这个指标表示服务 A 中接口 B 的请求耗时。指标是非常重要的可观测性数据，系统中的每个组件都需要采集相应的指标，这些指标将作为衡量系统状态和性能的重要数据。

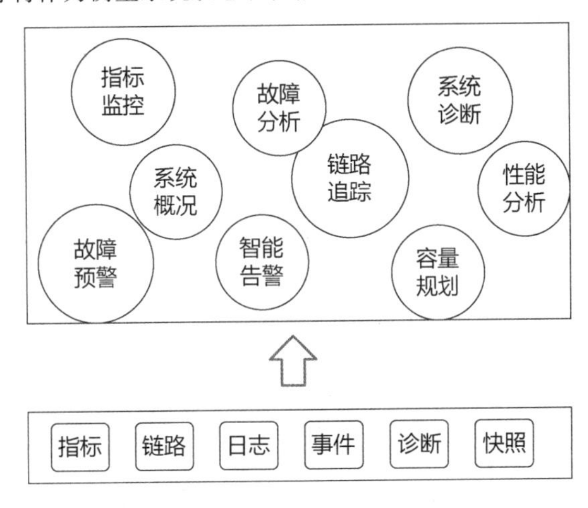

图 1-15

指标是对系统中的某类信息的统计聚合。例如，证券市场上的每只股票都会定期公布财务报表，通过财务报表中的营业收入、净利润、毛利润、资产和负债等一系列数据可体现过去一个财务周期中公司的经营状况，这就是一种信息聚合。Java 自带了一种基本的度量，就是由虚拟机直接提供的 JMX，如虚拟机内存的大小、不同内存分区的使用情况、峰值的线程数、垃圾收集的吞吐量和频率等都可以从 JMX 中获得。通过对指标进行监控，就可以简单地了解一个系统的运行情况，同时可以对指标设置告警，如某些指标达到风险阈值时触发事件，以便自动处理或提醒相关人员介入。

2. 链路

链路（Trace）是对系统中每个调用请求的追踪。

链路数据可以还原一个请求完整的调用路径及每个节点的状态。通过系统中所有的链路数据，可以还原系统调用完整的拓扑图，以及了解系统中组件与组件之间的依赖和调用情况，通过拓扑图能够一目了然地了解系统中存在风险的节点。

单体架构追踪的范畴基本上只局限于栈追踪（Stack Tracing），当调试程序时，在 IDE（Integrated

Development Environment，集成开发环境）中设置断点，显示的 Call Stack 视图中的内容便是链路追踪；在编写代码时，处理异常调用了 Exception:: printStackTrace()方法，该方法输出的堆栈信息也是链路追踪。

在微服务时代，链路追踪不再局限于调用栈。一个外部请求需要内部若干服务的联动响应，这时完整的调用轨迹将跨越多个服务，同时包括服务间的网络传输信息与各个服务内部的调用堆栈信息，因此分布式系统中的追踪也被称为全链路追踪或分布式追踪。追踪的主要目的是排查故障，如分析调用链的哪一部分、哪个方法出现错误或阻塞，以及输入/输出是否符合预期等。通过链路追踪也可以了解一个接口或一个服务的依赖情况，通过链路形成的拓扑图可以表明整个系统的依赖情况。

3. 日志

日志（Log）通常是带有时间戳的文本记录。

日志通常是由研发人员在编写代码时设置的，具有特定的业务含义。通过查看日志能快速定位问题。日志可以通过链路标记和链路数据进行关联，从而实现数据的联动。

日志的职责是记录离散事件，通过这些记录事后分析程序的行为，如曾经调用过什么方法、操作过哪些数据等。打印日志被认为是程序中最简单的工作之一，调试问题时经常有人说“当初在这里打印日志就好了”。输出日志的确很容易，但采集和分析日志可能很复杂，因为面对成千上万个集群节点、迅速滚动的事件信息和 TB 级别的文本，传输与归集都不简单。对于大多数程序员来说，分析日志也许就是最常遇见且最有实践可行性的“大数据系统”。

4. 事件

事件（Event）用来描述某个对象瞬间的、非持续性的变化。

在可观测系统中加入事件能更直接地描述系统的运行状态，尤其是资源和基础设施的运行状态，从而更快地发现问题和解决问题。通常，一次部署、一次配置变更和一次熔断触发都称为事件。容器重启是指容器在某个时刻执行了重启操作，这是一个事件。如果某个服务的容器频繁重启，即某个容器重启事件频繁发生，这就是一种不正常的现象。

5. 诊断

诊断（Profiles）通常用来排查性能问题，如延迟问题、CPU 异常飙升等。

在系统中加入丰富的诊断数据，可以更深入地对特定系统问题的根因进行分析。通过这些诊断数据，能够发现现网系统存在的特定性能问题，了解资源在系统运行时是如何分配和使用的。尤其是在云原生时代，容器技术的全面应用使得在对云原生系统进行优化和资源分配时，对资源的全面理解变得越来越重要。

例如，当调用链显示某些数据存在延迟问题时，通过对诊断数据进行分析，可以更加深入地挖掘和了解延迟问题是如何发生的、发生的根本原因，以及了解所编写的代码对资源的实际消耗情况。

常见的诊断数据有 CPU 诊断数据（CPU Profilers）、内存诊断数据（Heap Profilers）、GPU 诊断数据（GPU Profilers）、互斥锁诊断数据（Mutex Profilers）、I/O 诊断数据（I/O Profilers）和 JVM 诊断数据（JVM Profilers）等。

6. 快照

快照通常是指系统快照，也就是 Dumps，核心的 Dump 文件被用于排除程序故障。

系统或应用软件会根据一些配置把进程崩溃时的内存镜像写入 Dump 文件中，用于后续分析。由于现网系统在发生故障时通常以快速恢复提供的服务为首要目标，但是有些问题在测试环境下很难复现，因此采用保存现场快照数据的方式能够为后续分析故障根因提供支持。

例如，从 JVM 的 Dump 文件中能够获取堆对象的统计数据，以及对象相互引用的关系。通过对这些数据进行分析，可以快速定位内存泄漏的问题。

但是在云原生环境下，收集 Dump 文件的难点在于存储和网络方面。由于大型集群的核心 Dump 文件非常大，因此传输和存储取决于集群的存储是如何连接集群节点的。例如，处理密集型的应用程序最终可能会生成 GB 级别的核心 Dump 文件。

通过采集系统中的这些基础数据，可以为可观测系统提供全面的、详细的数据来源。在衡量一个系统中的数据是否足够全面时，可以通过在故障发生时支撑分析故障根本原因的数据是否已经足够来判断。如果在故障发生时无法通过可观测系统中的已有数据来分析故障和排除故障，就需要调整数据采集方案，从而更加全面地采集数据。

可观测性数据的来源有云和基础设施、系统和容器、中间件、业务框架、业务服务。云和基础设施的可观测性包括机房的网络、磁盘等；系统和容器的可观测性包括虚拟机、Kubernetes 集群等；中间件的可观测性包括数据库、消息队列等；业务框架的可观测性包括 Spring 框架、Dubbo 框架等；业务服务的可观测性包括业务自定义的指标、事件，如越权访问。

只有全面采集数据才能呈现系统完整的运行状态，如图 1-16 所示，可观测系统将所有的可观测性数据输入一个平台。将不同来源的数据和不同类型的数据进行关联，可以使数据发挥更大的作用。使用统一的数据模型可以快速对不同的数据进行联合分析。

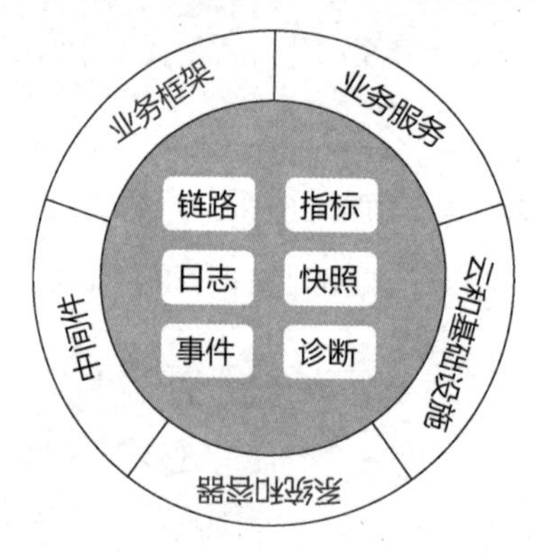

图 1-16

本节介绍了可观测性数据的类型和来源，但现有的数据和工具仍然无法完全满足需求，未来可能还会加入更多的可观测性数据。另外，不同类型的数据和不同应用的可观测性数据的采集与测量方法各有不同，不仅需要花费大量的系统资源和研发资源，还需要根据具体的业务架构对数据进行权衡和取舍。

1.2.2 实战场景下运维人员观测的数据

最先应用监控系统的就是运维领域，尤其是 *Site Reliability Engineering: How Google Runs Production System*(《SRE: Google 运维解密》)与 *Real-World SRE : The Survival Guide for Responding to a System Outage and Maximizing Uptime*（《SRE 生存指南》）这两本书，提炼出了传统监控的方法论，为运维监控系统提供了宝贵的指导。本节主要介绍在可观测系统的实战场景下，运维人员的职责和从运维角度观测的数据。

在传统的企业中，通常由运维人员来使用和维护监控系统。

保障业务的稳定运行、维护系统的安全性是运维人员的首要职责。在传统的监控系统中，运维人员的工作通常分为以下 3 个阶段。

- 通过监控系统查看系统指标，如 CPU 的使用率、内存的使用率。
- 对指标设置性能基准，如 CPU 的使用率性能基准达到多少时需要运维人员介入处理。
- 根据基准在告警系统中设置告警阈值，通过及时处理告警来保障系统的稳定性。

传统的监控系统采用分层原则搭建，运维人员需要同时使用多套监控系统来监控不同层次的组件、应用，或者使用不同的监控系统采集不同类型的数据。大多数问题还应依赖运维人员的经验，通过对指标设置告警阈值来分析问题、查找出现问题的原因。

在云原生时代的可观测系统中，无法通过这些独立的监控系统来排查问题，一些深层次的问题甚至无法通过监控系统来暴露。传统的监控系统对于微服务架构中复杂的调用链路和相互依赖问题分析常常束手无策。遇到问题需要研发人员和运维人员一起进行长时间的现网环境排查，但如果要快速恢复现网运行，就会导致问题无法重现，更无法继续排查。

这时就需要运维人员转变职责，和研发人员甚至产品团队一起搭建一个统一的可观测系统。可观测系统需要融入研发与业务的视角，采集比原有监控数据更全面且可以相互关联的数据。

在可观测系统中，运维视角的转变可以分为以下 3 个方面。

（1）从被动监控到主动发现

传统的监控往往先由运维人员通过告警感知到系统异常，再由人工介入排查问题。而主动发现通常由排错、剖析和依赖分析 3 个部分组成。排错，即运用数据和信息诊断出现故障的原因；剖析，即运用数据和信息进行性能分析；依赖分析，即运用数据和信息厘清系统中的模块关系，并进行关联分析。

无论是否发生告警，主动发现都会根据系统的运行情况进行诊断分析，并将分析结果通过指标展现，以便指明系统实时的运行状态。在主动发现过程中，如果发现了系统异常情况，就会对系统中相关联的数据进行分析，如通过相关的性能分析获取可能发生异常的具体场景。

主动发现可以提前预测系统中潜在的风险，但需要运维人员和相关的研发人员根据实际的使用情况不断调优来提高主动发现的能力。

（2）从关注单一指标到关注系统整体状态

单一指标偶然的波动对于系统整体来说可能没有很大的影响，但也有可能是系统中深层次的一些问题引发的联动效应。当单一指标异常时，不应该仅仅将关注点放在这个指标上，而应该从整体视角观测系统的运行情况，相关数据是否存在异常，对现网偶现疑难问题的排查非常关键。

可观测系统中的数据之间是可以相互关联的，不是割裂的，因此可以很便捷地建立某个数据与其他关联数据的关系，从而快速了解当前系统的整体状态。

（3）通过理解业务提供更全面的可观测性

需要采集什么数据、如何设计数据模型、数据之间如何建立关联，这些都要求对整个业务架构和业务场景具有全面且深刻的理解。运维人员应该和研发人员甚至产品团队、架构师共同进行可观测系统的设计，从而最大限度地发挥可观测系统的价值。

在可观测系统中，所有数据都是一体化、相互关联的，很多数据也是具有业务含义的。这就需要运维人员具备从业务视角思考问题的能力，实现运维从技术到业务的提升，从而提高预防和事故应对，以及保证业务连续性的能力。

对于从运维角度观测到的数据，Google 提出的运维方法论提到了 4 个黄金指标在监控系统中的重要性，具体如下。

- 吞吐率：应用的请求速率，一般为每秒的请求次数。
- 错误率：应用的请求中有多少出现了错误，出现错误意味着行为不符合预期。
- 响应时间：应用的请求在多长时间处理完成了，如果时间过长就会严重影响用户体验。
- 饱和率：当前应用的繁忙程度，主要强调最能影响服务状态的受限制的资源，如磁盘 I/O、内存等。

黄金指标对于系统监控来说具有很好的指导意义。运维人员通过对黄金指标设定不同等级的服务质量目标可以及时获取系统的异常情况。但是自动化的提升和海量数据的采集为运维人员的工作带来了巨大的挑战。运维人员需要在海量的指标中提取出关键数据，以及对海量的告警进行降噪，否则很快就会被淹没在告警风暴中。通过转变运维职责，运维人员对业务和整个系统就会有更深入的了解，不是只对黄金指标设置服务质量目标，而是从业务目标层面对整体的服务质量目标进行设置。

在传统的监控系统中还需要运维人员根据黄金指标的异常情况对系统进行分析，并找到出现问题的根本原因。将可观测性数据和系统中的其他数据进行结合不仅可以自动分析异常指标、输出系统诊断情况，还能够高效地协助运维人员发现系统存在的问题和潜在的风险。

在传统的监控系统中，数据之间是割裂的，运维人员往往只关心基础设施和系统层面的数据，并不会深入理解业务和组件层次的数据。

在可观测系统中，可观测性要求数据具备统一的数据模型、是相互关联的、能进行统一分析和计算。运维人员不再只观测单一的指标数据，而是从整体上对系统的所有数据进行观测。

本节详细介绍了运维人员在可观测系统中职责和关注点的转变，这种转变对于运维人员来说既是挑战又是机遇。今后运维人员应该更加深入地了解和参与业务架构活动，以便搭建统一高效的可观测系统。

1.2.3　实战场景下研发人员观测的数据

可观测系统强调系统中数据的整体性，不只运维人员需要关注，研发人员也需要深度参与（研发人员通过可观测系统对系统性能进行优化）。

本节主要介绍在可观测系统实战场景下，研发人员的职责和从业务角度观测的数据。

传统的监控系统由专门的运维人员负责，研发人员通常不会关注。但是在可观测系统中，研发人员也需要参与，因为研发人员只有肩负对应的职责，才能实现可观测系统的价值。研发人员的职责包括如下几点。

（1）实现业务系统的可观测性

可观测系统需要研发人员和运维人员共同参与搭建，研发人员需要深入理解如何监控他们负责的应用程序，同时架构师在业务系统设计之初就要考虑系统的可观测性。在面对用户更高的期望和更严格的要求时，研发人员必须更快地排除故障并找到出现问题的根本原因。

（2）参与制定可观测性的服务质量指标和服务质量目标

业务指标与业务息息相关，业务指标的服务质量指标和服务质量目标需要研发人员共同参与制定。关键的业务指标可能是在线用户数、日均订单数等，这些指标和业务息息相关，不仅需要研发人员关注，还需要研发人员在业务系统中提供这些指标的可观测性。

（3）深度参与数据处理、数据分析、数据编排能力的建设

在数据处理、数据分析、数据编排的能力建设上，由于部分运维人员编写代码的能力不足，因此需要研发人员高度参与。另外，数据之间存在关联关系，相关研发人员的理解更深刻，能够为数据模型提供更有价值的信息。

从业务的角度来看，可观测性数据不同于运维视角的数据，研发人员更加关注的数据主要有关键业务指标、关键业务追踪和洞察用户真实体验。

（1）关键业务指标

在 SRE 中，被称作黄金指标的 4 个指标分别是吞吐率、错误率、响应时间和饱和率。关键业务指标不同于黄金指标，这些指标与业务紧密相关。针对电商业务，关键业务指标可能包含订单数、订单成功率和成交额等；而针对社交业务，关键业务指标则可能是在线用户数、新动态数等。关键业务指标需要和应用指标建立起关联关系，通过关键业务指标监控发现异常时能够进一步定位到对应的应用异常，实现问题的进一步处理。例如，订单数突降，其对应的订单应用的吞吐率、错误率和响应时间可能会发生异常。

（2）关键业务追踪

基于全链路追踪功能，构建完整的服务关系调用拓扑，不仅有助于对关键业务场景的性能进行全链路追踪，还可以协助关键业务提升性能。例如，交易类业务，通过一些业务 ID 追踪其在各个应用上的执行过程，便于定位分析一些异常业务交易。如果支付业务出现异常，则可以根据用户反馈的支付订单 ID 进行进一步的分析。

（3）洞察用户真实体验

可观测系统端到端地全面追踪用户在应用上的访问行为及真实体验。通常，可观测系统的关注重点都在后端服务，但是服务端没有错误信息不代表用户在客户端的体验是正常的。在客户端，如 App、小程序、H5 页面，通过采集全链路的数据，包括用户请求在客户端实际体验的性能情况、控件操作的延迟情况、业务访问情况、资源使用情况，可以更加全面地了解用户的实际使用体验。

可观测系统可以为研发人员提供的价值包括提升系统架构的可见性、提高排除故障的效率、提供更好的研发质量，具体如下。

（1）提升系统架构的可见性

微服务架构中不仅具有庞大的节点群和服务群，还会使用众多的中间件，以及和第三方平台进行交互。在微服务架构的研发团队中，很多研发人员往往只负责其中部分服务的开发，没有全面了解整个系统架构。通过可观测系统可以更好地了解系统架构的整体情况。在可观测系统中，研发人员可以轻易获取系统运行的整体状态，了解组件所发出的请求经过的每一段链路的情况，提升系统架构的可见性。

（2）提高排除故障的效率

由于可观测系统提高了系统架构的可见性，因此研发人员可以清晰地了解发生故障时系统中其他组件的情况，以及发生故障的请求经过的每一段链路的情况。这不仅可以极大地提高研发人员排除故障的效率，还可以快速找到问题根因。

（3）提供更好的研发质量

可观测系统通过对应用全生命周期进行监控，实时记录每次生产版本变更前后的线上系统性能的情况，从而帮助研发人员更好地提升研发软件本身的质量。另外，通过对线上不同版本的服务进行对比分析可以提升服务质量。

本节深入分析了研发人员在可观测系统中的职责、研发人员关注的数据和系统对研发人员的价值。可观测系统不仅可以让包括研发、运维、测试在内的所有人员都能使用同一套系统，实时了解系统运行的情况，还可以让所有人员能够高效协作解决线上问题，最大限度地减少信息屏障和沟通不畅引起的问题。

1.3　可观测性技术的价值

可观测性认为没有一个系统是完全健康的，并且分布式系统的故障是不可预测的，系统的各个部分最终会出现无数局部故障的状态。所以，无论 SRE 团队对部署和运维如何小心谨慎，都无法保证系统完全健康。可观测性是在设计系统时需要考虑的非功能性需求，涉及系统设计、构建、测试、部署、监控和运营等各个环节的实践。

可观测性的观测能力大致可以分为 4 个等级：发现系统故障、预测系统故障和容量、提供事故分析报告、预测变更的影响。本节主要针对这 4 个等级展开介绍。

1.3.1 发现系统故障

发现系统故障是可观测系统最基本的功能，即可观测系统应具备能快速且准确地感知系统中任意位置的故障的功能。

应该如何及时发现系统中的故障呢？

发现系统故障需要采集的关键可观测性数据应足够全面，并且应选择合适的服务质量指标，以及制定合理的服务质量目标。只有采集了全面的关键数据，才能有充分且合适的服务质量指标，才能制定合理的服务质量目标，才能使可观测系统及时感知系统故障。

在理想的情况下，服务质量指标应该可以直接衡量具体服务的质量。但是很多时候没有直接衡量的方法，需要选择某个指标来代替。例如，大部分时候将服务的请求延迟作为一个关键的服务质量指标，即判断从客户端发出一个请求到客户端收到响应的时间。

将过多的指标设置成服务质量指标会影响对真正重要的指标的关注，反之会导致某些重要的指标被忽略。在选择服务质量指标时需要结合业务场景，选取能够真正体现系统健康情况的指标。常用的服务质量指标有服务请求延迟、错误率和系统吞吐量等。

针对服务质量指标设置合理的服务质量目标，能够快速发现系统的故障。但是服务质量目标的设置是一个非常复杂的过程，即使是同一个服务质量指标，在不同的维度下服务质量目标的差别也可能很大。下面以请求延迟为例展开介绍。对于不同的业务场景，请求延迟在设置服务质量目标时的差别极大，大部分请求可能会设置秒级的服务质量目标。但是对于数据上报或下载等大数据场景，或者需要大数据量计算的场景，为请求延迟设置秒级的服务质量目标就不合理。所以，服务质量目标需要针对业务场景单独设置，不能只根据服务质量目标进行统一设置。

服务质量目标的目的是衡量服务质量，这需要团队的成员达成共识，建立对衡量服务质量的统一标准。服务质量目标的设置不是纯粹的技术活动，因为这里还涉及产品和业务层面的决策。一个好的服务质量目标应该是有意义的、成比例的、可操作的。有意义意味着制定服务质量目标不能只考虑单一因素，应该综合考虑用户使用的业务场景和体验。可以通过想要达成的目标来推出具体的服务质量目标。成比例意味着指标的变化应该和用户体验相关联。可操作意味着能够让相关人员了解指标变化的原因。服务质量目标的设置不是一成不变的，需要适应业务的变化，以及根据服务质量目标的反馈不断进行调整。

通过制定服务质量指标和服务质量目标就能够感知系统中的故障，通知相关人员根据信息介入故障处理，这是可观测系统最基础的价值。

可观测系统在发现系统故障之后，通常会根据紧急程度通过 3 种方式通知相关人员介入处理，分别是告警、工单、日志。

- 告警是紧急程度最高的通知方式，通常用于故障已经发生或即将发生，需要立即通知相关人员介入处理的情况。可观测系统中的数据很多，设置告警时应该合理衡量服务质量目标，避免陷入告警风暴。
- 工单是紧急程度次之的通知方式，通常用于不需要立刻通知相关人员介入，但是在未来几天内需要进行处理的情况。工单中的问题通常不会立即影响系统的运行，但是可能会影响一些用户的体验，或者放任不管会在几天之后影响系统的运行。
- 日志是最低等级的通知方式。日志中的问题通常是不需要关注的，只有在引起了其他告警或工单时才进行关联查询。

可观测系统与传统的监控系统的区别在于：传统的监控系统只能让用户感知故障的发生，需要人工排查故障原因；可观测系统的数据可以实现异常数据的全局关联，可以对自动识别的异常进行上下文关联，形成全局视图，便于相关人员快速且精确地定位问题，甚至可以对故障根因提供自动化分析和定位的能力。

1.3.2 预测系统故障和容量

既然能感知系统故障，就可以根据以往的故障信息进行故障预测。毕竟故障发生之后再处理总是会带来一些损失，最好的办法是在故障发生之前提前处理，避免故障的发生。本节主要介绍可观测性数据在故障预测和容量预测方面的应用。

进行故障预测能够保证系统的可靠性，提高用户体验。通常，资源类故障可以通过对资源指标的趋势进行分析来预测，如 CPU 资源，当 CPU 资源不足时，所有请求都会变慢。请求变慢之后会逐步演变成服务不可用。除了设置 CPU 的使用率在达到 80%时会触发故障告警，还可以根据过去一段时间 CPU 的使用率的增长趋势进行判断，通过对增长趋势进行预测甚至可以设置 CPU 的使用率达到 60%就发出 CPU 的使用率增长过快可能会触发故障告警。

在众多故障中，还有一类故障是连锁故障。连锁故障最初是一个小部分出现故障，如果这个故障没有得到正确的处理，就会导致系统的其他部分也出现故障，严重时可能会导致整个系统崩溃。如图 1-17 所示，在正常情况下，一个应用服务由两个节点提供服务，其中每个节点的服务负载为 50%，如果其中一个节点由于网络问题导致服务不可用，那么其余流量将立即全部流入另外一个节点，这个节点会由于负载过高而无法正常提供服务。这个应用服务也可能无法提供服务，进而导致其他依赖这个应用服务的服务远程调用报错，引起更大范围的故障。

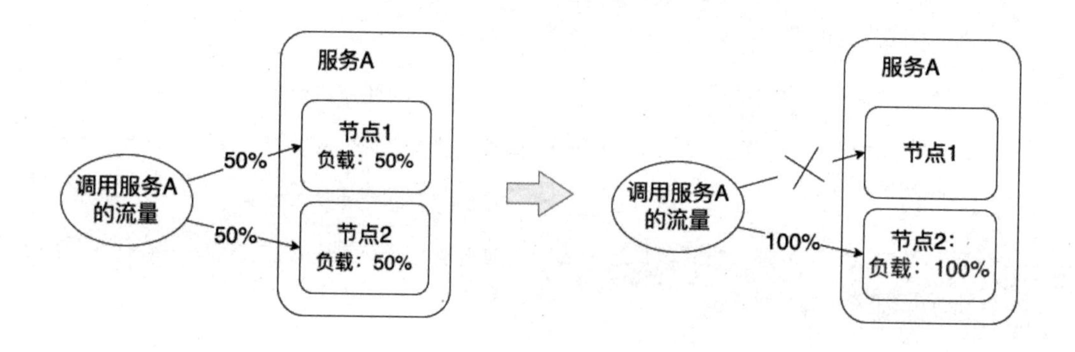

图 1-17

可观测性数据同样可以用于预测系统未来的容量，为系统未来的规划提供数据支撑。容量规划的步骤如下。

（1）计算当前的容量。

（2）预测达到容量极限的时间。

（3）制定更改容量的方案。

（4）执行方案。

可观测性数据为获取当前的容量提供了充分的数据支持，除了资源类容量，还有业务类容量。资源类容量（如当前服务节点的 CPU 使用率、内存使用率）用来判断设置的服务节点是否合理，是否需要扩容或缩容。业务类容量（如系统中的用户数量、同时在线的用户数量）用来判断服务是否能够正确满足用户体验。

通过可观测性数据可以获取当前的容量，通过可观测性数据在时间序列上的连续性可以判断容量变化的趋势。通过资源使用的趋势可以获取资源容量的变化，如图 1-18 所示。但是业务类容量不容易通过简单的指标进行预测，如在某些特定的时间做了一些推广活动，导致短时间内新增了一批用户，但这并不是一个长期持续的趋势，也不能用这段时间的用户增长趋势来预测未来的用户增长。但是可以通过本次活动的用户增长情况来预测下一次活动的用户增长情况，提前做容量规划。

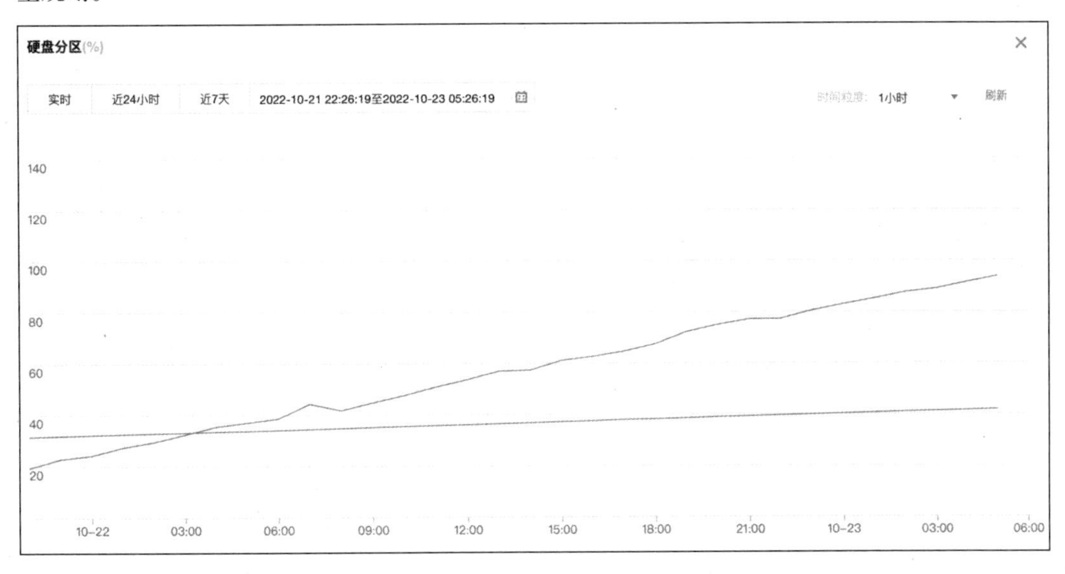

图 1-18

本节介绍了可观测性在故障预测和容量规划方面的应用。实际上，当前很多产品开始应用机器学习算法对可观测性数据进行分析，并以此来预测更深层次和更高阶的异常与趋势，这些应用都基于可观测性数据的全面性和关联性。

1.3.3　提供事故分析报告

由于生产环境具有特殊性，通常在生产环境下发生事故时，最重要的是快速恢复，让业务能够继续提供服务。定位问题不是优先级最高的事情，所以很多生产环境下的故障没有办法通过故障现场进行定位，但保留现场数据并提供给运维人员或研发人员进行事后分析非常重要。

本节主要介绍保留现场数据的方式。通过保留现场数据，并对数据进行全局清洗、处理和分析，可以找到发生事故的真实原因，自动生成事故分析报告。这样就不用人工根据数据进行故障分析，定位根因。由此可以彻底解决故障，消除隐患。

对于保留现场数据，通常有两种方式：一种是将故障节点从生产环境中隔离，从而保留现场数据；另一种是对现场的可观测性数据进行全面保存，从而保留现场数据。

故障隔离是指通过某种方式将故障节点与其他正常节点进行隔离，以保证在某些节点出现故障时系统能正常运行。故障节点不会影响整个系统的可用性。

故障隔离在微服务架构中是一种服务治理方式。例如，在 Dubbo 应用中，会自动隔离彻底死掉的、没有心跳的节点，并不会隔离心跳还在但实际没有响应的节点。

故障隔离的基本原理是当故障发生时能够及时切断故障源。按照隔离范围不同，故障隔离由高到低依次为数据中心隔离、部署隔离、网络隔离、服务隔离、实例隔离和数据隔离。这里的故障隔离主要针对的是同一个服务下不同节点之间的隔离。

可以通过应用探活、熔断设计、失败转移和降级开关等方式判断应用是否需要进行故障隔离。应用探活是大部分故障隔离的实现方式，通过注册中心对应用的健康检查识别出异常的服务节点（注册中心通常可以通过节点上报到注册中心的心跳等来判断）。例如，Kubernetes 通过可用性检查，设置 Readiness 探针来判断应用是否存活。通过判断应用是否存活，注册中心可以及时去掉异常节点，其他服务通过更新注册列表，请求流量不再分发到这些节点，从而实现节点维度的故障隔离。

隔离故障节点先完整地保留现场数据，再通过其他诊断工具对故障节点进行诊断和分析，这对排查异常问题可以提供很大的帮助。

隔离故障节点固然是一种好的方式。但是在有些情况下无法保留故障节点，一些异常可能会导致节点自动销毁或重启。微服务架构和容器化的部署方式使每个实例的生命周期会变得更短，服务实例可能会动态销毁和增加，所以最好能够将现场的可观测性数据保留下来。

保留现场的可观测性数据的前提依然是关键数据的全面性和关联性。如果能直接通过可观测性数据进行事故分析，就可以根据可观测性数据自动生成事故分析报告，并根据事故分析报告找出问题的根因，从而真正解决问题。

如果能够根据数据的关联性准确定位故障原因甚至潜在风险，就可以根据故障根因做自动恢复。毕竟任何需要人工操作的事情都会延长恢复时间。自动恢复不仅可以在最短的时间内消除系统风险，还可以减少人为操作的失误。

本节介绍了保留现场数据的两种方式，只有将现场数据保留下来才能生成事故分析报告。在故障快速恢复为第一优先级的前提下，只有通过保留现场数据为相关人员做事后故障根因分析提供依据，才能彻底解决该故障。

1.3.4　预测变更的影响

对于复杂的分布式系统来说，每次变更都意味着风险，一个变更在系统中的依赖情况可能连发起变更的研发人员都说不清楚，变更测试的范围也经常覆盖不全。如果能够清晰地了解每次变更对系统的影响及每次变更涉及的范围，就能指导测试用例变得更加完整，也能根据变更影响控制变更的风险。

DevOps 是 Development 和 Operations 的组合词，是随着云的发展而流行起来的。自动化的软件交付和架构变更可以使构建、测试、发布的整个流程更加快捷、频繁及可靠。

DevOps 的生命周期是确保 DevOps 的活动能顺利执行的重要组成部分。DevOps 的生命周期由多个阶段组成，如图 1-19 所示。

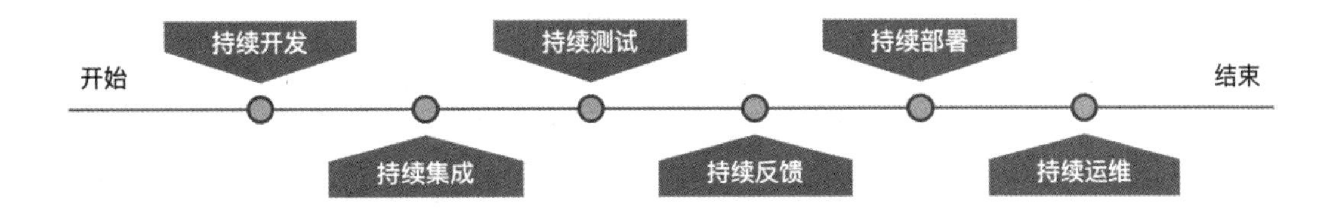

图 1-19

在持续开发阶段，通过代码管理工具（Git、Subversion 等）控制和管理开发团队对源代码的使用及版本变更，以提高软件开发的质量和可信度。

在持续集成阶段，根据代码管理仓库中的版本，通过可持续集成工具（如 Jenkins、TeamCity 等）将获取的代码自动打包成可执行文件或镜像。这个阶段可以对代码的变更进行检测，当前很多团队会对代码中的一些错误和规范进行检测。

在持续测试阶段，DevOps 会通过一些自动化测试工具对集成之后的应用进行测试。通过自动化测试不仅可以节省测试团队的人力，还可以生成自动化测试报告。自动化测试通常包括 UI 测试、安全测试等。

在持续反馈阶段，应注意收集各个使用者反馈的意见。持续反馈能帮助产品提升价值。

在持续部署阶段，通过流水线发布测试通过之后的应用制品。部署是一个关键的环节，需要和部署策略相结合进行滚动发布或灰度发布，以提高版本发布质量，减少对产品使用体验的影响。持续部署还要求在发布遇到问题时可以迅速回滚，以降低损失。

作为 DevOps 的生命周期的最后一个阶段，持续运维阶段需要持续关注应用部署之后的情况。

企业管理协会的报告显示，导致应用程序中断和性能下降的 5 个主要原因是更改、代码错误、迁移、安全问题和升级，如图 1-20 所示。

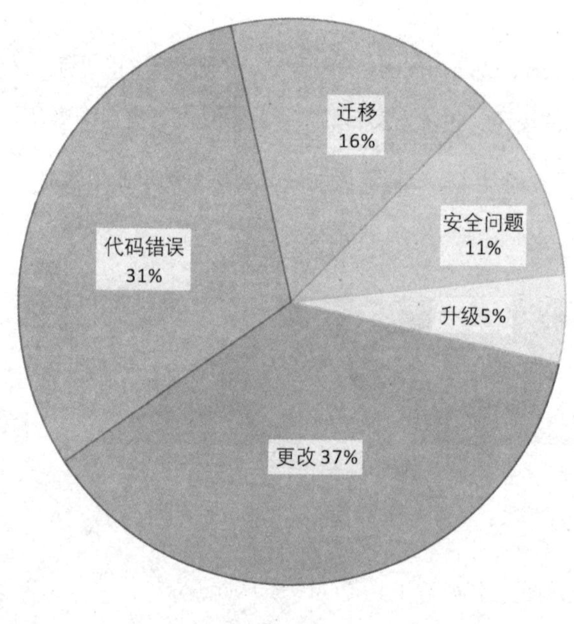

图 1-20

可以通过应用 DevOps 的生命周期来提供整个环境和流程的可见性。上面提到的 5 个原因中的更改发生在持续部署阶段，代码错误大多是测试场景不充分导致的，而这些都可以通过可观测性来解决。从开发阶段到运维阶段，可观测性都提供了可以自动深入了解的应用程序。在持续集成阶段之后提供了对变更影响的预测分析，使研发人员、测试人员和运维人员对本次变更可能产生的影响了如指掌。通过对可观测性提供的变更进行分析，既可以指导测试人员进行更充分的测试，又可以使开发人员了解本次变更对整个系统的影响。

企业管理协会的研究表明，可观测性是 DevOps 团队在 2021 年面临的第一大挑战。与系统中缺少可观测性的团队相比，专注于可观测性的团队能够将开发速度提高 70%，保持更高的产品研发速度。通过在 DevOps 中建立可观测性，可以提供整个环境整个流程的可见性，这对于云原生时代的研发团队来说可以获得非常丰厚的回报。

本节通过分析 DevOps 的生命周期和在 DevOps 中建立可观测性带来的回报来介绍可观测性在变更预测中的价值。可观测性必将成为云原生时代的重要战略。

第2章 系统架构

软件架构师有关软件整体结构与组件的抽象描述,可用于指导大型软件系统各个方面的设计。软件架构包括软件组件和软件组件之间的关系。

可观测性是云原生时代不可或缺的一种能力，可观测系统架构涉及数据采集、数据处理和分析、数据存储和展示、告警等环节。在数据采集上，可观测性数据的采集需要多个团队协调配合，建立统一的数据模型。在数据处理和分析上，可观测系统需要面对大量的数据，要在同一数据模型的基础上进行关联分析。在数据存储和展示上，可观测系统不仅要保证海量数据存储的高性能查询，还要通过丰富的图表来直观地展示系统的状态。

在当前的开源社区中，可观测性的相关领域十分活跃，可观测性的相关技术呈现出蓬勃发展的景象，各种组件、框架百花齐放，这为发展中的小团队快速搭建一套完整的可观测系统提供了丰富多样的组件选择。本章主要介绍可观测系统架构设计的基本原则，并基于 Grafana 和 Elastic 搭建可观测平台（Grafana 和 Elastic 是当前非常热门的可观测性技术栈）。

2.1 架构设计的基本原则

技术往往是一把双刃剑。可观测性数据存在于系统的每个环节，如果设计不当，即使采集了很多数据也无法发挥可观测性的价值，还会浪费海量的资源。

本节主要介绍架构设计的基本原则。遵循这些原则设计的可观测系统可以充分发挥可观测性的价值。

2.1.1　统一的数据语义

传统的监控系统是垂直分层的，不同的数据存储在不同的监控系统中，所有的监控系统都由专门的运维团队来维护。当前也有不少团队将指标、日志和链路等数据都上传到一个平台上。但即使都放在一个平台上，在使用时数据还是相互割裂的，无法进行关联，遇到问题时依然需要依靠运维人员利用自身知识和经验排除故障。因此，统一的数据语义便十分重要。下面介绍常见信号之间的关联性，以及 OpenTelemetry 中的语义规范。

先来看一个常见的 CPU 指标异常升高的案例场景。如图 2-1 所示，在这个案例场景中，应用是通过容器部署的。由异常告警可以得知某个 Pod 的 CPU 指标异常升高，通过异常诊断数据可以获取当前 Pod 运行的服务内部线程对 CPU 的使用情况，并通过线程输出的日志数据关联到该线程涉及的链路数据上。通过全局数据可以快速且精确地定位问题位置和问题根因。

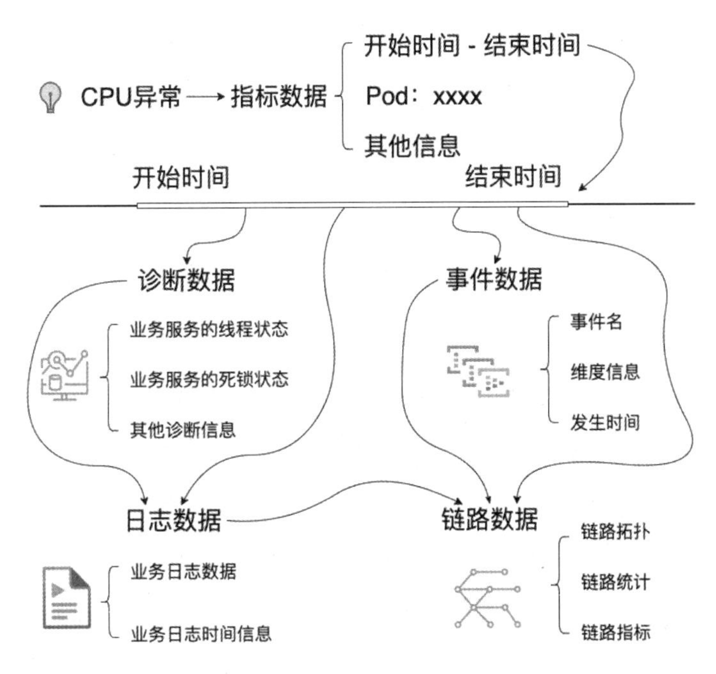

图 2-1

由此可以看出数据关联的重要性。只有建立统一的数据语义才能实现数据关联。通过使用统一的数据语义并将这些数据适当地关联，可以在出现异常情况时进行全局的关联分析，通过全局视角查找问题根因。

建立统一的数据语义的关键在于对数据结构的定义。数据语义约定了常用的可观测性概念、协议，以及应用程序使用的键和值。在整个可观测系统中，不同的测量组件、服务端系统都应该使用统一的语义作为标准。

统一的语义应该是与厂商无关的、中立的协议。开源项目 OpenTelemetry 旨在构建统一的数据规范，并且已经成为当前采集端的事实标准。在 OpenTelemetry 定义的数据结构中，每个数据结构都包含一个属性列表。这些数据结构的定义和数据结构包含的属性列表的定义被称为 OpenTelemetry 的语义规范。

下面介绍可观测性数据中几种重要的数据类型的语义规范（本节要介绍的统一的语义均基于 OpenTelemetry 的语义规范）。

1. 资源

资源（Resource）是对可观测性实体的不可变属性的表示。例如，在 Kubernetes 上，Pod 是最基础的运行单元，每个 Pod 都有一个名称属性，并且一个 Pod 通常存在于某个 Namespace 的某个 Deployment 中，这里的 Namespace 有一个名称属性，Deployment 也有一个名称属性，这 3 个属性都可以包含在资源中。

作为采集端的一个一级语义概念，资源的主要目的是将资源信息的生成和使用分离。这允许同一个系统中的不同团队独立开发，并方便闭源环境中的用户进行资源定制。采集端必须允许用户创建资源并将其与可观测性数据相关联。

资源的属性按照它们所描述的概念的类型进行逻辑分组。同一组中的属性有一个以点结尾的公共前缀。例如，所有描述 Kubernetes 的属性都以“k8s”开头。

2. 日志

日志（Log）是最常见的可观测性数据。大多数系统或组件都有内置的日志，或者众所周知、广泛使用的日志库，因此在 OpenTelemetry 中，支持日志数据的基本原则是，需要提供对现有系统或组件日志和日志库的支持，同时提供改进功能，并且可以在可能的情况下更好地与其他可观测性数据进行关联和集成。

日志比较特殊，当前还没有一种标准化的方法可以将日志的属性加入日志，如输出与日志应用程序相关的基础设施信息，这些信息可以将日志和其他可观测性数据以精确和强壮的方式完全关联。因此，在 OpenTelemetry 当前的实现中，日志与其他可观测性数据的集成比较弱。

日志的数据模型如表 2-1 所示。

表 2-1

属性	类型	描述
Timestamp	int	日志/事件发生时间
ObservedTimestamp	int	日志/事件观察到的时间
TraceId	string	请求的 Trace ID
SpanId	string	请求的 Span ID
TraceFlags	object	W3C 规范的调用链标识
SeverityText	string	日志等级，如 Log Level
SeverityNumber	int	日志等级的数值
Body	object	日志内容
Resource	map	日志相关的资源信息
InstrumentationScope	object	日志相关的埋点框架信息
Attributes	map	日志/事件相关的属性

在 OpenTelemetry 中，日志数据模型旨在表示以下 3 类日志。

- 系统日志：由操作系统生成，这些日志是用户不能更改或影响其中信息的，最典型的例子如 Syslog。
- 第三方应用日志：由第三方应用程序生成，用户可以对其包含的信息进行一定的控制，也可以自定义其日志格式，如 Apache 日志文件。
- 自身的应用日志：由用户开发的应用程序生成，用户可以控制日志的生成方式及日志中包含的信息。如果有需要，那么用户可以修改应用程序的源代码。

3. 事件

所有独立事件（Event）都有一个名称和一个域。名称唯一地定义了特定的类或事件类型；域是事件名称的命名空间，作为避免事件名称冲突的机制。具有相同域名/名称的事件遵循相同的语义规范有助于在可观测性平台上进行分析。

事件的大多数属性都是事件发生的上下文信息，由一组事件共有。可以使用日志数据模型来表示事件的语义属性，记录包括事件发生时间的时间戳，以及发生了什么、在哪里发生等信息。

可以认为 Span Event 是 Span 上的结构化日志消息，通常用于表示 Span 持续期间的一个有意义的时间点。

独立事件的属性如表 2-2 所示。

表 2-2

属性	类型	描述
event.name	string	事件的名称，事件的标识
event.domain	string	域用来标识事件发生的上下文，事件的名称仅在域内是唯一的

4．跨度

跨度（Span）表示一个工作或操作单元，是链路的组成单元。在 Span 中，通过 Trace ID 来表示是同一条链路的 Span，通过 Parent ID 来描述 Span 的父子关系。

在 OpenTelemetry 中，Span 包含的信息如表 2-3 所示。

表 2-3

属性	类型	描述
Name	string	Span 的名称
Parent Span ID	string	父 Span 的 ID，根节点数据为空
Start and End Timestamps	int	开始和结束的时间戳
Span Context	object	Span 的上下文
Attributes	map	Span 的属性列表
Span Events	object	Span 关联的事件
Span Links	object	Span 和其他 Span 之间的关联
Span Status	object	Span 的状态

在 OpenTelemetry 中，Span 的通用属性列表如表 2-4 所示。

表 2-4

属性	类型	描述
net.transport	string	传输层协议
net.app.protocol.name	string	使用的应用层协议的名称
net.app.protocol.version	string	使用的应用层协议的版本
net.sock.peer.name	string	对端 Socket 的名称
net.sock.peer.addr	string	对端 Socket 的地址
net.sock.peer.port	int	对端 Socket 的端口
net.sock.family	string	用于通信的协议地址族
net.peer.name	string	对端的主机名
net.peer.port	int	对端的端口
net.host.name	string	本地主机名
net.host.port	int	本地端口，最好是对端用来连接的端口
net.sock.host.addr	string	本地 Socket 地址
net.sock.host.port	int	本地 Socket 端口
net.host.connection.type	string	主机当前使用的 Internet 连接类型
net.host.connection.subtype	string	描述关于 connection.type 的更多细节。它可能是一种手机技术连接，但也可以用来描述 Wi-Fi 连接的细节
net.host.carrier.name	string	移动运营商的名称
net.host.carrier.mcc	string	移动运营商的国家代码
net.host.carrier.mnc	string	移动运营商的网络代码
net.host.carrier.icc	string	与移动运营商网络相关的 ISO 3166-1 alpha-2 规范的两个字符的国家代码

5. 链路

通过链路（Trace）可以大致了解当用户或应用程序发出请求时发生了什么。OpenTelemetry 通过追踪微服务和相关应用程序可以为用户提供一种将可观测性落地到生产代码中的方法。

OpenTelemetry 中的链路追踪由它们的 Span 来定义。另外，链路可以被认为是 Span 的有向无环图，Span 之间的边被定义为父/子关系。

在 OpenTelemetry 中可以自由地创建 Span，由实现者使用针对特定操作的属性对其进行注释。

Span 表示系统内和系统之间的特定操作。其中，一些操作表示知名协议的调用，如 HTTP 协议或数据库调用。根据协议和操作类型的不同，在可观测系统中需要更多的信息来正确表示和分析 Span。同样重要的是，在不同的语言中应采用统一的归类方式。由此，运维人员和研发人员就不需要学习语言的细节，对从多种语言微服务环境下采集的可观测性数据仍然可以很容易地进行关联和交叉分析。

OpenTelemetry 中定义的 Span 特定操作的语义约定如表 2-5 所示。

表 2-5

语义	说明
General	General 语义表示所有的寓意不是特定于特定操作的，而是通用的。它们可以在所适用的任何 Span 中使用。特定操作可能会引用或需要其中的一些属性，如 net.host.name 用于表示当前 host
HTTP	HTTP 语义定义了 HTTP 客户端和服务器 Span。HTTP 语义可以用于 HTTP 和 HTTPS 请求及各种 HTTP 版本（如 HTTP 1.1、HTTP 2 和 HTTP SPDY），如 http.method 表示 HTTP 请求的方法
Database	Database 语义定义了关系型数据库和非关系型数据库的 Span，适用于所有关系型数据库和非关系型数据库的客户端与服务端 Span，如 db.system 表示当前 Span 请求的数据库
RPC/RMI	RPC/RMI 语义适用于所有远程调用的 Span，包括 gRPC、Dubbo 等常见的远程调用协议，如 rpc.system 表示 RPC 远程调用协议
Messaging	Messaging 语义适用于所有消息队列的 Span，包括队列操作、消息推送、订阅等。Messaging 语义适用于包括 Kafka、RabbitMQ 的所有消息队列，如 messaging.system 表示请求的消息队列
FaaS	FaaS 语义适用于所有函数服务的 Span，如 faas.trigger 表示调用方法的触发器类型
Exceptions	Exceptions 语义用于记录所有与 Span 相关联的异常信息，在异常发生的时间段内，应将异常记录为事件（事件的名称必须是 exception），如 exception.message 表示异常信息
Compatibility	Compatibility 语义用于兼容性组件产生的 Span，如 OpenTracing Shim 产生的 Span 数据

6. 指标

指标（Metrics）是在运行时捕获的关于服务的度量。从逻辑上讲，捕获这些度量的时刻被称为度量事件。度量事件不仅包括度量本身，还包括捕获时间和相关的元数据。

指标名称和属性存在于单一的领域和单一的层次结构中。必须在所有现有指标名称的范围内考虑指标名称和属性，在定义新的指标名称和属性时，需要考虑现有标准指标、框架、库中指标的现有技术。

OpenTelemetry 中定义的指标的语义约定如表 2-6 所示。

表 2-6

语义	说明
HTTP	HTTP 语义定义了 HTTP 客户端和服务器 Span。HTTP 语义可以用于 HTTP 和 HTTPS 请求及各种 HTTP 版本（如 HTTP 1.1、HTTP 2 和 HTTP SPDY），如 http.method 表示 HTTP 请求的方法
Database	Database 语义定义了关系型数据库和非关系型数据库的 Span，适用于所有关系型数据库和非关系型数据库的客户端与服务端 Span，如 db.system 表示当前 Span 请求的数据库
RPC	RPC 语义适用于所有远程调用的 Span，包括 gRPC、Dubbo 等常见的远程调用协议，如 rpc.system 表示 RPC 远程调用协议
System	System 语义适用于所有标准系统的指标
FaaS	FaaS 语义适用于所有函数服务的 Span，如 faas.trigger 表示调用方法的触发器类型
Exceptions	Exceptions 语义用于记录所有与 Span 相关联的异常信息，在异常发生的时间段内，应将异常记录为事件（事件的名称必须是 exception），如 exception.message 表示异常信息
Compatibility	Compatibility 语义用于兼容性组件产生的 Span，如 OpenTracing Shim 产生的 Span 数据

相关的指标应该基于它们的使用在层次结构中嵌套在一起。为常用指标类别定义顶级层次结构：对于操作系统，顶级层次结构的指标包括 CPU 指标和网络指标等；对于应用程序运行时，顶级层次结构的指标包括 GC 指标和内存指标。另外，应将库和框架的指标嵌套到一个层次结构中。统一定义的层次结构允许用户在给定某个指标的情况下找到类似的指标。

语义应该避免产生歧义。如果在所有现有的度量中，类似的度量具有显著不同的实现，那么应使用带前缀的度量名称。例如，每个垃圾采集运行时都有不同的策略和度量，GC 使用单一的一组度量名称，不按照运行时进行划分，因此最终用户可能会混淆。又如，优先使用

process.runtime.java.gc*，而不是 process.runtime.gc.*。

本节介绍了 OpenTelemetry 中的语义规范，这是一套与厂商、平台和语言都无关的规范（这套规范还有很多待完善的地方，需要整个社区共同建设）。只有使用标准化、结构化的可观测性数据，才能实现不同数据类型的关联。

2.1.2 统一的数据处理平台

可观测性是进行系统故障分析和保障系统稳定性的重要属性，也是推进业务连续性建设的基石。有了标准化、结构化的数据模型，才能将不同类型的数据进行关联，并且只有将各种可观测性数据汇总到统一的数据处理平台上才能进行统一的、全局的、关联的处理。本节主要介绍构建统一的数据处理平台的技术难点和当前数据处理能力的现状。

如图 2-2 所示，统一的数据处理平台涉及数据接入、数据处理、数据存储 3 个环节。数据先通过接入进入数据处理阶段，再将数据保存到对应的数据存储组件中，由数据分析组件定期对存储的数据进行分析提取，最后通过仪表监控系统、告警、工单等方式展示。本节将数据处理、数据分析和数据查询统一称为数据处理能力。

图 2-2

（1）数据接入

可观测性数据的体量非常大，目前系统的日均数据量都是 PB 级别的。在某些特殊的业务时段（如电商活动）可能存在突发超高流量的场景，这对于数据接入层来说是十分严峻的挑战。

对于数据接入层来说，组件的稳定性特别重要，因为需要根据后续数据处理服务的性能调节吞吐量，以保证后续服务不会被突发流量打穿。

（2）数据处理

海量数据需要纵向关联请求上下游链路和调用栈，横向关联请求和处理请求所消耗的应用资源。通过进行异常分析、全链路异常定位可以快速发现系统隐藏的问题。

可观测系统的核心能力需要通过数据处理来实现。经过数据处理之后可以实现故障预测、故障诊断、风险预测和容量预测等高级功能。

（3）数据存储

海量数据的存储选型非常重要。由于不同数据类型的特性不一致，因此应采用不同的存储后端来存储不同类型的数据。

在存储组件的选择上，存储查询性能是首要考虑的条件，其次是存储组件的成本，毕竟在数据量巨大的情况下，一点点压缩存储的优化对于整体来说能节省巨大的存储成本。例如，开源存储 Elasticsearch 对于日志数据的存储和查询存在巨大的优势，而 Prometheus 通常是存储指标数据的默认选择。

可观测系统数据处理的能力大致可以分为以下几类。

（1）关联查询

可观测性数据来源于系统中各种不同的子系统和组件，数据的类型也丰富多样。可以通过建立统一的数据模型来实现数据之间的关联。在统一的平台上应该通过数据之间的关联同时展现系统中相关联的所有数据。在发现异常信息时，应该通过异常信息的上下文形成一个统一的视图，用来展现关联的业务信息、系统信息，甚至基础设施的信息，以方便排查问题的人员能了解系统全貌和快速定位问题根因。

（2）智能检测

智能检测支持对可观测性数据进行自动化、智能化的异常检测。检测功能通过机器学习算法智能地监控更多的对象，穿透噪声提供清晰的可视性，并且能够持续感知日益复杂的系统。由于采用机器学习算法可以自动分析基础设施和应用程序的性能，因此工程团队可以意识到问题，而无须手动设置每种可能的故障模式警报。异常检测引擎可以自动标记所有应用程序或服务中的异常错误率、数据库或查询的延迟升高、云提供商的网络问题等。目前，异常检测常用的两种算法分别是流式图算法和流式分解算法。

- 流式图算法：适用于一般性时间序列的异常检测场景，包括机器级别的监控指标的异常巡检，如 CPU 占用率、内存利用率、磁盘读/写速率等。

- 流式分解算法：适用于对具有周期性的数据序列进行巡检，同时要求数据的周期性较为明显，如游戏的访问量、客户的订单量等。

（3）智能诊断

通过智能检测发现问题后，智能诊断会为故障排除提供即时上下文，以及来自应用程序代码的错误消息和相关性能数据，以便进行更深入的调查。另外，智能诊断也可以和诊断功能配合，生成系统内部更深入的诊断分析报告。

智能诊断可以使问题排查的方向和范围聚焦于某处，大幅度减少研发人员或运维人员在排查问题时花费的精力和时间，提高排障效率，准确定位故障根因。

（4）故障和风险预测

如果能够了解每个组件，甚至每个接口对系统的影响和相互依赖情况，就能预测组件或功能的变更其可能带来的影响。

在分布式系统中，研发人员对系统全貌缺乏完整且足够的了解，甚至对某些需求变更的影响也无法快速地全面评估影响范围。而绝大部分故障都是由变更引起的，因此，如果能够模拟出每个变更对系统带来的影响及可能产生的问题，就能够提前评估出是否允许此次变更。

（5）问题自愈

根据智能检测和智能诊断的结果，在准确根因定位分析的支持下，对于某些问题可以做问题自愈，对于一些潜在的风险和问题在系统自动发现时就可以自动消除，无须人工介入处理。

无论人工处理数据有多快，都没有问题自愈高效。自愈功能不仅可以在最短的时间内消除风险，还可以避免人工误操作。

本节介绍了统一的数据处理平台目前提供的主要功能。可观测系统可以提供全局的视角，不仅支持从全局到局部的展开，还支持从局部到全局的关联。可观测性贯穿了分布式系统的全生命周期。

2.1.3 统一的可视化系统

目前，很多团队对各类数据使用不同的监控工具进行监控，而使用不同的监控工具在遇到问题时需要通过人工的方式在不同的监控系统中来回跳转查找相关的数据，这需要花费运维人员或研发人员大量的时间和精力。例如，用户应该知道一个访问请求的故障对应的日志是什么，它所在的容器 Pod 的一些信息，它所在的网络环境的信息，以及它所依赖的 MySQL 是否存在异常等。

构建可观测系统的核心就是将丰富的数据关联在一起，使用统一的数据模型、统一的数据处理平台，以及统一的可视化系统，使用户可以轻易地查看和理解系统中的可观测性数据。

可观测性数据需要通过可视化系统来展示，只有将数据进行可视化展示才能直观地了解系统运行的状态。例如，通过服务的拓扑图可以了解系统中所有服务的情况，根据拓扑图上的指标数据可以了解服务节点在系统中的依赖情况。

可观测系统的可视化需要具备以下几个特点。

- **丰富的仪表盘支持：**可观测性数据的类型丰富，体量巨大，需要可视化系统有丰富的仪表盘来支持。通过仪表盘能直观地了解到哪些服务的请求量高，以及哪些 Pod 的内存使用率高。
- **广泛的数据源支持：**可观测性数据可能会被存入不同的存储组件中，这就要求可视化系统可以支持不同的存储组件。另外，随着业务的不断发展，可观测系统在不同的发展阶段可能需要切换不同的存储组件，也需要能够快速切换到不同的存储组件。
- **告警：**告警是可观测系统的必备功能。通过告警，运维人员、研发人员等可以及时介入处理故障或潜在的风险。而在可视化页面中对仪表盘上的数据直接配置告警，对使用系统的用户来说是十分友好的。
- **访问权限控制：**由于可观测系统通常是平台级的项目，存在多个团队共同使用的场景，能够对可视化系统展示数据进行访问权限控制，因此不同的团队可以专注于自己的数据，同时可以防止不同团队之间的数据泄露。

开源社区目前主流的可视化系统有 Grafana 和 Kibana，这两个可视化系统源于开源社区的两个可观测性项目。下面介绍这两个开源的可视化系统。

1. Grafana

Grafana 是由 Grafana Labs 公司开源的一款监控仪表工具，只需要配置后端的数据源，就可以帮助用户生成各种可视化仪表。Grafana 还有告警功能，可以配置数据告警。Grafana 专注于从时间序列数据库中可视化展示指标数据。

Grafana 的功能包括以下几点。

- **自定义仪表盘**：Grafana 具有极其丰富的仪表盘库，用户可以根据不同的数据类型配置不同的仪表盘，并保存在自定义面板中以便后续查看。Grafana 的仪表盘如图 2-3 所示。

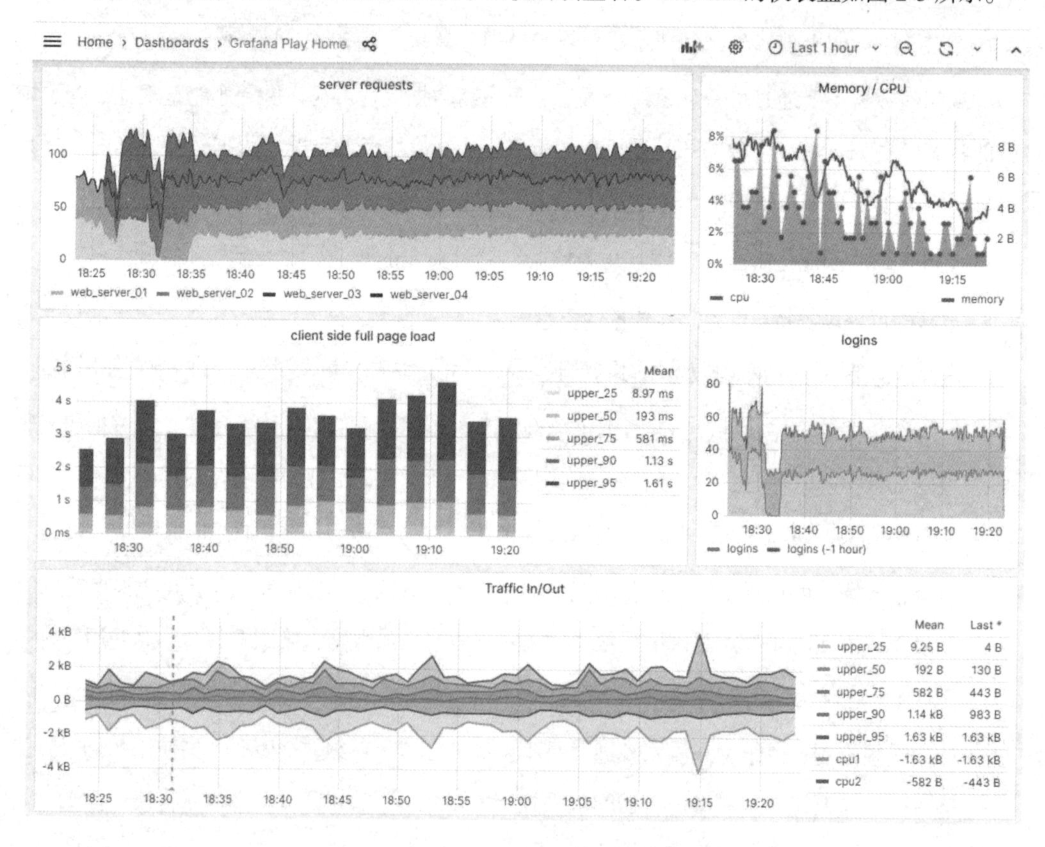

图 2-3

- **数据搜索**：通过构建不同的查询和动态下钻搜索数据，可以分屏查看及并排比较不同的时间范围和数据源。
- **告警**：Grafana 支持多种告警方式，如电子邮件、PagerDuty、SMS 等。Grafana 还支持通过代码来自定义告警方式。
- **图标注释**：Grafana 支持用来自不同数据源的事件对图进行注释。将鼠标悬停在事件上可以查看完整的事件元数据和标记。

- **权限管理：**Grafana 支持公司级别的权限管理，当公司拥有多个团队时，既能相互分离又能共享仪表板。Grafana 支持先创建一个用户团队，再在文件夹和仪表板上设置权限。如果使用的是 Grafana Enterprise，那么可以向下设置到数据源级别。另外，Grafana 支持不同的身份验证方法，如 LDAP 和 OAuth，并且允许将用户关联到公司。

2. Kibana

Kibana 是 Elastic 公司开源的一个数据分析和可视化平台，也就是 ELK 中的 K。使用 Kibana 可以对 Elasticsearch 中的数据进行搜索、可视化和分析。在 Kibana 平台上可以执行各种操作，从追踪查询负载到理解请求如何流经整个应用，都能完成。

Elastic Stack 在 7.9 及其之后的版本中加入了可观测性功能。将可观测性数据写入 Elasticsearch 中，可以直接使用 Kibana 对其进行可视化，包括应用性能监测、基础设施监测、日志监测、真实用户监测和合成监测。

Kibana 的功能包括如下几点。

- **自定义仪表盘：**Kibana 内置了大量的仪表盘。使用 Kibana 可以快速创建各种视图，将图标、地图和筛选功能有机整合起来，从而展现 Elasticsearch 中的数据的全景。在默认情况下，添加到仪表盘中的每个数据图、图表、地图或表格都是交互式的，以便进行数据搜索。可以使用内置控件按照时间范围或关键字进行筛选，如图 2-4 所示。Kibana 的可观测性功能支持应用拓扑、调用链等可观测性数据。
- **数据搜索：**Kibana 是 Elastic Stack 的重要成员，需要配合 Elasticsearch 使用。使用 Elasticsearch 的查询语句可以轻松实现各种复杂的查询。
- **告警：**通过告警可以随时了解关键变更，以避免出现紧急危机。Kibana 的告警通知方式有多种，包括发送邮件、创建 Slack 通知、激活 PagerDuty 工作流，以及和其他第三方工具集成。告警可以在具体应用中定义，如直接在 Metrics、APM 等页面中设置告警，并且在管理标签页中统一监测。
- **访问安全：**Kibana 提供了基于角色的访问控制，为正确的用户授予正确的权限，不同团队通过安全访问功能可防止数据泄露。通过 Kibana 的 Spaces，可以将仪表盘和其他已保存的对象划分为不同的类别，这样不仅方便管理，还开启了安全功能，同时可以控制用户有权访问哪些单独的工作区。Kibana 有字段级别和文档级别的安全控制，可以限制用户有权访问到的文档和从文档数据中获取的字段信息。

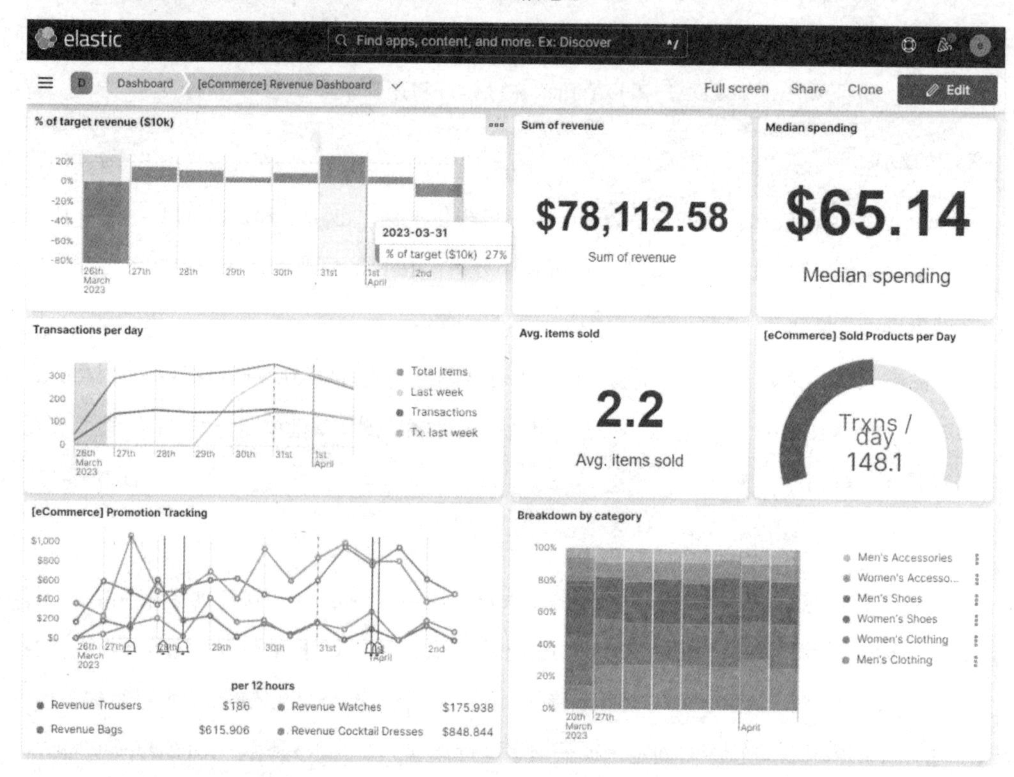

图 2-4

- **机器学习**：利用机器学习功能可以自动对 Elasticsearch 中数据的行为进行实时建模，从而更快地发现问题，简化问题根因分析，降低误报率。当前，Kibana 的机器学习功能主要包括时序性预测、时序数据异常检测、异常情况警报、实体分析、日志消息分类等（这些功能都是基于可观测性数据进行关联分析的）。

Kibana 和 Grafana 都是数据可视化工具，不仅为用户提供了通过仪表盘搜索、分析和可视化数据的功能，还提供了开箱即用的告警功能和访问安全控制。

Kibana 和 Grafana 的区别在于它们的起源上：Kibana 源于 Elastic，构建在 Elasticsearch 产品栈上，支持 Elasticsearch 强大的搜索语法，对 Elasticsearch 的数据查询适配做得非常完美；Grafana 最初只是 Kibana 的一个分支，主要用于扩展时间序列数据库的可视化功能。

Grafana 可以更好地支持丰富的数据源类型，在可视化界面上更美观。

对于可观测系统来说，所有的数据都应该放在一个可视化面板中。Grafana 背后的 Grafana 技术栈生态和 Kibana 背后的 Elastic 技术栈生态都提供了可观测系统完整的解决方案，选择哪个可视化面板更多取决于使用哪个技术栈生态。

2.2　平台基础架构设计实战

当前开源社区中的可观测性产品有很多种，各种组件也呈现蓬勃发展的趋势。在 CNCF 的云原生全景图中可以看到近百种关于可观测性的组件和产品。那么应该如何搭建可观测系统呢？面对令人眼花缭乱的开源产品又该如何选择呢？

本节将基于 Grafana 技术栈生态和 Elastic 技术栈生态分别搭建可观测系统，并通过实际案例分析可观测系统中的数据处理问题。

2.2.1　实战一：基于开源 Grafana+Prometheus+Tempo+Loki 的解决方案

如果读者接触过与监控相关的系统，就一定听说过 Grafana。只需要配置后端的数据源，Grafana 就可以生成各种可视化仪表。另外，Grafana 还有告警功能，可以用来配置生成告警。

除了 Grafana，Grafana Labs 公司还推出了一系列可观测性技术栈相关的产品。要学习可观测系统就需要深入了解 Grafana 及其相关产品。要深入了解 Grafana 及其相关产品，最好实际搭建一套环境并使用。

下面介绍 Grafana Labs 公司开源生态中的 Grafana、Prometheus、Tempo 和 Loki，并通过这 4 个组件搭建一个完整的可观测系统。

1. 解决方案详解

本节采用的方案如图 2-5 所示，基于 Grafana 等组件，以及 OpenTelemetry 中的调用链数据和指标数据。在业务实例上，先通过 OpenTelemetry Agent 采集调用链数据和指标数据，并上报 OpenTelemetry Collector，再通过 Promtail 采集日志文件的数据并上报 Loki。将上报给 OpenTelemetry Collector 的调用链数据发送到 Tempo 中存储，指标数据发送到 Prometheus 中存储（细心的读者会发现从 Tempo 到 Prometheus 也有一条线，这是因为 Tempo 可以使用调用链数据生成指标和服务拓扑图的数据,并且将生成的这部分数据发送到 Prometheus 中存储)。通过在 Grafana 中配置 Prometheus、Tempo 和 Loki 的数据源即可展示相关数据。

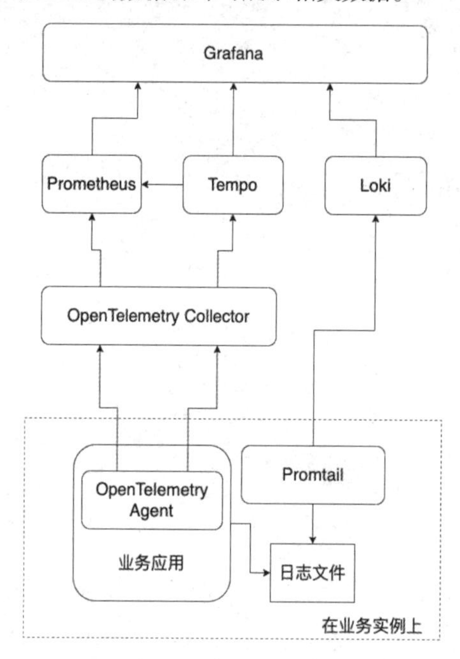

图 2-5

本次实战将带领读者一步步搭建一个可观测系统（关于 OpenTelemetry 的详细内容请参考第 4 章和第 5 章，这里主要介绍可观测平台侧的 4 个组件，即 Grafana、Prometheus、Tempo 和 Loki，以及 Promtail 的相关内容）。

2. 实战组件介绍

本次实战用到的组件为 Grafana、Prometheus、Tempo 和 Loki。

（1）Grafana

Grafana 是开源监控和分析平台，适用于所有数据库。

可以看出，Grafana 本身是一个专注于监控和分析的平台，并且是开源的。另外，Grafana 可以支持常见的所有数据源，如 Zipkin、Elasticsearch 和 Prometheus。若读者想了解完整数据源的支持，请查看 Grafana 官网。

目前，Grafana 可以说是市面上功能最强的可视化观测仪表系统，并且具有丰富的仪表库（包括折线图、热力图和直方图等）。

（2）Prometheus

Prometheus 是 SoundCloud 的工程师开发的一个开源监控系统，并于 2016 年 5 月加入 CNCF，是继 Kubernetes 之后被接受的第二个项目，已于 2018 年 8 月毕业，是第二个毕业的项目（一个项目进入 CNCF 之后，在满足了 CNCF 的一系列标准之后才可以毕业。从 CNCF 毕业意味着这个项目在社区活跃度、技术成熟度及生产环境的稳定性上都达到了很高的标准）。Prometheus 监控系统包括一个多维数据模型、一种名为 PromQL 的查询语言、一个高效的嵌入式时间序列数据库，以及超过 150 个与第三方系统的集成。

Grafana Labs 公司不仅雇用了 Prometheus 的主要维护者，还支持 Prometheus 的发展，并且将 Prometheus 集成到 Grafana 中。

（3）Tempo

Tempo 是 Grafana Labs 公司于 2020 年 10 月在 ObservabilityCON 2020 大会上开源的用于做分布式追踪的后端服务。它是一个开源的、易于使用的、大规模的分布式追踪后端，性价比高且操作简单，唯一的依赖是对象存储后端，并且与 Grafana、Prometheus 和 Loki 深度集成。

Tempo 不仅可以兼容常见的开源追踪协议，包括 Jaeger、Zipkin 和 OpenTelemetry，还可以对链路追踪的数据进行提取、处理。Tempo 始于 Grafana Labs 公司，并于 2021 年 6 月发布 1.0 版本时开始普遍使用。Tempo 是在 AGPLv3 许可下发布的。

（4）Loki

Loki 是 Grafana Labs 公司于 2018 年在 KubeCon Seattle 大会上宣布正式启动的一个开源日志系统服务端，并于 2019 年 11 月 19 日发布第一个稳定版本。由于受到了 Prometheus 的启发，因此 Loki 是一个水平可伸缩，兼具高可用性、多租户的日志聚合系统。它的设计是非常经济高效和易于操作的。它不索引日志的内容，而是为每个日志流设置一组标签。

Loki 不仅支持官方的采集客户端（如 Promtail、Docker Driver、Fluentd 和 Logstash 等），还支持一系列非官方的采集客户端（如果读者想了解完整的支持列表，那么可以查看官方文档，本次实战采用 Promtail 上报日志）。

Promtail 是一个采集客户端，将本地日志的内容发送到一个私有的 Grafana Loki 实例上，并且部署到需要监视应用程序的每台机器上。Promtail 的工作流程如下：发现目标，先将标签附加到日志流中，再将日志流推到 Loki 中。

3. 搭建实战组件

本次实战采用 Docker 进行部署，宿主机实例配置是 4 核 8GB，操作系统为 CentOS 7.5 64 位。

（1）搭建 Grafana

搭建 Grafana，用来生成可视化系统的各种仪表和告警。在本次实战中，Grafana 采用 9.0.5 版本的官方镜像，并且使用 Docker 部署。默认的配置文件 grafana.ini 可以通过 Grafana 的 GitHub 下载，并在配置文件 grafana.ini 中加入 Tempo 查询的配置。

读者可以通过官网查询 Grafana 配置文件中完整的配置选项。本次实战加入的 Tempo 查询的配置如下所示：

```
[feature_toggles]
enable = tempoSearch tempoBackendSearch
```

将修改后的配置文件 grafana.ini 保存到/opt/grafana 目录下，通过如下命令运行 Grafana：

```
docker run -d -p 3000:3000 --name=grafana -v /data/grafana:/var/lib/grafana -v
/opt/grafana/grafana.ini:/etc/grafana/grafana.ini grafana/grafana:9.0.5
```

成功运行 Grafana 之后，在浏览器中输入地址，部署 Grafana 服务的 IP 地址，将端口号设置为 3000，即可打开 Grafana 页面，如图 2-6 所示，表示 Grafana 搭建成功。

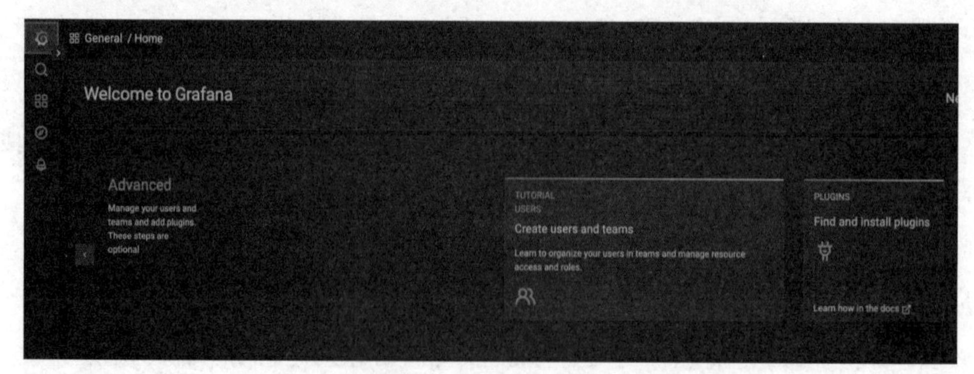

图 2-6

（2）搭建 Prometheus

搭建 Prometheus，用来存储业务上报的指标数据。在本次实战中，Prometheus 采用 2.37.0 版本的官方镜像，并且使用 Docker 部署。在配置文件中配置了抓取应用指标的地址。本次实战采用的是 OpenTelemetry Collector 的地址，用于抓取 OpenTelemetry 上报的应用指标。

读者可以通过官网查阅 Prometheus 配置文件中完整的配置选项。本次实战使用的完整的配置文件 prometheus.yaml 如下所示：

```
global:
  scrape_interval:    60s
  evaluation_interval: 60s
scrape_configs:
  # The job name is added as a label `job=<job_name>` to any timeseries scraped from this
config.
  - job_name: 'prometheus'

    # Override the global default and scrape targets from this job every 5 seconds.
    scrape_interval: 5s

    static_configs:
      - targets: ['172.17.0.12:8889']
```

将修改后的配置文件 prometheus.yaml 保存到/opt/prometheus 目录下，并通过如下命令运行 Prometheus：

```
docker run -d -p 9090:9090 -v
/opt/prometheus/prometheus.yaml:/etc/prometheus/prometheus.yaml --name=prometheus
prom/prometheus:v2.37.0 --web.enable-remote-write-receiver
--config.file=/etc/prometheus/prometheus.yaml
```

成功运行 Prometheus 之后，在浏览器中输入地址，部署 Prometheus 服务的地址，加上端口号 3000，即可打开 Prometheus 页面，如图 2-7 所示，表示 Prometheus 搭建成功。

（3）搭建 Tempo

搭建 Tempo，用来存储业务上报的调用链数据，并将计算出的指标数据和拓扑图数据推送到 Prometheus 中。在本次实战中，Tempo 采用的是 1.4.1 版本的官方镜像，并且使用 Docker 部署。

在配置文件 tempo.yaml 中，通过配置“metrics_generator_enabled: true”打开指标功能，通过

配置“metrics_generator_processors: [service-graphs, span-metrics]”生成拓扑图和指标，通过“metrics_generator”配置指标并推送到 Prometheus 中。

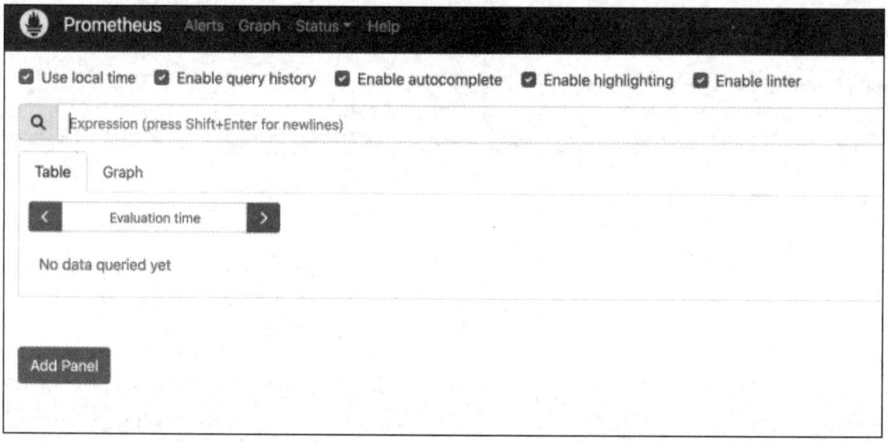

Prometheus Alerts Graph Status Help

Use local time Enable query history Enable autocomplete Enable highlighting Enable linter

Expression (press Shift+Enter for newlines)

Table Graph

Evaluation time

No data queried yet

Add Panel

图 2-7

读者可以通过官网查阅 Tempo 配置文件中完整的配置选项。本次实战使用的完整的配置文件 tempo.yaml 如下所示：

```
auth_enabled: false
search_enabled: true
metrics_generator_enabled: true

server:
  http_listen_port: 3200

distributor:
  receivers:
    jaeger:
      protocols:
        thrift_http:
        grpc:
        thrift_binary:
        thrift_compact:
    zipkin:
    otlp:
      protocols:
```

```
    http:
      endpoint: "0.0.0.0:4217"
    grpc:
      endpoint: "0.0.0.0:4218"
  opencensus:

ingester:
  trace_idle_period: 10s
  max_block_bytes: 1_000_000
  max_block_duration: 5m

compactor:
  compaction:
    compaction_window: 1h
    max_compaction_objects: 1000000
    block_retention: 1h
    compacted_block_retention: 10m

metrics_generator:
  registry:
    external_labels:
      source: tempo
      cluster: docker-compose
  storage:
    path: /tmp/tempo/generator/wal
    remote_write:
      - url: http://172.0.0.11:9090/api/v1/write
        send_exemplars: true

storage:
  trace:
    backend: local
    block:
      bloom_filter_false_positive: .05
      index_downsample_bytes: 1000
      encoding: zstd
    wal:
      path: /tmp/tempo/wal
      encoding: snappy
```

```
    local:
      path: /tmp/tempo/blocks
    pool:
      max_workers: 100
      queue_depth: 10000
overrides:
  metrics_generator_processors: [service-graphs, span-metrics]
```

将修改后的配置文件 tempo.yaml 保存到/opt/tempo 目录下，并通过如下命令运行 Tempo：

```
docker run -d -p 4217:4217 -p 3200:3200 -p 4218:4218 -p 9411:9411 --name tempo -v
/opt/tempo/tempo.yaml:/etc/tempo-local.yaml grafana/tempo:1.4.1
--config.file=/etc/tempo-local.yaml
```

（4）搭建 Loki

搭建 Loki，用来存储业务上报的日志数据。在本次实战中，Loki 采用的是 2.6.1 版本的官方镜像，并且使用 Docker 部署。

在 GitHub 的项目主页上可以下载默认的本地配置文件 loki-local-config.yaml，通过 3100 端口监听 HTTP 协议上报的数据，通过 9096 端口监听 gRPC 协议上报的数据。

读者可以通过官网查阅 Loki 配置文件中完整的配置选项。本次实战使用的完整的配置文件 loki-local-config.yaml 如下所示：

```
auth_enabled: false

server:
  http_listen_port: 3100
  grpc_listen_port: 9096

common:
  path_prefix: /tmp/loki
  storage:
    filesystem:
      chunks_directory: /tmp/loki/chunks
      rules_directory: /tmp/loki/rules
  replication_factor: 1
  ring:
    instance_addr: 127.0.0.1
    kvstore:
```

```
    store: inmemory

schema_config:
 configs:
   - from: 2020-10-24
     store: boltdb-shipper
     object_store: filesystem
     schema: v11
     index:
       prefix: index_
       period: 24h

ruler:
 alertmanager_url: http://localhost:9093
```

将配置文件 loki-local-config.yaml 保存到/opt/loki 目录下，并通过如下命令运行 Loki：

```
docker run -d -p 3100:3100 -v
/opt/loki/loki-local-config.yaml:/opt/loki/loki-local-config.yaml --name loki
grafana/loki:2.6.1 --config.file=/opt/loki/loki-local-config.yaml
```

（5）搭建 Promtail

搭建 Promtail，用来采集日志数据，并上报给 Loki。前面 4 个组件都是在平台侧搭建的，而 Promtail 是在采集侧搭建的，需要能直接读取业务的日志文件的位置，如果是放在不同容器中的，就需要打通容器路径。在本次实战中，Promtail 采用的是 2.6.1 版本的官方镜像，并且使用 Docker 部署。

通过 Promtail 的配置文件 promtail-config.yaml 配置 Loki 的上报地址，并且采集文件的地址。读者可以通过官网查阅 Promtail 配置文件中完整的配置选项。本次实战使用的完整的配置文件 promtail-config.yaml 如下所示：

```
server:
 http_listen_port: 9080
 grpc_listen_port: 0

positions:
 filename: /opt/positions/positions.yaml

clients:
```

```
 - url: http://172.16.16.51:3100/loki/api/v1/push

scrape_configs:
- job_name: system
 static_configs:
 - targets:
     - localhost
   labels:
    job: provider
    __path__: /tmp/demo-logs/*.log
```

将配置文件 promtail-config.yaml 保存到/opt/promtail 目录下，并通过如下命令运行 Promtail：

```
docker run -d --name promtail  -v /tmp/demo-logs:/tmp/demo-logs  -v
/opt/promtail/positions:/opt/positions -v
/opt/promtail/promtail-config.yaml:/mnt/config/promtail-config.yaml -v
/opt/promtail/log:/var/log grafana/promtail:2.6.1
-config.file=/mnt/config/promtail-config.yaml
```

（6）搭建 OpenTelemetry Collector

搭建 OpenTelemetry Collector，用来接收上报的指标数据和调用链数据，并将调用链数据推送到 Tempo 中，指标数据通过在配置文件中配置的 Prometheus 端口来抓取。在本次实战中，OpenTelemetry Collector 采用的是 0.56.0 版本的 opentelemetry-collector-contrib 官方镜像，并且使用 Docker 部署。

读者可以通过官网查阅 OpenTelemetry Collector 配置文件中完整的配置选项。本次实战使用的完整的配置文件 config.yaml 如下所示：

```
receivers:
 otlp:
   protocols:
    grpc:
      endpoint: "0.0.0.0:4317"
    http:
      endpoint: "0.0.0.0:4318"

processors:
 batch:
 memory_limiter:
```

```
    # 75% of maximum memory up to 4GB
    limit_mib: 1536
    # 25% of limit up to 2GB
    spike_limit_mib: 512
    check_interval: 5s

exporters:
  prometheus:
    endpoint: "0.0.0.0:8889"
    namespace: "default"
  zipkin:
    endpoint: "http://172.17.0.1:9411/api/v2/spans"

service:
  pipelines:
    traces:
      receivers: [otlp]
      processors: [memory_limiter, spanmetrics, batch]
      exporters: [zipkin]
    metrics:
      receivers: [otlp]
      processors: [memory_limiter, batch]
      exporters: [prometheus]
```

将配置文件 config.yaml 保存到/opt/opentelemetry-collector 目录下，并通过如下命令运行 OpenTelemetry Collector：

```
docker run -d -p 4317:4317 -p 4318:4318 -p 8889:8889 -v
/opt/opentelemetry-collector/config.yaml:/etc/otelcol/config.yaml
--name=opentelemetry-collector-contrib otel/opentelemetry-collector-contrib:0.56.0
--config=/etc/otelcol/config.yaml
```

至此，本次实战所有的组件搭建完成。本次实战一共搭建了 4 个平台侧组件，分别是 Grafana、Prometheus、Tempo 和 Loki，以及 2 个采集侧组件，分别是 Promtail 和 OpenTelemetry Collector。

下面启动 2 个业务服务，分别是 consumer-demo 和 provider-demo。

成功启动业务服务 consumer-demo 和 provider-demo 之后，通过查看 Prometheus 页面可以发现，已经上报了非常多的指标数据，如图 2-8 所示。

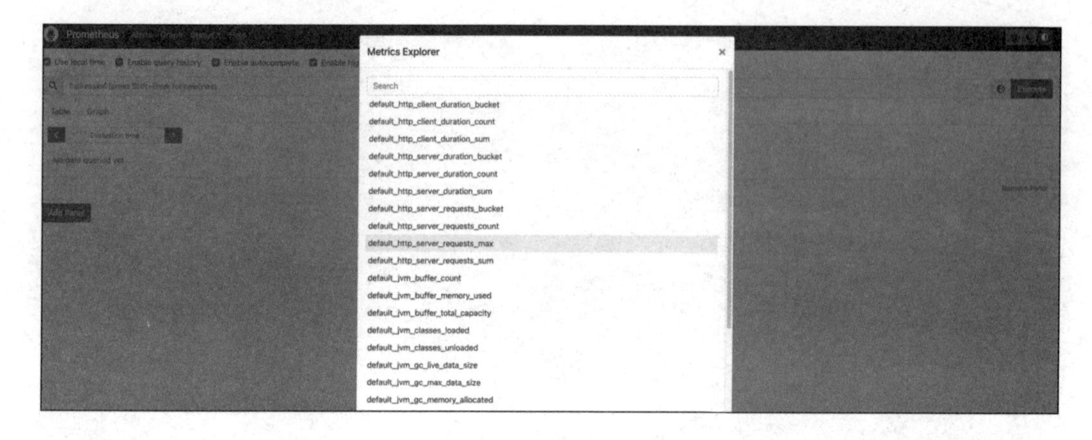

图 2-8

选择“default_http_server_requests_count”指标，单击页面右上角的“Execute”按钮，已经上报的数据如图 2-9 所示。

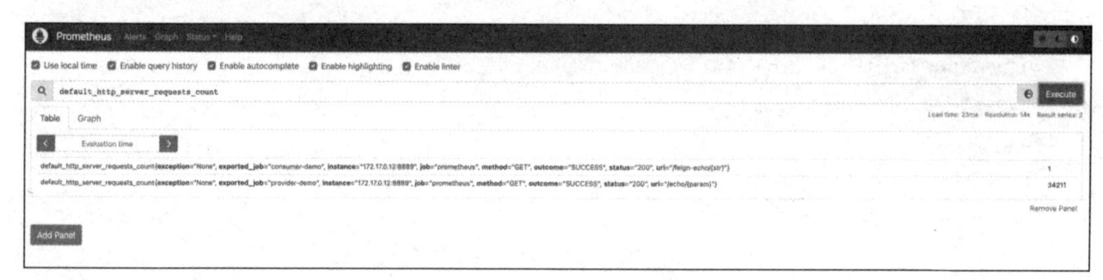

图 2-9

查看业务实例上 Promtail 配置文件中的/opt/positions/positions.yaml 文件，具体如下（从文件中的内容可以看到，Promtail 已经采集到该文件中的数据，positions 下面一行中对应的数字“4502504”表示正常采集该文件的位置）：

```
[root@centos positions]# cat positions.yaml
positions:
  /tmp/provider-demo/root.log: "4502504"
```

4. 数据使用详解

上面已经完成了可观测系统的搭建，而启动业务服务可以在搭建好的可观测系统中写入数据。下面介绍如何配置 Grafana，从而使调用链、指标和日志能够通过页面来展示并且进行数据联动。

将 Prometheus、Tempo 和 Loki 的地址配置到 Grafana 的数据源中，并打开数据源配置页面，如图 2-10 所示。

图 2-10

单击“Add data source”按钮，要添加数据源需要先添加 Prometheus。

如图 2-11 所示，在 URL 处配置 Prometheus 的地址，单击“Save&test”按钮，在保存配置的同时会检测配置的地址是否正确。

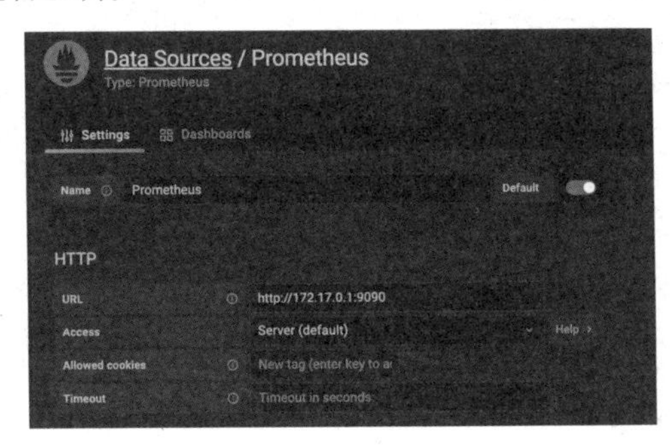

图 2-11

当 Prometheus 的数据源添加完成后，可以通过 Explore 进行查询，如图 2-12 所示。如果能正确获取到数据，就表示添加完成。

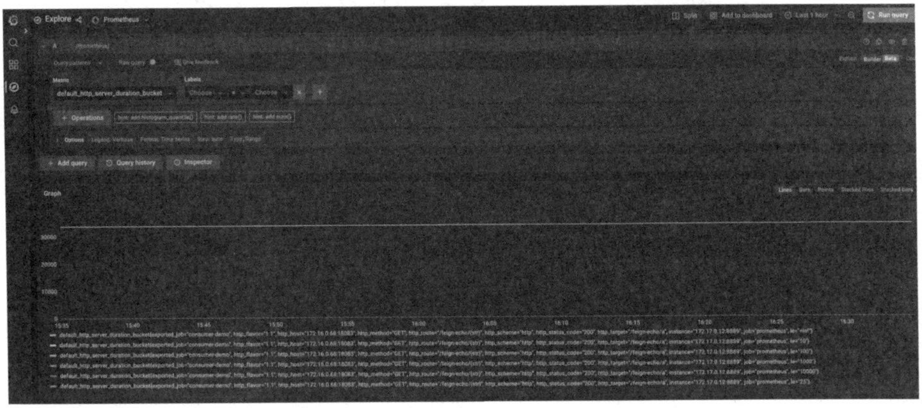

图 2-12

添加 Tempo 的数据源，如图 2-13 所示，在 URL 处配置 Tempo 的地址。如图 2-14 所示，在“Trace to logs”界面中将“Data source”设置为“Loki”。如图 2-15 所示，在“Loki Search”界面中将“Data source”设置为“Loki”。需要注意的是，“Trace to logs”界面和“Loki Search”界面中的数据源是添加完 Loki 的数据源之后添加的。如图 2-16 所示，在“Service Graph”界面中将“Data source”设置为“Prometheus”，用来查询拓扑图的数据。如图 2-17 所示，在“Node Graph”界面中将“Enable Node Graph”设置为开，节点就会展示拓扑图。单击“Save&test”按钮，在保存配置的同时会检测配置的地址是否正确。

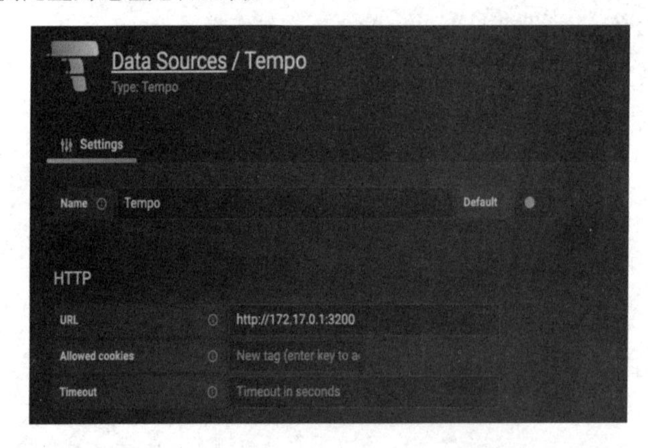

图 2-13

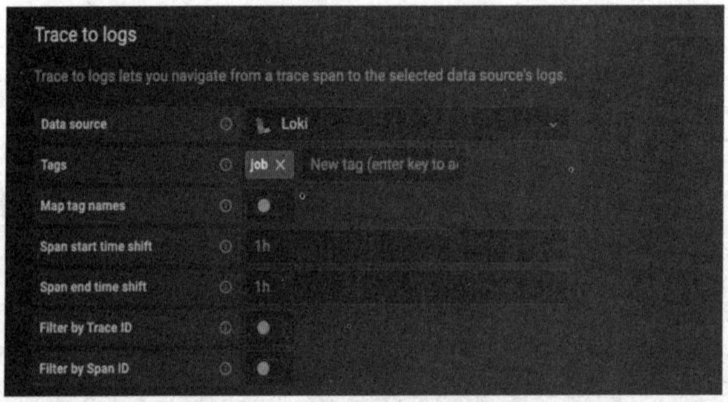

图 2-14

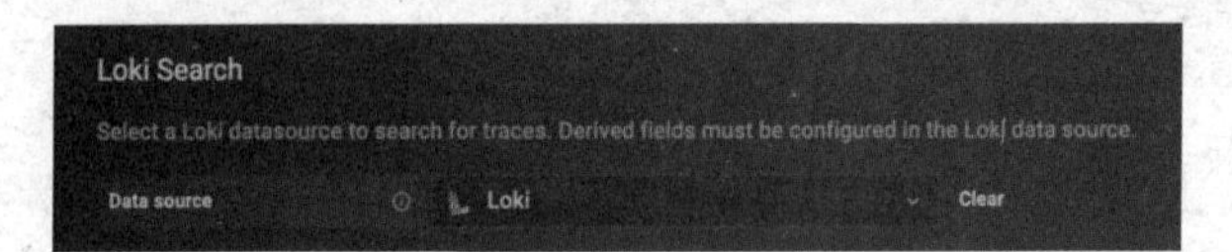

图 2-15

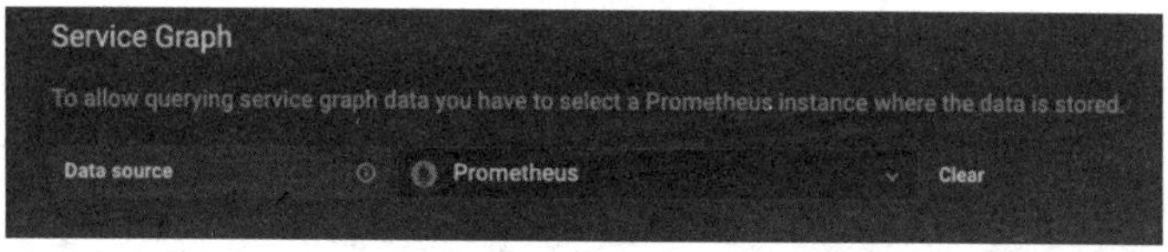

图 2-16

图 2-17

Tempo 的数据源添加完成之后，也可以通过 Explore 进行查询，如图 2-18 所示。如果能正确获取到数据，就表示添加完成。选择一条调用链，右侧会展开该调用链的详情，包括调用 Span 详情和拓扑图，这里的拓扑图就是在 Tempo 内计算出来并存储到 Prometheus 中的，如图 2-19 所示。通过调用链的详情可以清晰地看出调用经过的服务、每段调用所消耗的时间，以及每段调用所在的状态等。

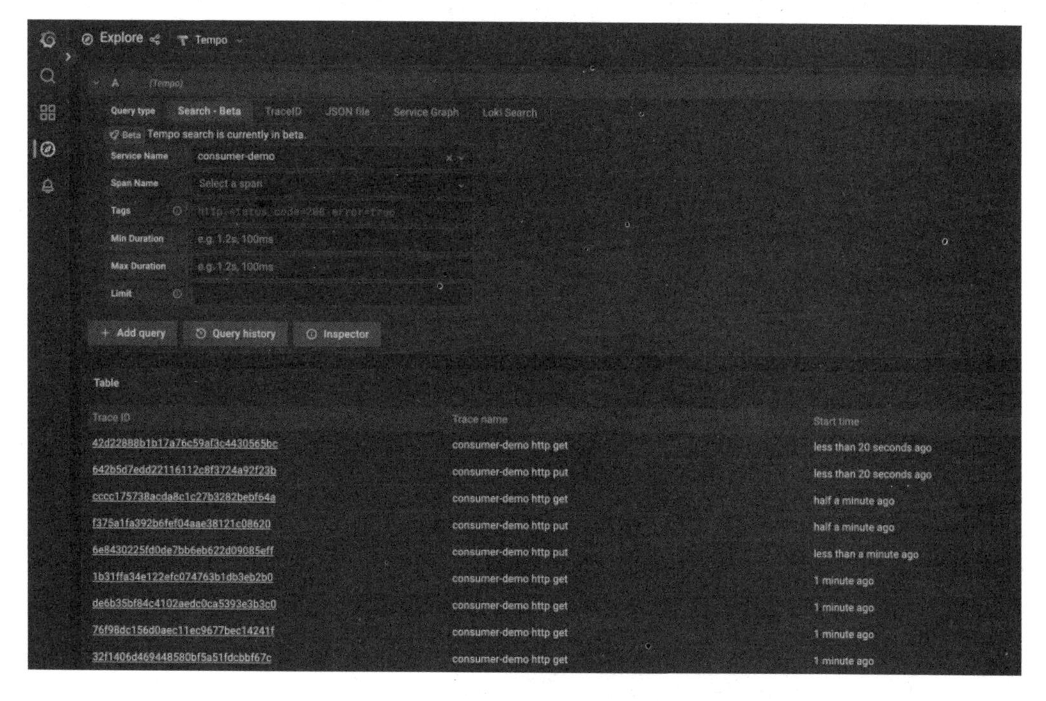

图 2-18

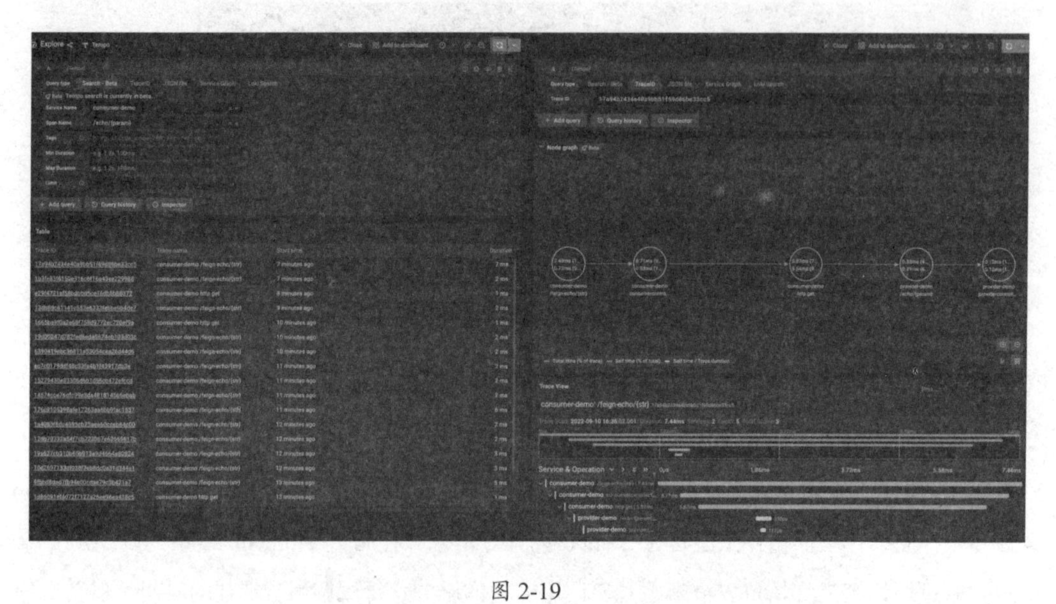

图 2-19

添加 Loki 的数据源，如图 2-20 所示，在 URL 处配置 Loki 的地址。如图 2-21 所示，在“Derived fields”界面中配置根据日志的 TraceID 或 SpanID，并查询 Tempo 的调用链信息，实现日志和调用链之间的数据关联。单击“Save&test”按钮，在保存配置的同时会检测配置的地址是否正确。

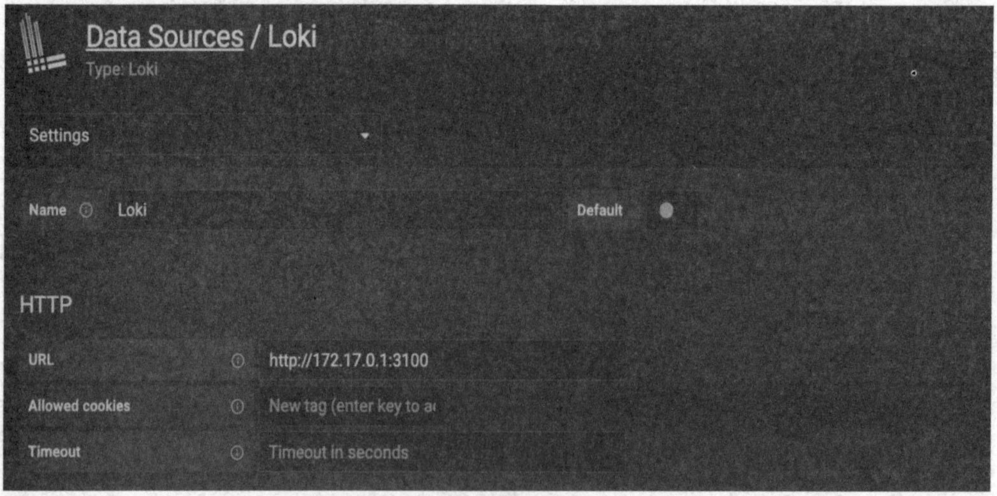

图 2-20

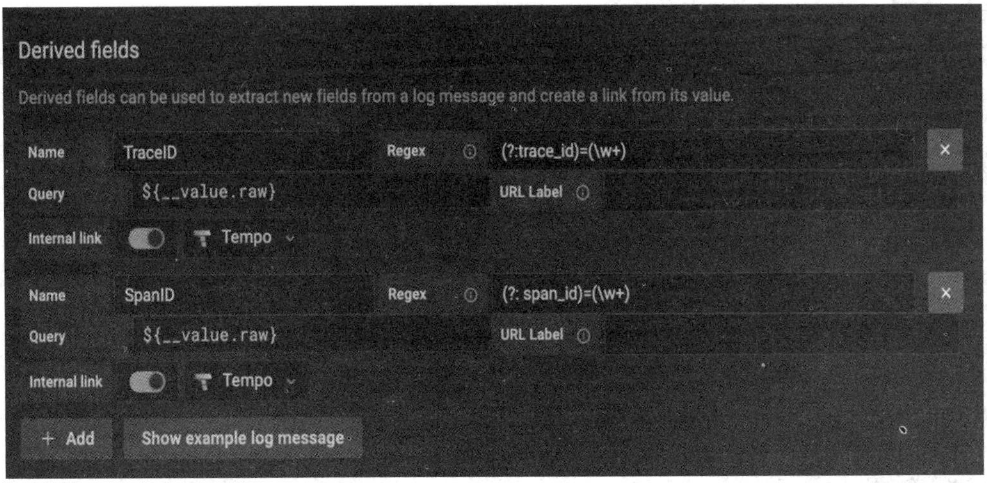

图 2-21

Loki 的数据源添加完成之后，也可以通过 Explore 进行查询，如果能正确获取到数据，就表示添加完成。如图 2-22 所示，查询“provider”的日志，打开日志详情，在“TraceID”的右侧有一个“Tempo”按钮，单击“Tempo”按钮，会显示 TraceID 关联的调用链和拓扑图的相关信息，如图 2-23 所示，实现了日志和调用链之间的数据关联。

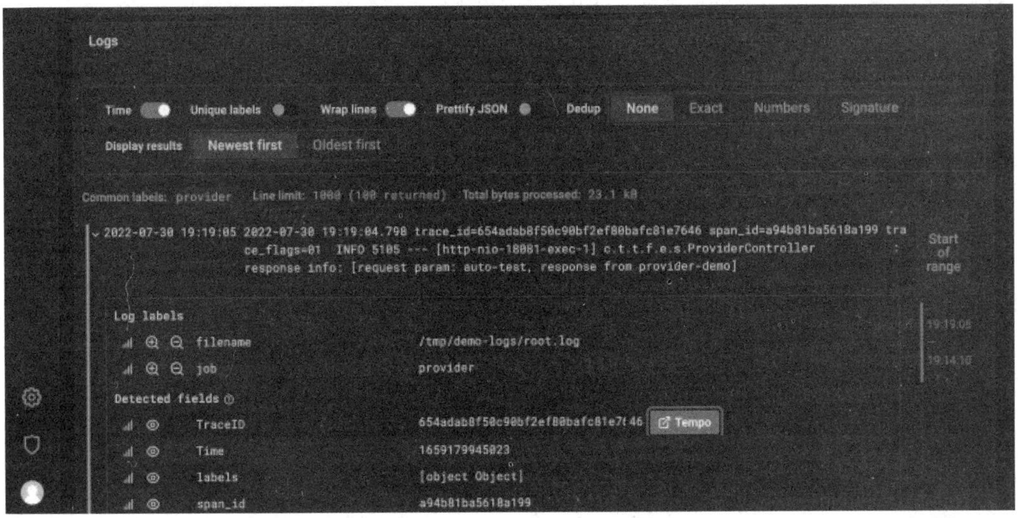

图 2-22

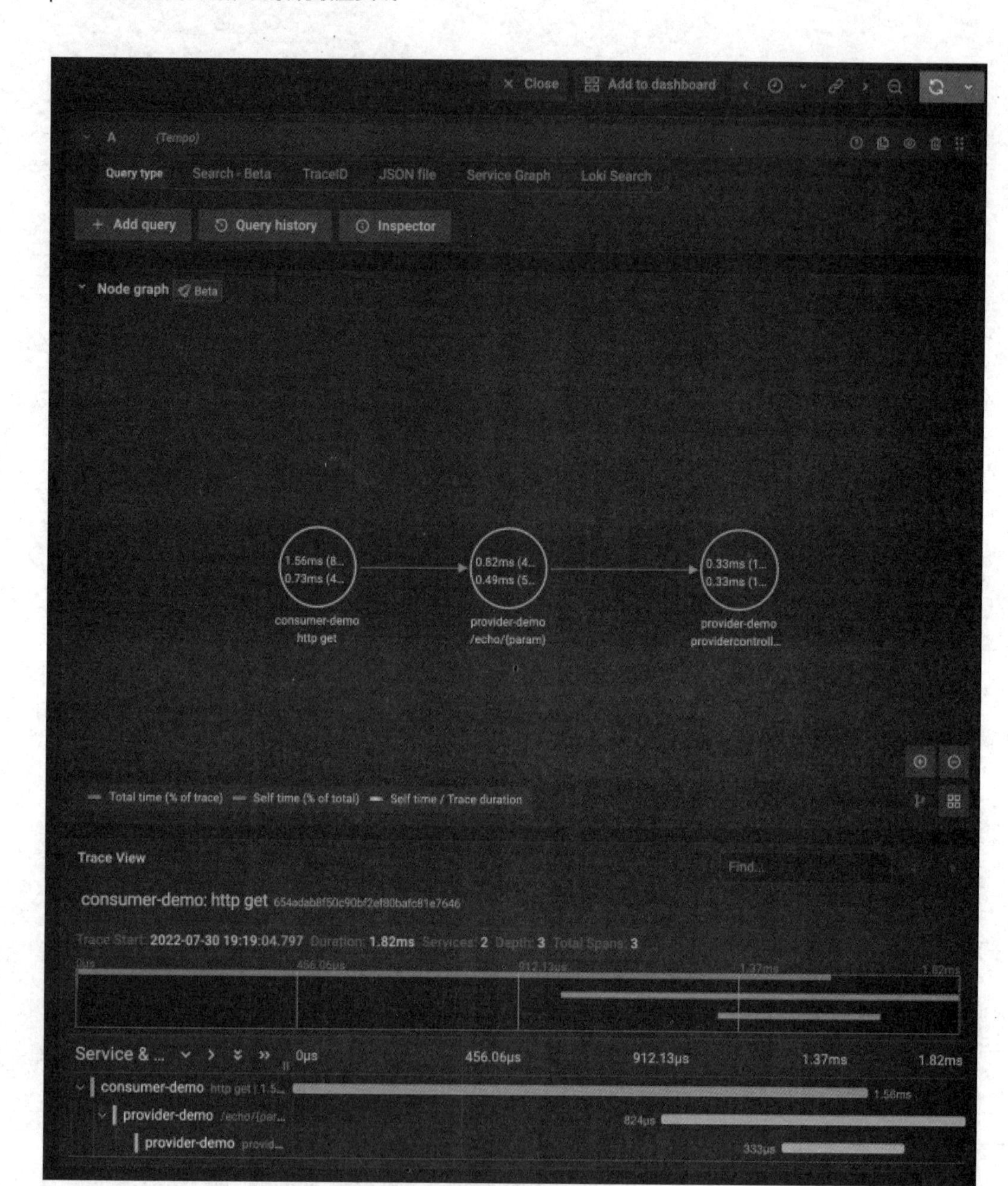

图 2-23

至此，完成本节的实战，搭建了一个完全由 Grafana 及其相关的开源组件组成的可观测系统服务端。

本次实战使用了 Grafana、Prometheus、Tempo 和 Loki 4 个平台组件，业务侧使用 Promtail 上报日志数据，上报的日志数据通过 OpenTelemetry Collector 作为接入层传递到平台存储组件 Prometheus、Tempo 和 Loki 中。3 个业务服务均使用 OpenTelemetry 采集调用链数据和指标数据，并上报给 OpenTelemetry Collector。OpenTelemetry Collector 属于采集侧解决方案 OpenTelemetry 生态中的重要成员。本次实战主要集中在平台侧组件的搭建，采集侧也可以根据需要使用其他采集组件进行数据上报，如在 Tempo 中，采用 Zipkin 的协议上报。所以，如果直接使用 Zipkin 采集调用链的服务，那么可以直接将 Zipkin Server 替换成 Tempo，这里的替换操作几乎是零成本的。

2.2.2 实战二：基于开源 Elastic Stack 的解决方案

Elasticsearch 是由 Compass 搜索引擎发展而来的。Compass 于 2004 年发布了第一个版本，并于 2010 年发布了第二个版本，同时更名为 Elasticsearch，基于 Apache Lucene 开发且开源。Elasticsearch 目前已经成为最受欢迎的企业搜索引擎之一。如果读者使用过日志系统，就一定知道 ELK Stack（这里 ELK 指的就是 Elasticsearch、Logstash 和 Kibana）。

随着 Elasticsearch 社区的不断发展，除了日志搜索和处理，Elasticsearch 的使用范围也在不断扩展。从 2015 年开始，官方开始向 ELK Stack 中加入一系列轻量型的单一功能的数据采集器，也就是 Beats，在此之后，ELK Stack 便更名为 Elastic Stack。

Elastic Stack 为用户提供了关于企业搜索、可观测性和安全性的解决方案。本节主要介绍可观测性的解决方案 Elastic Observability，并搭建一个基于 Elastic Stack 的可观测系统。

1. 解决方案详解

Elastic Stack 的产品包括 Elasticsearch、Kibana、Logstash 和 Beats 4 个部分。其中，Elasticsearch 用于存储、搜索和分析数据，Kibana 用于可视化展示数据和管理操作，Logstash 用于处理和转换采集的数据，Beats 用于采集各种数据。Beats 中包含文件采集器（Filebeat）、指标采集器（Metricbeat）、网络数据采集器（Packetbeat）和运行时间监控采集器（Heartbeat）等。

Elastic Observability 提供了简单且高效的工具来统一日志数据、基础设施指标数据、正常运行时间数据、应用程序追踪数据、用户体验数据和合成数据。本节使用到的是 Elasticsearch、Kibana

和 APM Server 3 个组件。由于 APM Server 对 OpenTelemetry 的 OTLP 协议提供原生支持，而应用程序和基础设施采集的调用链数据与指标数据都可以使用 OpenTelemetry 直接发送到 APM Server 中，因此直接使用 OpenTelemetry 来采集应用的调用链数据、指标数据及日志数据。OpenTelemetry 是开源社区通用的采集方案，这里仅介绍 Elastic Stack 的 3 个组件。

本节使用 Elasticsearch、Kibana、APM Server 和 OpenTelemetry 来搭建一个完整的可观测系统。OpenTelemetry 将采集的数据通过 OTLP 协议上报给 APM Server，经过 APM Server 存储到 Elasticsearch 中，并在 Kibana 中进行可视化。搭建可观测系统的架构图如图 2-24 所示。

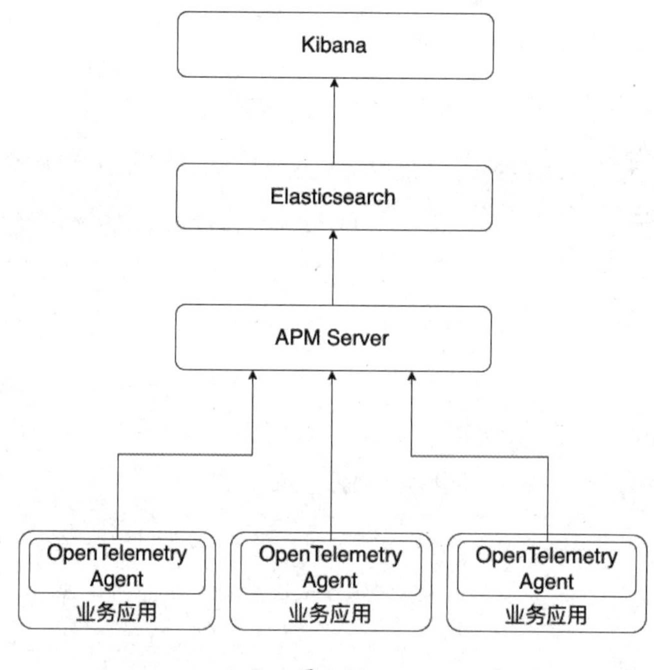

图 2-24

2. 实战组件概述

本次实战使用的组件为 Elasticsearch、Kibana 和 APM Server。

（1）Elasticsearch

Elasticsearch 是一个分布式的、开源的、基于 REST 风格的搜索和分析引擎，同时提供数据存储功能，目前由 Elastic 公司维护，是 Elastic Stack 的核心组件。Elasticsearch 开箱即用，集群搭建和使用都非常简单，广泛用于网站搜索、日志分析处理、指标数据分析处理、地址空间数据分析处理和安全分析等各种场景。

由于 Elasticsearch 是基于 Lucene 实现的，因此在全文搜索上性能表现非常出色。Elasticsearch 是一个近实时的搜索引擎（近实时是指数据写入对数据搜索不是立即可见的，数据写入之后，索引分片需要刷新之后才可以搜索到）。这里默认 1 秒刷新一次，所以是近实时的。虽然刷新频率是可以配置的，但需要根据系统的实际需要来调整，也可以通过 refresh API 手动刷新。

（2）Kibana

Kibana 是开源的数据可视化和管理工具，是 Elastic Stack 的重要组件。使用 Kibana 不仅可以对 Elasticsearch 中的数据进行搜索，并将搜索出的数据进行可视化展示，还可以对数据配置告警功能，甚至可以通过机器学习算法来实现检测隐藏在数据中的异常情况。例如，通过直方图、线形图、饼状图和地图等方式，可以直观地展示数据的信息，实现数据分析功能。

Kibana 提供了访问权限控制功能，可以基于角色的访问控制限定用户查看数据的范围。另外，可以通过可视化 UI 或 API 对 Elastic Stack 进行管理。

（3）APM Server

APM Server 是开源的无状态的独立组件，通过一个公开的 HTTP 服务器端点来接收采集端的数据，并将其转换成 Elasticsearch 数据格式的文档存储到 Elasticsearch 中。使用 APM Server 不仅可以控制写入 Elasticsearch 中的数据量，还可以在 Elasticsearch 没有响应时临时缓冲数据。由于 APM Server 充当了采集端到 Elasticsearch 的中间层，因此可以使不同版本的采集端和 Elasticsearch 之间兼容，如在本次实战中，APM Server 可以直接接收 OpenTelemetry 上报的数据。

下面搭建一个完整的可观测系统。本次实战采用 Docker 进行组件部署，宿主机实例配置是 4 核 8GB，操作系统的版本为 CentOS 7.5 64 位。

3. 搭建实战组件

（1）搭建 Elasticsearch

搭建 Elasticsearch，用来存储、查询可观测系统中的日志数据、调用链数据及指标数据。在本次实战中，Elasticsearch 采用 8.4.1 版本的官方镜像，并且使用 Docker 部署。本次实战需要启用 xpack.security.enabled 和 xpack.security.enrollment.enabled 来进行安全权限的管理。完整的配置文件 elasticsearch.yaml 如下所示：

```
cluster.name: "docker-cluster"
network.host: 0.0.0.0
xpack.security.enabled: true
xpack.security.enrollment.enabled: true
```

将配置文件 elasticsearch.yaml 保存到/opt/elasticsearch 目录下，并通过如下命令运行 Elasticsearch：

```
docker run -d --name elasticsearch -p 9200:9200 -p 9300:9300 -e "discovery.type=single-node"
-v /opt/elasticsearch/elasticsearch.yaml:/usr/share/elasticsearch/config/elasticsearch.
yaml elasticsearch:8.4.1
```

运行成功后，进入 Elasticsearch 的容器中，并进入 bin 目录下，通过如下命令修改用户 kibana 和 elastic 的密码（kibana 是之后 Kibana 用来连接 Elasticsearch 的用户账号，elastic 是 Elasticsearch 的超级管理员账号，也可以根据需要创建其他账号）：

```
./elasticsearch-reset-password -u username -i
```

（2）搭建 Kibana

搭建 Kibana，用来展示可观测系统中的日志数据、调用链数据及指标数据，以及配置可视化图表和告警功能等。在本次实战中，Kibana 采用 8.4.1 版本的官方镜像，并且使用 Docker 部署。在配置文件 kibana.yaml 中使用之前在 Elasticsearch 上配置的用户账号 kibana 和修改过的密码。完整的配置文件 kibana.yaml 如下所示：

```
server.name: kibana
server.host: 0.0.0.0
elasticsearch.hosts: [ "http://172.17.0.1:9200" ]
elasticsearch.username: "kibana"
elasticsearch.password: "xxxxxx"
xpack.monitoring.ui.container.elasticsearch.enabled: true
```

将配置文件 kibana.yaml 保存到/opt/kibana 目录下，并通过如下命令运行 Kibana：

```
docker run -d --name kibana -p 5601:5601 -v
/opt/kibana/kibana.yaml:/usr/share/kibana/config/kibana.yaml kibana:8.4.1
```

运行成功后，进入 Kibana 页面，使用超级管理员账号 elastic 登录页面，如图 2-25 所示，显示搭建成功。

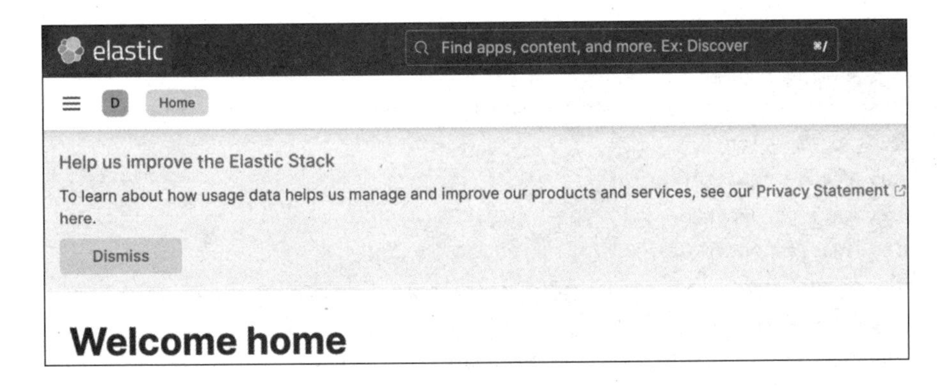

图 2-25

（3）搭建 APM Server

搭建 APM Server，用来接收业务上报的数据并推送到 Elasticsearch 中。在本次实战中，APM Server 采用 8.4.1 版本的官方镜像，并且使用 Docker 部署。在配置文件 apm-server.yaml 中使用之前在 Elasticsearch 上配置的用户名 elastic 和修改过的密码，通过 8200 端口接收上报的数据。完整的配置文件 apm-server.yaml 如下所示：

```
apm-server:
  host: "0.0.0.0:8200"
output.elasticsearch:
  hosts: ["172.17.0.1:9200"]
  username: "elastic"
  password: "abc@1234"
```

将配置文件 apm-server.yaml 保存到/opt/apm-server 目录下，并通过如下命令运行 APM Server：

```
docker run -d --name apm-server -p 8200:8200 -v
/opt/apm-server/apm-server.yaml:/usr/share/apm-server/apm-server.yaml
elastic/apm-server:8.4.1
```

运行成功后，本次实战所使用的全部组件就搭建完毕。基于 Elastic 的实战只使用了 3 个组件，分别是 Elasticsearch、Kibana 和 APM Server。

下面运行 3 个业务服务，分别是 gateway-demo、consumer-demo 和 provider-demo。这 3 个业务服务均使用 OpenTelemetry Agent 来采集调用链数据、指标数据和日志数据，并通过 OTLP 协议上报给 APM Server，运行的命令如下所示：

```
java -javaagent:/path/opentelemetry-javaagent.jar \

-Dotel.resource.attributes=service.name=provider-demo,service.version=1.0,deployment.
environment=production \
    -Dotel.traces.exporter=otlp \
    -Dotel.metrics.exporter=otlp \
    -Dotel.logs.exporter=otlp \
    -Dotel.exporter.otlp.endpoint=http://172.16.16.123:8200 \
    -jar provider.jar
java -javaagent:/path/opentelemetry-javaagent.jar \

-Dotel.resource.attributes=service.name=consumer-demo,service.version=1.0,deployment.
environment=production \
    -Dotel.traces.exporter=otlp \
    -Dotel.metrics.exporter=otlp \
    -Dotel.logs.exporter=otlp \
    -Dotel.exporter.otlp.endpoint=http://172.16.16.123:8200 \
    -jar consumer.jar
java -javaagent:/path/opentelemetry-javaagent.jar \

-Dotel.resource.attributes=service.name=gateway-demo,service.version=1.0,deployment.
environment=production \
    -Dotel.traces.exporter=otlp \
    -Dotel.metrics.exporter=otlp \
    -Dotel.logs.exporter=otlp \
    -Dotel.exporter.otlp.endpoint=http://172.16.16.123:8200 \
    -jar gateway.jar
```

业务服务运行成功后，打开 Kibana 页面，对可观测服务进行配置，单击“Add integrations”按钮，进入 Integrations 的配置页面，选择“Elastic APM”选项，进入 APM integration 的安装页面，在“Server configuration”组的“Host”文本框和“URL”文本框中配置 APM Server 的地址，如图 2-26 所示，保存配置之后，在“Elastic APM in Fleet”标签页中单击“Check APM Server status”按钮，检测当前配置的 APM Server 的状态是否正常，如图 2-27 所示。检查完 APM Server 的状态之后，在当前标签页的 Tab 上选择“OpenTelemetry”选项，继续检测 OpenTelemetry 上报的数据是否正常，单击“Check agent status”按钮，如图 2-28 所示，表示上报的数据正常。

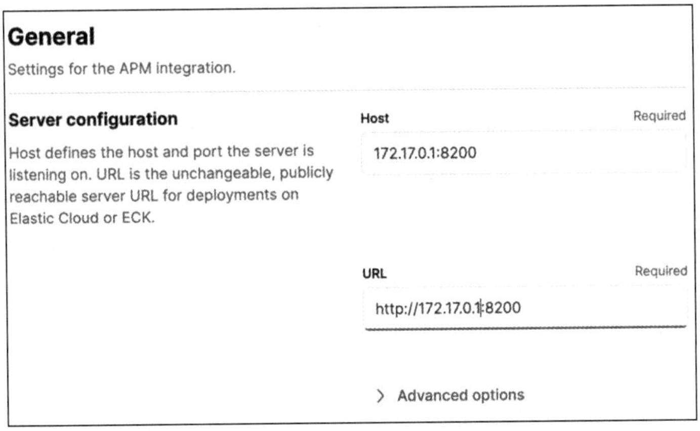

General
Settings for the APM integration.
Server configuration
Host defines the host and port the server is listening on. URL is the unchangeable, publicly reachable server URL for deployments on Elastic Cloud or ECK.
Host
Required
172.17.0.1:8200
URL
Required
http://172.17.0.1:8200
Advanced options

图 2-26

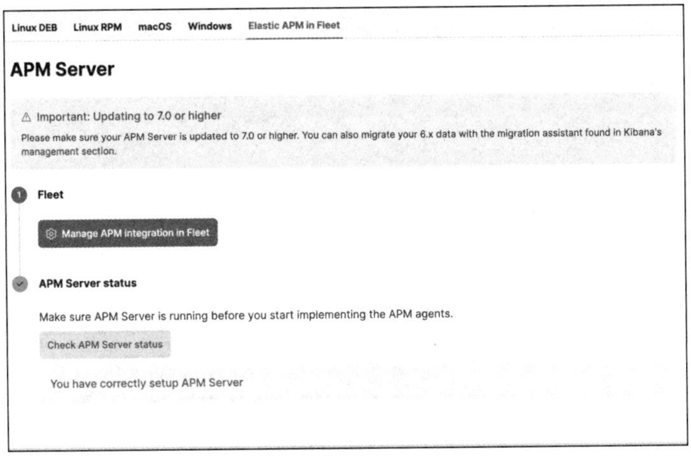

Linux DEB
Linux RPM
macOS
Windows
Elastic APM in Fleet
APM Server
Important: Updating to 7.0 or higher
Please make sure your APM Server is updated to 7.0 or higher. You can also migrate your 6.x data with the migration assistant found in Kibana's management section.
Fleet
Manage APM integration in Fleet
APM Server status
Make sure APM Server is running before you start implementing the APM agents.
Check APM Server status
You have correctly setup APM Server

图 2-27

Agent status
Make sure your application is running and the agents are sending data.
Check agent status
Data successfully received from one or more agents

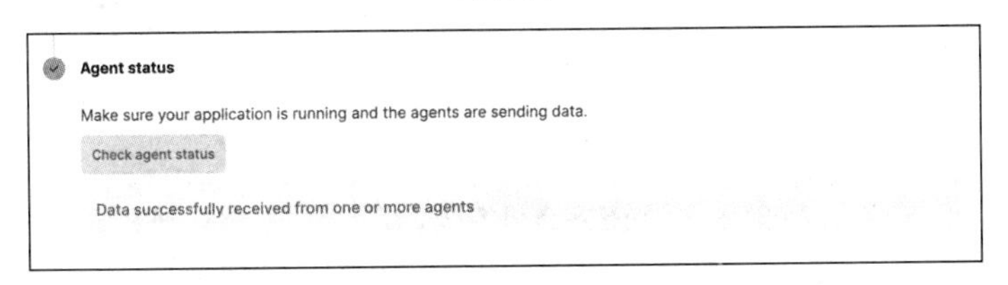

图 2-28

至此，完成可观测系统的搭建，并且接入了 3 个业务服务的调用链数据、指标数据和日志数据，下面介绍系统中数据的使用及联动。

4. 数据使用详解

在 Kibana 页面的左侧有一个“Observability”栏，单击“Overview”链接即可进入可观测的页面，在“Logs”→“Stream”组中可以看到已经能正常查询日志，并且列表中显示的字段可以通过右上角的“Settings”链接进行配置，如图 2-29 所示，这里配置了“trace.id”、“span.id”和“Message”3 个字段。通过单击日志上的蓝色按钮可以弹出日志的详细信息的侧边栏，通过侧边栏上的“Investigate”按钮的下拉菜单中的“View in APM”命令可以查询到这条日志关联的调用链，这条调用链的完整链路如图 2-30 所示，这样就实现了从日志到调用链的数据联动，在进行故障排查和问题分析时可以通过异常日志定位到该日志发生的链路信息。

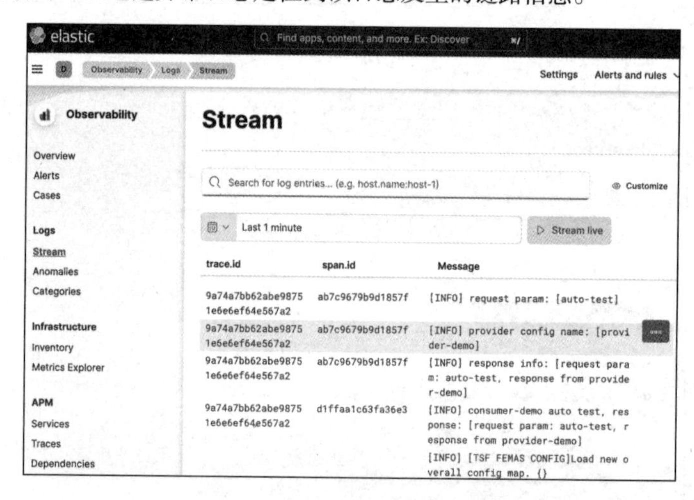

图 2-29

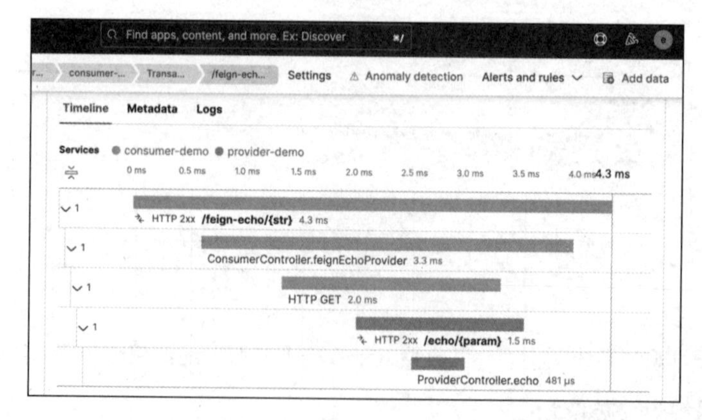

图 2-30

单击“Infrastructure”链接，在“Metrics Explorer”组中可以查询到上报的指标信息，并且可以通过单击右上角的“Add data”按钮创建视图，下次进入页面时就可以直接看到所需的指标信息，如图 2-31 所示，配置了 http.server.duration 和 http.client.duration 两个指标的信息，并且根据服务名分别生成图表。这里的图表比较简单，通过在“Actions”下拉列表中选择“Open in Visualize”选项创建图表，或者直接在菜单栏中选择“Analytics”下面的模块进行配置，能定制更多的图表，还可以通过图表直接创建告警，在系统出现异常时能及时发出告警信息，从而在第一时间解决问题。

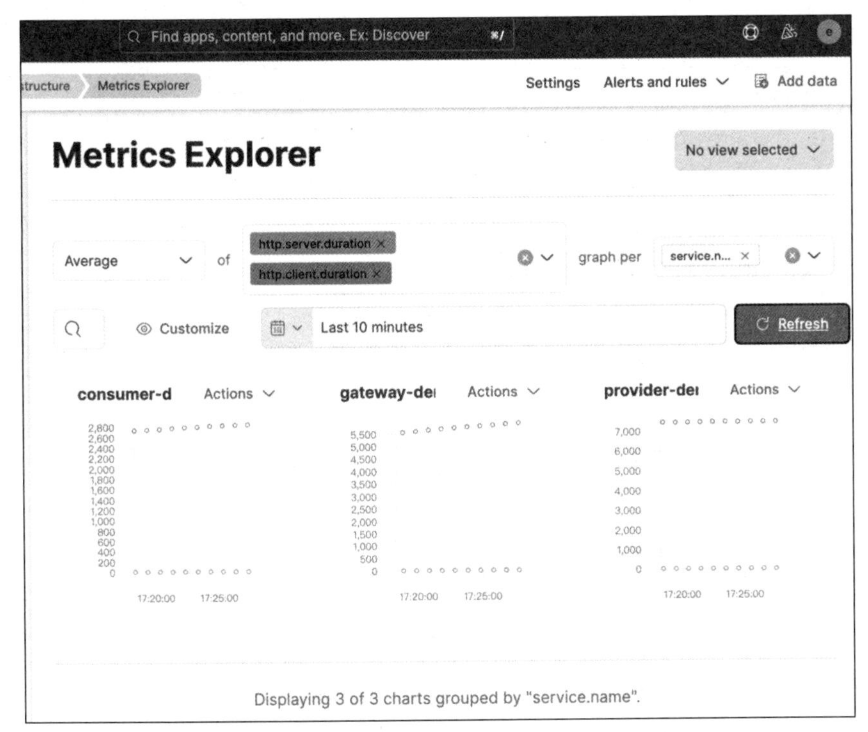

图 2-31

单击“APM”链接，“Services”组中展示了当前可观测系统接收的服务列表，“Traces”组中展示了调用链列表，“Dependencies”组中展示了依赖的外部系统列表，“Service Map”组中展示了服务拓扑图信息（见图 2-32），单击拓扑图节点可以看到节点的指标信息。单击“Service Details”按钮可以进入服务页面。在服务页面或调用链页面都可以通过调用链详情查看调用链关联的日志，实现从调用链到日志的数据联动，这样就可以通过异常调用链定位到相关的日志来排除故障。

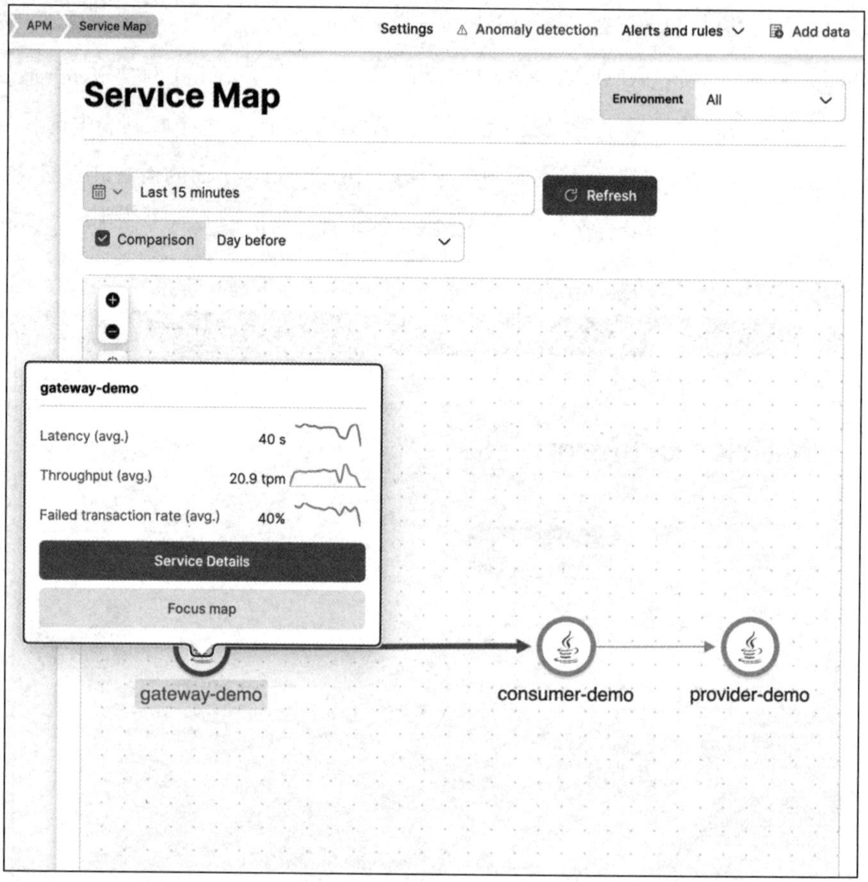

图 2-32

本次实战使用了 Elasticsearch、Kibana、APM Server 3 个服务端组件，在业务侧使用 OpenTelemetry 采集调用链数据、指标数据和日志数据，并且直接上报给 APM Server。Elastic Stack 也提供了很多官方的采集器，可以通过这些采集器来采集各类数据。

对比 2.2.1 节可以发现，Elastic Stack 使用的组件较少，并且 APM Server 原生支持 OpenTelemetry 直接上报调用链数据、指标数据和日志数据。但是日志数据在使用过程中存在问题，并且拓扑图是高级功能，需要购买权限才能使用。Grafana 对多数据源和时间序列型数据库的支持更加友好（尤其是对多数据源的支持，如果系统中原本就有很多数据源，那么接入十分方便）。

Grafana 和 Kibana 都有丰富的开源生态，提供了很多开箱即用的采集工具和相关组件，开发人员可以通过生态中的产品快速搭建完整的可观测系统。但是，在实际使用过程中，尤其在海量数据场景下，数据上报和指标计算都存在性能问题，在特定的场景下还需要根据自身系统的实际情况制定不同的解决方案。

2.2.3 实战三：开源架构优化之解决大规模数据计算问题

基于开源架构可以快速探索可观测性的能力，在业务起步阶段或数据规模较小时能游刃有余。但一旦数据规模增长，基于开源架构的可观测系统就会出现查询响应慢、写入耗时增加，甚至部分组件崩溃的情况。大多数云厂商都提供了开箱即用、免运维的托管服务，可以应对业务流量暴涨或大数据下的组件维护难题。但对业务的开发人员而言，云托管服务无法解决业务层次的大规模数据计算问题，这在实战场景下是制约业务发展的关键。本节将基于开源 Elastic Stack 架构介绍如何解决困扰开发人员的大规模数据计算问题。

1. 解决方案详解

可观测性的相关数据（如日志、调用链和指标等）都是时序相关的，即每条数据都绑定了一个时间戳。时间永不止息，时序相关的数据也相应无限制地增长。因此，在业务增长后，可观测性数据的规模可以轻易达到 GB 级甚至 TB 级。

幸运的是，可观测性数据也是时序相关的。开发人员几乎不需要关注超过一个月的可观测性数据，实时数据对可观测系统的价值通常高于海量的历史数据（历史数据在数据分析场景下或许更有价值）。离线计算场景对数据实时性和准确性的要求也会更低。

基于可观测性数据的特性，开发人员可以通过降采样或数据转移等方式优化大规模数据的计算问题。降采样是指以更粗的时间粒度存储时序数据，如实时数据的时间粒度可以设置为 10 秒或 1 分钟；但写入超过 7 天的数据的访问频率和重要性会降低，时间粒度可增加到 1 小时或 1 天。降采样能以数倍甚至数万倍的比例降低数据量，通常适用于指标数据。数据转移是指将历史数据转移至成本更低廉、性能更差的硬件中，如实时数据可存储在固态硬盘中，以保证其读/写的高效。可以将历史数据转移到普通硬盘中。数据转移能保证在查询到全量历史数据的同时不影响实时数据的高效读/写，并且可以节省存储成本，通常适用于日志、调用链等可观测性数据。

本节基于开源 Elastic Stack 架构介绍如何通过降采样和数据转移来解决大规模数据计算问题（关于 Elasticsearch 在大规模数据场景下的调优防范请参考第 4 章）。

2. 实战组件介绍

关于开源 Elastic Stack 架构的基本组件请参考 2.2.2 节，本节主要介绍热温冷架构、ILM、Data streams 与 Rollup 等。

热温冷架构是指 Elasticsearch 的节点分布在性能不同的节点上。热节点用于实时数据的写入，通常保存在 SSD 磁盘上。温节点用于存储体量大但读/写需求低且对实时性要求不高的数据，通常保存在 SATA 磁盘上（温节点上的数据是只读的）。冷节点比温节点的硬件性能更低。在初始化 Elasticsearch 集群时，可以指定节点的热、温、冷属性。

ILM（索引生命周期管理）是 Elasticsearch 内置的一款功能强大的索引管理工具。ILM 可指定数据在何种场景下迁移至热节点、温节点和冷节点上。例如，可指定超过 7 天的数据迁移至温节点上，以减少副本数。ILM 还可指定数据的删除策略，如在迁移至温节点上 30 天之后删除数据。

Data streams 是 Elasticsearch 对索引的一层封装，支持仅追加写入的时序数据。Data streams 非常适合写入可观测性数据。结合 ILM 的功能，用户只需要将数据写入 Data streams 中，无须关注底层索引的变化。

Rollup 用于对数据进行聚合。Elasticsearch 支持对数据进行聚合后写入新的索引中，与原始数据相比，聚合后的数据有更粗的时间粒度。Elasticsearch 不仅支持 Date Histogram、Terms 等分组聚合方式，还支持求最大值、求最小值、求和、求平均值及计数等数值聚合方式。

3. 搭建实战组件

关于 Elasticsearch 和 Kibana 的介绍请参考 2.2.2 节。下面介绍热温冷架构的搭建，以及 ILM、Data streams 和 Rollup 的配置。本节的 Elasticsearch 集群基于当前云厂商主流支持的 7.14 版本。

（1）配置热节点、温节点和冷节点

在初始化 Elasticsearch 集群时，需要配置节点的角色，如将热节点、温节点和冷节点配置为如下形式：

```
node.roles: [ data_hot ]
```

```
node.roles: [ data_warm ]
node.roles: [ data_cold ]
```

成功初始化集群后，使用“GET /_cat/nodes?v”命令可以查询节点的角色，如图 2-33 所示。“node.role”列中的“w”表示节点是温节点，“h”表示节点是热节点。如图 2-33 所示，该 Elasticsearch 集群有两个热节点和两个温节点。热节点部署在 SSD 磁盘上，温节点部署在 SATA 磁盘上。

```
1 ip        heap.percent ram.percent cpu load_1m load_5m load_15m node.role master name
2 10.0.0.27           12          99   4    0.05    0.07     0.10 ilmrstw   -      1669535515002862132
3 10.0.0.18           11          99   5    0.00    0.09     0.09 ilmrstw   -      1669535515002862032
4 10.0.0.16           17          98   4    0.21    0.26     0.17 hilmrst   -      1669535515002861932
5 10.0.0.47           17          92   3    0.30    0.26     0.27 hilmrst   *      1669535515002861832
```

图 2-33

（2）配置 ILM

在 Kibana 页面中，选择“Stack Management”→“Index Lifecycle Policies”选项，单击“Create policy”按钮增加 ILM 策略。如图 2-34 所示，在热阶段，配置索引滚动阈值为索引创建后的 10 天。

Enable rollover

Maximum primary shard size

gigabytes

Maximum age

10 days

Maximum documents

Maximum index size

gigabytes

图 2-34

接下来配置温节点和删除阶段的策略。如图 2-35 所示，索引在热节点上滚动后，立即进入温节点，并且删除所有副本，将索引合并为一个分片并标记为只读。索引在滚动 1 天后被自动删除。

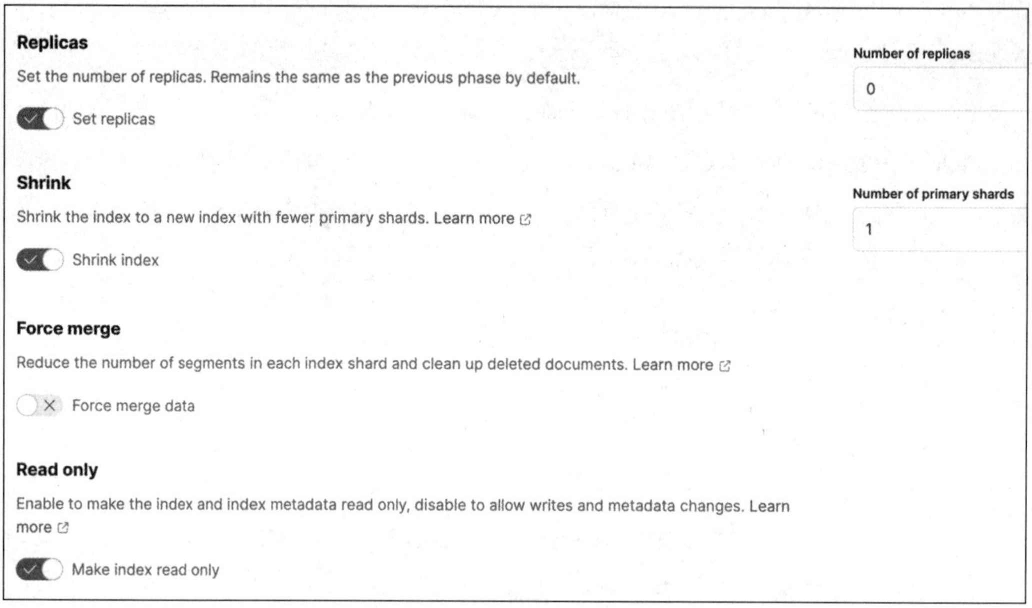

Replicas

Set the number of replicas. Remains the same as the previous phase by default.

Set replicas

Number of replicas

0

Shrink

Shrink the index to a new index with fewer primary shards. Learn more

Shrink index

Number of primary shards

1

Force merge

Reduce the number of segments in each index shard and clean up deleted documents. Learn more

Force merge data

Read only

Enable to make the index and index metadata read only, disable to allow writes and metadata changes. Learn more

Make index read only

图 2-35

在“Dev Tools”标签页中执行如下命令，新建一个 component_template 用于配置索引的 ILM 策略为 test：

```
PUT _component_template/ilm-settings
{
 "template": {
  "settings": {
   "index.lifecycle.name": "test"
  }
 }
}
```

（3）配置 Data streams

对于具体的业务数据，需要创建 index_template 用于执行 Data streams 的 template（需要注意的是，这里的 composed_of 属性中的 trace-mappings 字段为业务的索引模板，ilm-settings 字段为 ILM 策略的模板）：

```
PUT /_index_template/trace-template?pretty
```

```
{
  "index_patterns": ["trace*"],
  "data_stream": { },
  "composed_of": [ "trace-mappings", "ilm-settings" ],
  "priority": 500
}
```

执行“PUT _data_stream/trace”命令创建 Data streams，创建完成后即可在“Data Streams”标签页中写入数据。需要注意的是，写入的数据中必须包含@timestamp 字段。在“Stack Management”→“Index Management”→“Data Streams”标签页中可以查看当前 trace 的 Data streams 的状态，如图 2-36 所示，已滚动了 3 个索引。

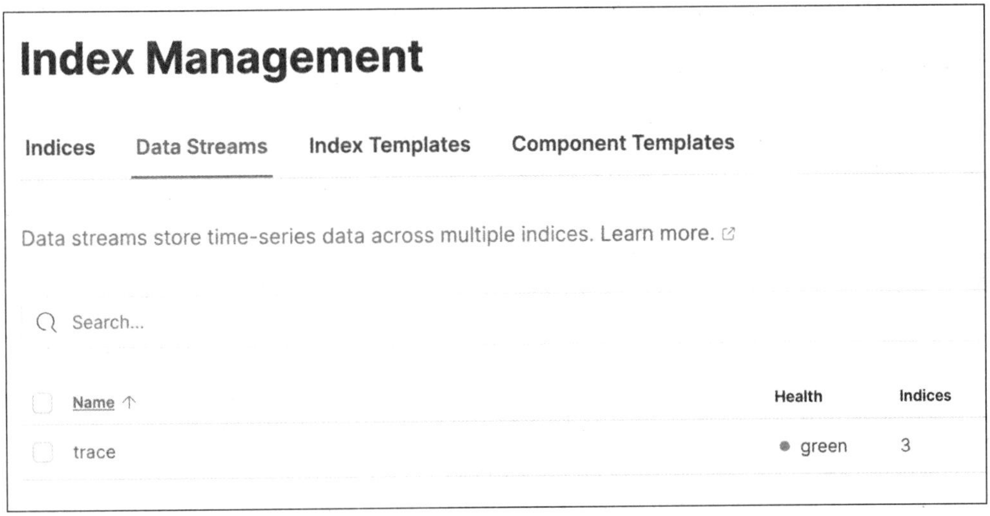

Index Management

Indices　Data Streams　Index Templates　Component Templates

Data streams store time-series data across multiple indices. Learn more.

Search...

Name ↑	Health	Indices
trace	green	3

图 2-36

单击“Indices”标签页，跳转到该 Data streams 对应的索引列表。ILM 会按照配置时的规则执行索引滚动操作，滚动后的副本均已被设置为 0，执行“GET /_cat/shards?v”命令，发现滚动后的索引分片均已被移到集群的温节点上。

基于 ILM 和 Data streams，可观测性数据可以按照开发人员指定的策略迁移到成本更低的硬件中，并将更好的硬件留给最近的数据，从而保证最近的数据的读/写不会被海量的历史数据影响。

（4）配置 Rollup

Rollup 是 Elasticsearch 官方推出的数据聚合功能，基于该功能可以实现数据的降采样。使用

Rollup 的前提是已写入原始数据。在“Stack Management”→“Rollups Jobs”标签页中，单击“Create rollup job”链接即可创建 Rollup job。

第一，输入 Rollup 的基本信息，如图 2-37 所示，需要设置 Rollup 的名称、原始数据所在的索引、Rollup 数据存储的索引、Rollup 任务触发的时间、每次 Rollup 最多聚合的文档数量及聚合任务开始前的延迟。

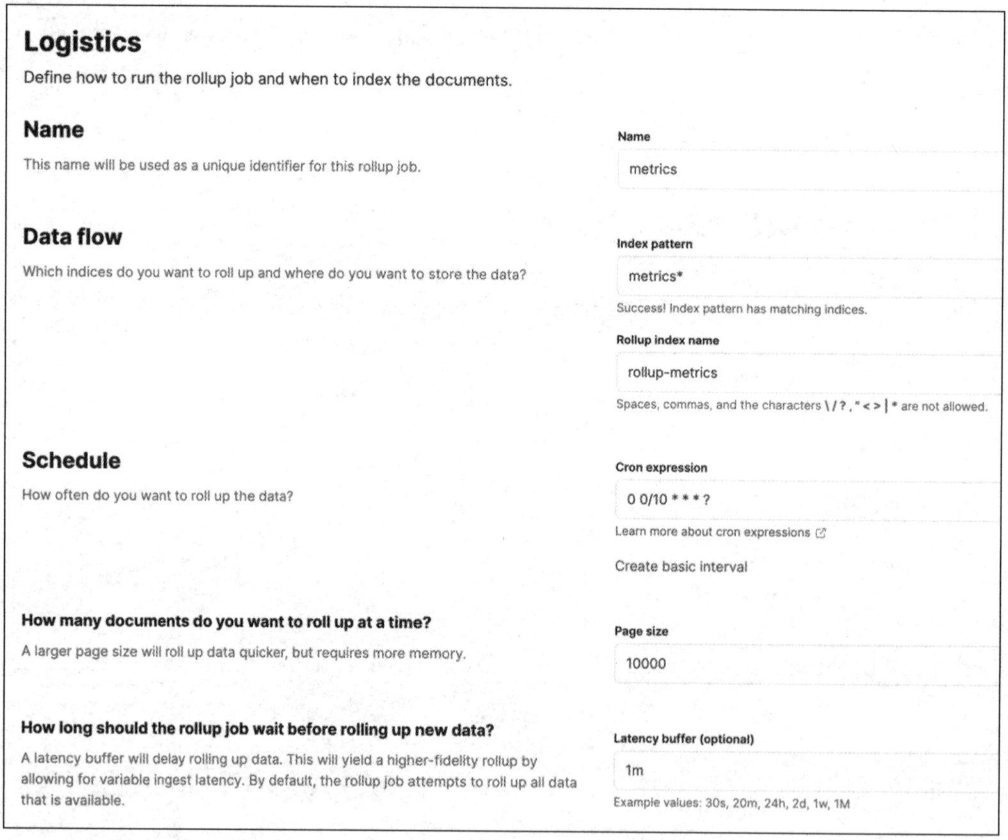

Logistics

Define how to run the rollup job and when to index the documents.

Name

This name will be used as a unique identifier for this rollup job.

Name: metrics

Data flow

Which indices do you want to roll up and where do you want to store the data?

Index pattern: metrics*

Success! Index pattern has matching indices.

Rollup index name: rollup-metrics

Spaces, commas, and the characters \ / ? , " < > | * are not allowed.

Schedule

How often do you want to roll up the data?

Cron expression: 0 0/10 * * * ?

Learn more about cron expressions

Create basic interval

How many documents do you want to roll up at a time?

A larger page size will roll up data quicker, but requires more memory.

Page size: 10000

How long should the rollup job wait before rolling up new data?

A latency buffer will delay rolling up data. This will yield a higher-fidelity rollup by allowing for variable ingest latency. By default, the rollup job attempts to roll up all data that is available.

Latency buffer (optional): 1m

Example values: 30s, 20m, 24h, 2d, 1w, 1M

图 2-37

第二，配置聚合的分桶规则，如图 2-38 所示，此处采用的是 Date histogram 聚合的语法，需要选择时间戳字段用于聚合分桶的时间粒度和时区。

第三，配置 Terms 聚合的规则，如图 2-39 所示。基于 Terms 聚合的语法，可以选择关键词或数值类型的字段，但是，如果选择的字段是高基数，就会消耗大量内存。Terms 聚合是可选的。

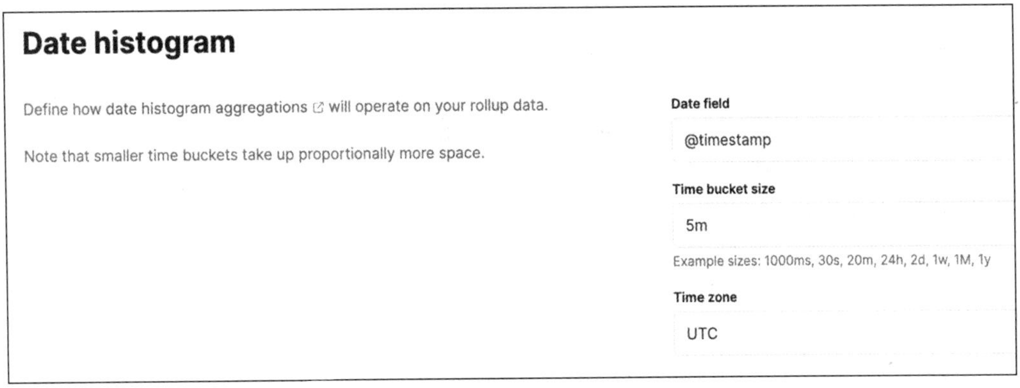

Date histogram

Define how date histogram aggregations will operate on your rollup data.

Note that smaller time buckets take up proportionally more space.

Date field

@timestamp

Time bucket size

5m

Example sizes: 1000ms, 30s, 20m, 24h, 2d, 1w, 1M, 1y

Time zone

UTC

图 2-38

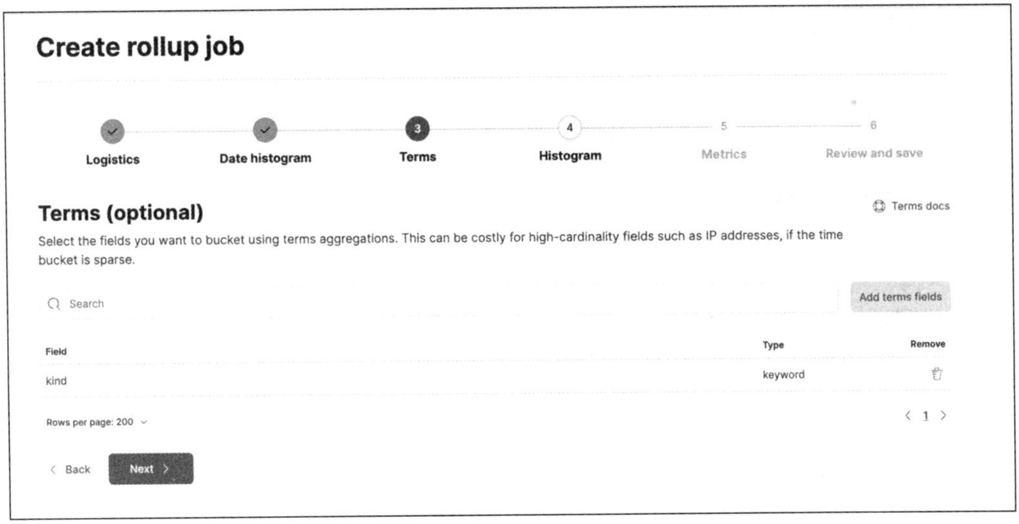

Create rollup job

Logistics　Date histogram　3 Terms　4 Histogram　5 Metrics　6 Review and save

Terms (optional)

Terms docs

Select the fields you want to bucket using terms aggregations. This can be costly for high-cardinality fields such as IP addresses, if the time bucket is sparse.

Search　Add terms fields

Field	Type	Remove
kind	keyword	

Rows per page: 200　‹ 1 ›

‹ Back　Next ›

图 2-39

第四，基于 Histogram 语法的分桶规则如图 2-40 所示，需要选择数值类型的字段并指定分桶的区间。这个步骤也是可选的。

第五，选择需要聚合的字段与聚合函数，如图 2-41 所示，默认仅聚合文档数量。Kibana 页面中会列出所有支持聚合的字段，开发人员按需勾选即可。需要注意的是，每次增加聚合的字段和聚合计算方式，都会增加聚合的计算量，在数据量较大的场景下需要确保集群的性能可以支撑大量的聚合操作。

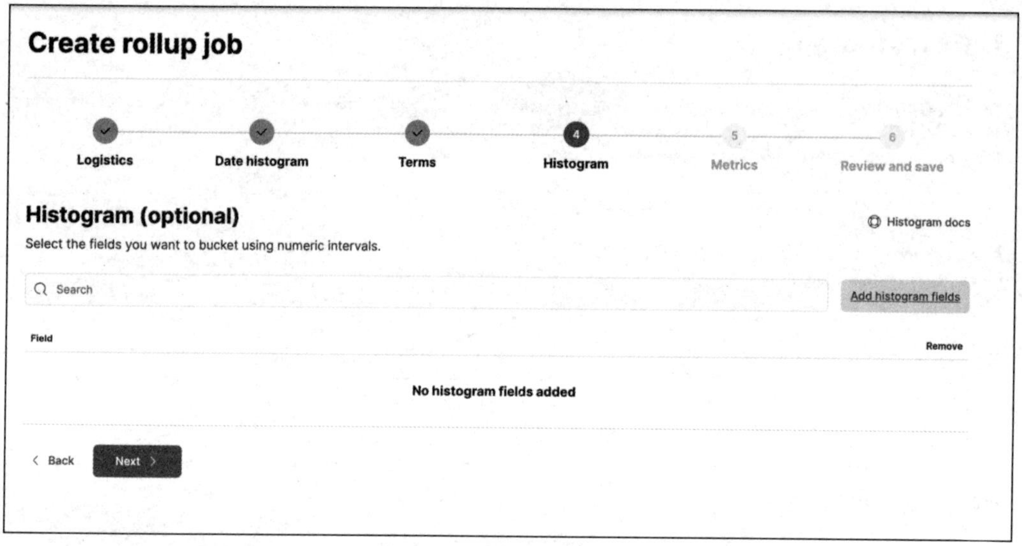

Create rollup job

Logistics Date histogram Terms Histogram Metrics Review and save

Histogram (optional)

Histogram docs

Select the fields you want to bucket using numeric intervals.

Search

Add histogram fields

Field Remove

No histogram fields added

Back Next

图 2-40

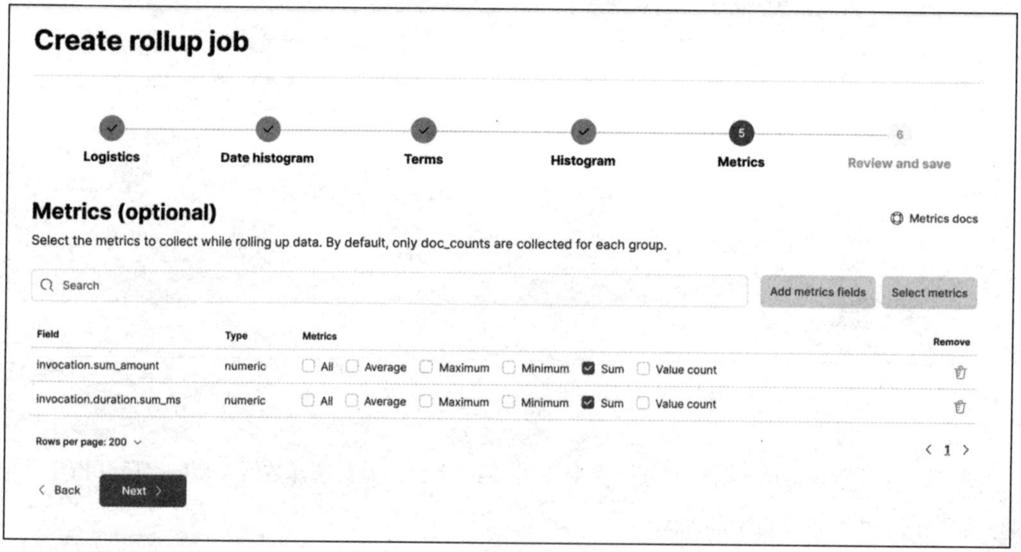

Create rollup job

Logistics Date histogram Terms Histogram Metrics Review and save

Metrics (optional)

Metrics docs

Select the metrics to collect while rolling up data. By default, only doc_counts are collected for each group.

Search

Add metrics fields Select metrics

Field	Type	Metrics	Remove
invocation.sum_amount	numeric	All Average Maximum Minimum Sum Value count	
invocation.duration.sum_ms	numeric	All Average Maximum Minimum Sum Value count	

Rows per page: 200

1

Back Next

图 2-41

图 2-42 展示了创建 Rollup 的最后一个步骤，开发人员对所有的配置进行最后一次检查后可以立即启动 Rollup。如果此处不立即启动，就需要在后续使用“POST _rollup/job/metrics/_start”命令时启动。

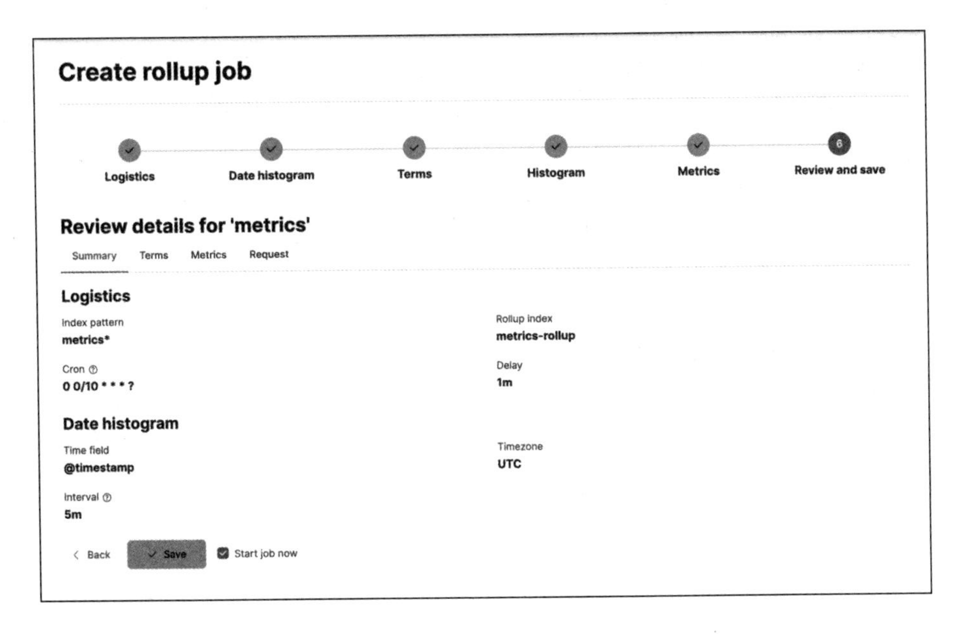

图 2-42

创建并启动 Rollup 后，在“Stack Management”→“Rollups Jobs”标签页中不仅可以查看新创建的 Rollup，还可以停止或复制 Rollup。

在任务开始后，可以使用_rollup_search 语法查询 Rollup 降采样后的数据，其语法与查询原始数据的语法一致。图 2-43 展示了查询 5 分钟 Rollup 聚合数据的命令和结果。

```
GET /rollup-metrcis/_rollup_search?pretty
{
  "query": {
    "range": {
      "@timestamp": {
        "gte": 1669552200000,
        "lte": 1669552500000
      }
    }
  },
  "size": 0,
  "aggregations": {
    "sum": {
      "sum": {
        "field": "invocation.duration.sum_ms"
      }
    }
  }
}
```

```
1  {
2    "took" : 2,
3    "timed_out" : false,
4    "terminated_early" : false,
5    "_shards" : {
6      "total" : 1,
7      "successful" : 1,
8      "skipped" : 0,
9      "failed" : 0
10   },
11   "hits" : {
12     "total" : {
13       "value" : 0,
14       "relation" : "eq"
15     },
16     "max_score" : 0.0,
17     "hits" : [ ]
18   },
19   "aggregations" : {
20     "sum" : {
21       "value" : 110201.0
22     }
23   }
24 }
```

图 2-43

需要注意的是，上述功能虽然是原生级的，但是存在很多限制，如 Rollup 只支持在图 2-39 和图 2-40 中出现的几类聚合，查询时也仅支持部分原生级的功能。在使用 Rollup 时，需要密切监控其运行情况，在出现异常时需要调整聚合策略或重启任务。

对于更复杂的业务场景，用户可自行实现降采样，即先拉取数据，计算后再写入 Elasticsearch 集群中供后续查询使用。相比使用原生级的 Rollup，虽然用户需要付出更高的开发成本，但计算的灵活性、异常捕获和处理能力取得了质的飞跃。

本节以开源 Elastic Stack 架构为例介绍大规模数据计算问题的解决方案。围绕降采样和数据迁移两大解决思路，本节介绍了热温冷架构。将 ILM 和 Data streams 相结合，不仅可以降低存储成本，还可以满足实时数据的读/写要求。使用 Rollup 可以实现降采样，对查询大规模数据成效显著。

第 3 章 日志系统实战

日志是几乎所有系统都会涉及的非常重要的可观测模块。日志分为系统日志、业务日志等，包括结构化或非结构化内容。日志是可观测系统中定位业务问题十分有效的工具。本章首先介绍日志模型的设计，主要基于 OpenTelemetry 的规范展开介绍。然后介绍两种日志系统选型，分别为 Elasticsearch 和 ClickHouse。最后介绍 Elasticsearch 调优实战指南，以期帮助读者构建承载亿万级数据的日志系统。

3.1 日志模型的设计

大多数编程语言都有内建的或第三方的日志库，这些日志库对日志的定义和模型设计的影响各不相同。在可观测性尚未引起开发人员重视的早期，日志并没有与监控和链路追踪相关联。因此，不同系统的日志结构和内容的差异很大，无法在分布式系统中统一地对日志进行处理和分析。下面基于 OpenTelemetry 的规范展开介绍，使日志尽可能规范化与通用化，并且能够较好地适配当前繁多的日志库。

OpenTelemetry 对日志的定义如下：日志是带有时间戳的文本记录，是结构化或非结构化的，并且带有元数据。日志有很多种，如操作系统日志、业务应用日志、机器生成的日志等。定义日志的语义规范，目标是使这些不同类型的日志均可映射到日志的标准数据模型上，同时使开发人员对日志需要记录、传输、存储和解析哪些数据有通用标准化的理解。

OpenTelemetry 的日志数据模型采用键值对结构。其中，键是字符串类型的，值是任意类型的，任意类型包括以下几种。

- 一个标量值：数值、字符串或布尔值。
- 一个字节数组。
- 任意类型的数组或列表。
- 一个键值对，键是字符串类型的，值是任意类型的。

一条日志应该包含的字段如表 3-1 所示。

表 3-1

字段名	字段的含义
Timestamp	事件发生的时间
ObservedTimestamp	事件被观测到的时间
TraceID	请求的 Trace ID
SpanID	请求的 Span ID
TraceFlags	W3C Trace Flag
SeverityText	严重性文本（日志级别）
SeverityNumber	严重性数值
Body	日志记录的正文
Resource	描述日志的来源
InstrumentationScope	描述生成日志的范围
Attributes	有关事件的其他信息

Timestamp 字段和 ObservedTimestamp 字段都是 UInt64 类型的，即 64 位无符号整数，用来记录 UNIX epoch，单位是纳秒。通常来说，Timestamp 字段和 ObservedTimestamp 字段有相同的值。但对于第三方组件生成的日志，OpenTelemetry 采集到的日志的时间可能与日志生成的时间有短暂的延迟。这是因为第三方组件实现存在差异。Timestamp 字段可能为空，但 ObservedTimestamp 字段不能为空，后者代表系统观测到日志的时间并且总是有明确值的。在使用时，应优先使用 Timestamp 字段，当 Timestamp 字段为空时使用 ObservedTimestamp 字段。

TraceID、SpanID 和 TraceFlags 是 Trace 上下文信息字段，其中，TraceID 字段和 TraceFlags 字段的定义与 W3C Trace Context 规范中的一致。这 3 个字段是可以为空的，如系统日志等没有请求的链路追踪上下文。但是，应用业务日志总是配置这 3 个字段，继而实现从日志到链路追踪的数据联动。

SeverityText 和 SeverityNumber 是严重性信息字段。这两个字段均是可选的，因为有的日志是没有严重性信息的。SeverityText 字段的值是字符串类型的，SeverityNumber 字段的值是数值类型的。如果需要严重性信息，那么建议同时配置这两个字段。OpenTelemetry 中 SeverityNumber 字段的取值如表 3-2 所示。

表 3-2

SeverityNumber 字段的取值	区间名	含义	简称
[1,4]	TRACE	细粒度的调试事件，通常在默认配置中禁用	TRACE、TRACE2、TRACE3、TRACE4
[5,8]	DEBUG	调试事件	DEBUG、DEBUG2、DEBUG3、DEBUG4
[9,12]	INFO	一个信息事件，表示发生了一个事件	INFO、INFO2、INFO3、INFO4
[13,16]	WARN	一个警告事件，不是错误，但可能比信息事件更重要	WARN、WARN2、WARN3、WARN4
[17,20]	ERROR	错误事件，有异常发生	ERROR、ERROR2、ERROR3、ERROR4
[21,24]	FATAL	致命错误，如业务应用或系统崩溃	FATAL、FATAL2、FATAL3、FATAL4

在每个区间中，SeverityNumber 字段的取值越小表示事件越不严重。既有的第三方日志库需要将各自的日志级别字段映射到规范定义的 SeverityNumber 字段上。OpenTelemetry 对每个 SeverityNumber 都定义了对应的简称，这个简称可用于在 UI 中展示日志级别。如果业务定义了 SeverityText（如 Informational），那么在 UI 中建议显示为 INFO（Informational）。对于大多数第三方日志库，将日志级别映射到 SeverityNumber 字段上即可满足大多数业务场景的需求。

Body 是表示日志正文信息的字段，是可选的。Body 字段的值可以是任意类型的，但通常定义为字符串类型。对于同一源头产生的数据，建议将 Body 字段的值的类型保持一致，从而便于后续的处理和分析。在日志场景中，Body 字段的值通常是一段自然语言，因此可以对日志正文进行全文检索，但这会限制日志框架的选型（详细内容请参考 3.2 节）。

Resource 字段记录了日志的源头信息，与 OpenTelemetry 定义的 Resource 语义一致，也是可选的。Resource 字段的值是键值对类型的。来自同一事件源的多个事件的时间可能不同，但 Resource 信息是相同的。Resource 字段的值需要符合 OpenTelemetry 对 Resource 语义的定义。对于服务源，可记录 service.name 表示服务名，service.namespace 表示服务的命名空间，service.instance.id 表示服务的实例号，service.version 表示服务的版本号；对于计算环境，可记录 k8s.cluster.name 表示 K8s 集群名。

InstrumentationScope 字段用来记录日志生成的范围，与 OpenTelemetry 定义的 Instrumentation Scope 语义保持一致，并且是可选的。InstrumentationScope 字段的值是一个字符串元组——(name, version)，name 表示名称，version 表示版本。对于定义了 Logger 的第三方框架，Logger 应该被设置为 InstrumentationScope 字段的 name，如 Java Logger。如果定义了 version，那么也应当定义 name。

Attributes 字段用来记录事件发生的附加信息，是可选的。Attributes 字段的值是键值对类型的。与 Resource 字段不同，同一事件源生成的事件可能有不同的 Attributes 信息。错误和异常的信息也可被记录在 Attributes 字段中，但是需要与 OpenTelemetry 的规范保持一致。例如，记录 http.status_code 字段为 200 表示这是一次成功的请求，记录 http.scheme 为 https 表示这次的请求使用 HTTPS 协议。

日志最终使用 JSON 格式存储，示例的日志信息如下所示：

```
{
  "Timestamp": "1664590215000000000",
  "Attributes": {
"http.status_code": 200,
"http.scheme":"https",
"http.method":"post",
"http.target":"/hello",
    "http.url": "http://example.com",
    "my.custom.application.tag": "hello"
  },
  "Resource": {
    "service.name": "hello",
    "service.version": "2.0.0",
    "k8s.pod.uid": "1138528c-c36e-11e9-a1a7-42010a800198"
  },
```

```
  "TraceID": "f4dbb3edd765f620",
  "SpanID": "43222c2d51a7abe3",
  "SeverityText": "INFO",
  "SeverityNumber": 9,
  "Body": "Hello world"
}
```

3.2 日志系统的选型实战

日志系统的实现方式繁多，企业级日志系统的解决方案以 Elasticsearch 为主。Elasticsearch 不仅有一套成熟的从日志采集到日志处理再到日志展示分析的解决方案，还有强大的全文检索引擎，是大多数业务场景下的首选。ClickHouse 是新一代列式存储数据库。对于不需要全文检索的场景，使用 ClickHouse 不但成本较低，而且性能较高。本节主要介绍两种系统的实战，重点介绍初始化配置与数据读/写流程。

其他的日志系统实现（如 Loki 和 MongoDB 等）有各自的特殊定位，在大多数企业级场景下是不通用的，因此本节不再予以介绍。

3.2.1 全文检索的首选：Elasticsearch 实战

目前，大多数云厂商都提供了 Elasticsearch 的托管服务，开发人员使用云上 Elasticsearch 不仅可以免除大多数运维操作，还可以使集群高效地弹性伸缩。自建 Elasticsearch 集群虽然可能存在较多运维问题，但也更加灵活，开发人员可以根据企业环境选择更合适的方式部署 Elasticsearch。下面介绍如何安装、初始化 Elasticsearch，以及读/写日志数据。3.3 节将详细介绍 Elasticsearch 的调优实战方法，其中包括部分 Elasticsearch 底层原理阐述。

Elasticsearch 官方提供了在各种环境下安装 Elasticsearch 的方法。下面以使用 Docker 部署单节点 Elasticsearch 为例，介绍 Elasticsearch 的安装和初始化。可以使用如下命令安装 Elasticsearch。

步骤一如下：

```
docker network create elastic
```

步骤二如下：

```
docker run --name es01 --net elastic -p 9200:9200 -p 9300:9300 -e
```

```
"discovery.type=single-node" -it docker.elastic.co/elasticsearch/elasticsearch:8.4.2
```

等待执行完毕，保存在控制台上打印出的 Elasticsearch 默认的账户密码及认证信息。将证书文件复制到宿主机中，并使用证书和密码连接 Elasticsearch 集群。

步骤一如下：

```
docker cp es01:/usr/share/elasticsearch/config/certs/http_ca.crt .
```

步骤二如下：

```
curl --cacert http_ca.crt -u elastic https://localhost:9200
```

Elasticsearch 集群的基本信息如下：

```
{
  "name" : "f8fac4002737",
  "cluster_name" : "docker-cluster",
  "cluster_uuid" : "5y3UKSq8S9mHqIO5JLP-Sw",
  "version" : {
    "number" : "8.4.2",
    "build_flavor" : "default",
    "build_type" : "docker",
    "build_hash" : "89f8c6d8429db93b816403ee75e5c270b43a940a",
    "build_date" : "2022-09-14T16:26:04.382547801Z",
    "build_snapshot" : false,
    "lucene_version" : "9.3.0",
    "minimum_wire_compatibility_version" : "7.17.0",
    "minimum_index_compatibility_version" : "7.0.0"
  },
  "tagline" : "You Know, for Search"
}
```

在基本信息中包括Elasticsearch集群的名称、当前节点的名称、Elasticsearch的版本号和Lucene的版本号。Elasticsearch 在 6.*x*、7.*x* 和 8.*x* 等版本中都有比较多的更新，开发人员在部署多个节点时，需要确保部署的 Elasticsearch 的版本是一致的。

开发人员可以通过部署 Kibana 访问 Elasticsearch。Kibana 是基于 Node.js 的图形化工具，可以更加便捷地访问 Elasticsearch 的数据，以及操作 Elasticsearch 集群。为了保持文字简洁，本节后续将以 Kibana Dev Tools 中的语法展示命令。

在 Elasticsearch 集群正常部署完成后，使用“GET /_cluster/health?pretty”命令可以查看集群的健康状态，如下所示：

```
{
 "cluster_name" : "docker-cluster",
 "status" : "green",
 "timed_out" : false,
 "number_of_nodes" : 1,
 "number_of_data_nodes" : 1,
 "active_primary_shards" : 2,
 "active_shards" : 2,
 "relocating_shards" : 0,
 "initializing_shards" : 0,
 "unassigned_shards" : 0,
 "delayed_unassigned_shards" : 0,
 "number_of_pending_tasks" : 0,
 "number_of_in_flight_fetch" : 0,
 "task_max_waiting_in_queue_millis" : 0,
 "active_shards_percent_as_number" : 100.0
}
```

集群的健康状态是 Elasticsearch 非常重要的监控信息。status 的状态可能是 green、yellow 和 red。green 代表所有的主分片和副本分片都 100%分配，此时集群是健康可用的；yellow 代表有的副本分片未正常分配，此时数据不会丢失且不影响读取，但集群的可用性会降低（当出现 yellow 状态时，开发人员需要排查为何集群的分片未 100%分配）；red 表示缺失主分片，此时涉及该主分片的读/写操作均会产生异常。

从集群健康状态命令中可以获取集群的节点数、分片数、分片的分配情况及等待的任务数等，这些都是重要的监控指标。在排查 Elasticsearch 集群问题时需要先查看集群的健康状态，以确定后续问题的排查方向。

以 3.1 节中的日志信息为例，使用如下命令向 Elasticsearch 集群中写入第一条数据：

```
POST /log/_doc/1
{
 "Timestamp": "1664590215000000000",
 "Attributes": {
"http.status_code": 200,
```

```
"http.scheme":"https",
"http.method":"post",
"http.target":"/hello",
    "http.url": "http://example.com",
    "my.custom.application.tag": "hello"
  },
  "Resource": {
    "service.name": "hello",
    "service.version": "2.0.0",
    "k8s.pod.uid": "1138528c-c36e-11e9-a1a7-42010a800198"
  },
  "TraceID": "f4dbb3edd765f620",
  "SpanID": "43222c2d51a7abe3",
  "SeverityText": "INFO",
  "SeverityNumber": 9,
  "Body": "Hello world"
}
```

该请求使用 HTTP POST 方法，向 log 索引中写入文档 ID 为 1 的一条数据。该请求会获得如下返回值：

```
{
  "_index" : "log",
  "_type" : "_doc",
  "_id" : "1",
  "_version" : 1,
  "result" : "created",
  "_shards" : {
    "total" : 2,
    "successful" : 2,
    "failed" : 0
  },
  "_seq_no" : 0,
  "_primary_term" : 1
}
```

返回值显示数据被写入 log 索引的两个分片中，并且自动生成了文档的版本号。

在数据被成功写入 Elasticsearch 集群后，可以通过 GET API 方法查询该条数据，如执行“GET /log/_doc/1”命令的返回结果如下：

```
{
 "_index" : "log",
 "_type" : "_doc",
 "_id" : "1",
 "_version" : 1,
 "_seq_no" : 0,
 "_primary_term" : 1,
 "found" : true,
 "_source" : {
  ……
 }
}
```

其中，以下画线开头的字段是 Elasticsearch 为该日志文档添加的元数据。found 的值是布尔类型的，表示是否找到该条数据；_source 的值是写入的原始数据。除了原始数据，Elasticsearch 默认为所有字段都创建倒排索引以支持全文检索，并且会为大多数字段创建列式存储以支持排序和聚合等。

Elasticsearch 默认不会为字符串类型的字段执行分词等操作，需要开发人员手动将该字段配置为 text 类型。下面创建 log-text 索引，并将 Body 的类型设置为 text，同时指定 Body 使用 Elasticsearch 内建的 standard 分析器：

```
PUT /log-text
{
  "mappings": {
    "properties": {
      "Body": { "type": "text", "analyzer": "standard"}
    }
  }
}
```

重新将示例日志数据写入 log-text 索引，并使用 query match 查询即可检索全文，命令如下：

```
GET /log-text/_search
{
  "query" : {
    "match" : { "Body": "world" }
  }
}
```

该命令的返回值如下（返回值包括查询消耗的时间、查询命中的分片数、查询命中的文档数及返回的结果）：

```
{
 "took" : 1,
 "timed_out" : false,
 "_shards" : {
   "total" : 1,
   "successful" : 1,
   "skipped" : 0,
   "failed" : 0
 },
 "hits" : {
   "total" : {
     "value" : 1,
     "relation" : "eq"
   },
   "max_score" : 0.2876821,
   "hits" : [
     {
       "_index" : "log-text",
       "_type" : "_doc",
       "_id" : "1",
       "_score" : 0.2876821,
       "_source" : {
         ……
         "Body" : "Hello world"
       }
     }
   ]
 }
}
```

Elasticsearch 提供的丰富的 API 可以用来查询和聚合数据。此处不再一一展示结果，开发人员可在需要时参考官方的 API 操作。

在企业级业务场景下，开发人员需要提前设计数据的存储索引。Elasticsearch 的索引可类比为关系型数据库的表结构，因此，一个索引中的日志数据的格式通常是相近的。应该尽量避免将格式差异过大的日志数据存储在一个索引中，这会为后续的数据处理和分析带来潜在的麻烦。

在使用 Elasticsearch 前后，开发人员通常需要做以下工作以确保业务可以正常运转。

（1）根据日志语义规范和业务场景确定日志的格式与内容。

（2）根据业务量预估 Elasticsearch 集群的规模，创建 Elasticsearch 集群、验证 Elasticsearch 集群的状态是否正常。

（3）根据日志的格式建立 Elasticsearch 索引，并配置相应的 pipeline、mapping 等。

（4）手动写入数据，验证 Elasticsearch 集群的读/写是否正常。

（5）建立 Elasticsearch 集群的监控系统，并监控各项常见指标。

（6）在测试环境下将日志数据接入 Elasticsearch 集群中，验证业务功能是否正常。

（7）在预发环境下对 Elasticsearch 集群进行压力测试（简称“压测”），为上线生产环境做好准备。

（8）在生产环境下将日志数据接入 Elasticsearch 集群中，验证业务功能是否正常，并密切关注集群监控。

3.2.2 新生代列式存储：ClickHouse 实战

ClickHouse 是一款用于 OLAP 场景的列式存储数据库管理系统。很多企业已开始尝试使用 ClickHouse 实现日志系统。在介绍 ClickHouse 实战之前，下面先介绍 ClickHouse 的特点，以及 ClickHouse 与 Elasticsearch 在功能上的差异。

ClickHouse 的特点大致包括如下几点。

- 列式存储：这与 MySQL 等行式存储数据库管理系统在存储方式上有根本性的不同。
- 数据压缩：ClickHouse 采用 LZ4 和 ZSTD 等压缩算法对数据进行压缩，从而降低数据存储成本，以及对 CPU 和磁盘 I/O 的消耗。
- 多核心并行处理：ClickHouse 会使用服务器上一切可用的资源，查询吞吐量非常高。
- 向量引擎：为了高效地使用 CPU，数据不仅按列存储，还按向量（列的一部分）进行处理。
- 实时更新数据：数据总是以增量有序的方式存储的，因此，可以高效地持续写入而无须任何加锁操作。

- 适合在线查询：在不需要对输入数据做额外的预处理的前提下，查询延迟非常低。
- 支持近似计算：ClickHouse 提供了丰富的聚合函数。

在日志场景下，ClickHouse 与 Elasticsearch 在功能上有显著的差异，开发人员需要根据以下要素予以判断。

- 全文检索。由于 ClickHouse 以列式存储实现，没有 Elasticsearch 的倒排索引功能，因此无法实现全文检索。如果业务需要进行全文检索或基于全文检索的日志告警等功能，那么 Elasticsearch 是最好的选择。
- 存储成本。ClickHouse 会用极高的压缩比压缩数据并按列存储，Elasticsearch 默认使用倒排索引、列式存储和行式存储。因此，与 ClickHouse 相比，Elasticsearch 有数倍的额外存储。Elasticsearch 可以关闭多余的存储（若关闭行式存储，则无法获取原始数据），在优化后几乎可以与 ClickHouse 有近似的存储成本。建议开发人员实际部署两个系统，以验证存储成本的差异。
- 资源消耗。Elasticsearch 对 CPU、磁盘和内存有更高的需求。与 Elasticsearch 相比，ClickHouse 的资源需求可能会减少一半。
- 开发与运维成本。ClickHouse 兼容 SQL 语法，Elasticsearch 只有 xpack 高级特性支持 SQL 语法。Elasticsearch 的开源版本需要使用较为烦琐的 DSL 语法开发，这对开发人员来说有额外的学习成本。与 ClickHouse 相比，Elasticsearch 需要开发人员有更多的调优和运维经验。
- 读/写性能。由实践测试可知，与 Elasticsearch 相比，ClickHouse 的读/写性能可以提升数倍。
- 数据采集与处理。Elasticsearch 中提供了轻量型数据采集器 Beats，包括 Filebeat、Metricbeat 等多种从各类源头采集数据的工具，以及数据处理工具 Logstash。Elasticsearch 本身提供的 pipeline 可以对数据进行预处理。ClickHouse 则缺少采集和处理数据的功能。
- 数据分析。Elasticsearch 可以通过 Kibana 对数据进行高效的查询和分析。在 Elasticsearch 的 xpack 高级特性中，还可以使用 APM、机器学习等对数据进行拓展分析。如果业务日志数据需要同时在机器学习、异常分析、日志展示、数据审计、数据加工等场景下使用，那么使用 Elasticsearch 会使各业务团队受益。
- 数据治理与监控。Elasticsearch 支持在集群内对数据进行治理，如使用 ILM 可以对数据进行热温冷分区存储，使用 Rollup 可以对数据进行汇总，使用 CCS 和 CCR 等可以进行跨集群的数据查询与复制。Elasticsearch 支持对集群本身、Beats 及 Logstash 等进行监控与可视化观测。这些治理与监控功能也是 ClickHouse 所缺乏的。

- 社区支持度。Elasticsearch 的社区非常活跃，各云厂商也提供了优化后的云产品。ClickHouse 出现较晚，社区目前还在发展中。

总体来说，Elasticsearch 是一个非常全面的日志系统解决方案，在大多数场景下，开发人员使用 Elasticsearch 就可以满足几乎所有的功能需求。虽然比 Elasticsearch 少了一些功能，但 ClickHouse 在存储成本、读/写效率上有更明显的优势。开发人员需要根据实际的业务场景进行选择。

各云厂商均提供了 ClickHouse 的托管服务，开发人员可以开箱即用。其实，直接部署 ClickHouse 也非常容易。在 Linux 操作系统中执行“curl https://clickhouse.com/ | sh”命令即可下载 ClickHouse 的安装包，执行“sudo ./clickhouse install”命令即可安装 ClickHouse，之后需要输入密码，输入密码后等待 ClickHouse 安装完毕。

在 ClickHouse 安装完毕以后，执行“sudo clickhouse start”命令即可启动 ClickHouse。执行“clickhouse-client --password”命令可以启动客户端连接 ClickHouse 服务，连接成功后，开发人员可以执行 MySQL 中的常用命令（如“SHOW DATABASES;”和“SHOW TABLES;”等）操作 ClickHouse。

下面以 3.1 节中的日志信息为例介绍在 ClickHouse 中如何写入和查询数据。首先创建数据库，在 ClickHouse 客户端执行“CREATE DATABASE IF NOT EXISTS log;”命令，创建名为 log 的数据库。然后执行如下命令创建名为 log 的表：

```
CREATE TABLE log.log
(
    log_id UUID,
    timestamp DateTime64(3),
    attributes Map(String, String),
    resource Map(String, String),
    trace_id String,
    span_id String,
    severity_text String,
    severity_number UInt8,
    body String
```

```
)
ENGINE = MergeTree()
PRIMARY KEY (log_id);
```

需要注意的是，在 ClickHouse 中，DateTime64 数据类型的精度最高只能设置为亚秒级，而 OpenTelemetry 的 Timestamp 精度是纳秒级的。对一般的业务场景，无须将其设置成纳秒级（在上述建表语句中设置的精度是毫秒级的）。ClickHouse 原生支持 Map 数据类型，这对于通用日志场景来说非常合适，用户可以灵活地添加动态字段而无须修改表结构。在建表语句中，将 log_id 字段设置为主键，并设置数据类型为 UUID。在实际业务场景中，开发人员可以根据业务需求自定义 log_id 的值。

在执行建表语句后，执行下列语句插入示例日志数据：

```
INSERT INTO log.log VALUES (generateUUIDv4(), '1664590215000',
{'http.status_code': '200', 'http.scheme': 'https', 'http.method': 'post', 'http.target':
'/hello', 'http.url': 'http://example.com', 'my.custom.application.tag': 'hello'},
{'service.name': 'hello', 'service.version': '2.0.0', 'k8s.pod.uid':
'1138528c-c36e-11e9-a1a7-42010a800198'},
'f4dbb3edd765f620', '43222c2d51a7abe3', 'INFO', 9, 'Hello world');
```

这样，数据将被成功插入 ClickHouse 中，此后可以执行任意查询语句查询插入的数据，如执行“SELECT * FROM log.log WHERE attributes['http.scheme'] = 'https';”命令即可过滤 attributes 中 http.scheme 的值为 https 的数据。除此之外，ClickHouse 中还提供了大量的聚合函数，以方便 OLAP 场景的业务需要。

综上可知，与 Elasticsearch 相比，ClickHouse 的读/写交互操作更简洁。对开发人员而言，兼容 MySQL 的语法可以极大地提高开发效率。但使用 ClickHouse 无法自动创建表结构，这就需要开发人员在实际读/写数据之前根据业务场景设计表结构并创建表。对于任何业务场景，建议开发人员在上线生产环境前做好压测，避免生产环境数据量较大导致数据库崩溃。

3.3 Elasticsearch 调优实战指南

Elasticsearch 的功能强大，配置繁多。开发人员如果不仔细阅读 Elasticsearch 文档中的各项配置并配置各项参数，那么 Elasticsearch 集群将在业务数据量上涨后逐渐不稳定，甚至崩溃。

本节总结了笔者多年来在有 PB 级别数据量的 Elasticsearch 集群上的调优经验，并结合

Elasticsearch 的内核原理阐述其 Index、Shard 和 Segment 的配置，以及 pipeline 和 mapping 的使用方法。本节还讨论 Elasticsearch 几种存储方法的原理和差异，以及如何正确地使用。在 PB 级别的数据量下，如何调优 Elasticsearch 集群也是本节关注的重点。另外，本节也介绍了如何预测 Elasticsearch 集群的规模及控制 Elasticsearch 集群的成本。

3.3.1 实战一：Elasticsearch 索引模块及配置 Index、Shard、Segment

Elasticsearch 索引模块之所以是 Elasticsearch 的核心组件之一，是因为查询与写入都与索引模块息息相关。了解 Elasticsearch 索引模块的各类概念与基本原理，有助于在实战中合理配置索引模块的功能，继而在索引级别优化 Elasticsearch 的读/写性能。本节先介绍 Elasticsearch 索引模块的基本概念，再分析 Elasticsearch 内核写入和查询的原理，最后讨论 Elasticsearch 索引模块的优化。

1. Elasticsearch 索引模块的基本概念

Elasticsearch 集群在物理存储上由多个节点（Node）组成，每个节点从本质上来说都是一个 Elasticsearch Java 进程，多个节点构成了分布式的存储环境。写入与读取的基本单元为文档（Document），而文档就分布在各个节点中。但在实际使用的，开发人员不会直接操作节点写入数据，而是通过逻辑概念——索引（Index）来操作文档的读/写。Elasticsearch 的索引包括一组逻辑关联的文档，每个索引在物理存储上都分散在多个分片（Shard）中。图 3-1 展示了上述概念在 Elasticsearch 集群中的分布情况，Index 1 有 Shard 1 和 Shard 2 两个分片，这两个分片被分别存储在 Node 1 和 Node 2 两个节点上。

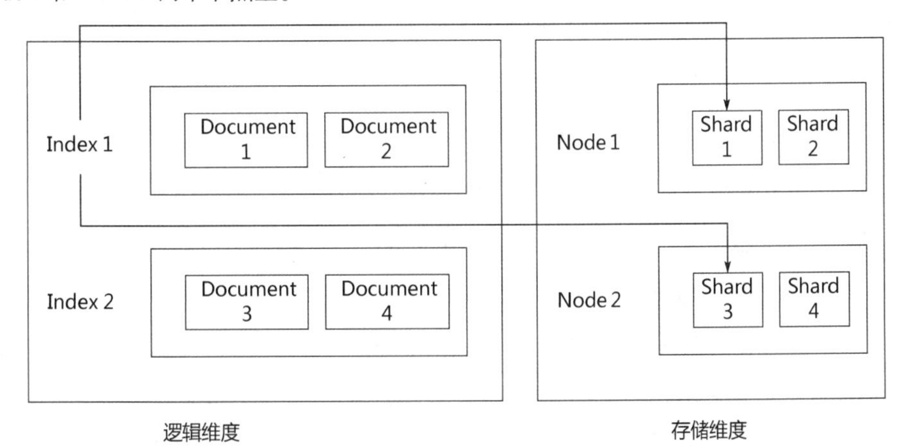

图 3-1

Elasticsearch 底层基于 Lucene 实现，一个 Elasticsearch 分片对应 Lucene 中的一个 index 数据结构，而后者又是由多个不可变的 segment 与一个记录 segment 信息的 commit point 构成的，每个 segment 都是一个倒排索引文件。但 Lucene 是不可靠的，segment 是内存数据且单机部署，在分布式环境下无法保证高可用。Elasticsearch 在写入和查询阶段拓展了 Lucene 的能力，在保持近实时查询能力的同时保证了分布式环境下的高可用性。

2. Elasticsearch 内核写入的原理

Elasticsearch 的每个节点默认都是协调节点（Coordinating Node），每个协调节点都可以接收客户端的写入和查询请求。节点在接收到一个文档写入请求时，先根据传入的配置判断是否需要执行 pipeline 预处理，再查询集群中是否有对应的索引，若无索引，则根据配置判断是否自动创建索引，若设置禁止创建索引，则返回异常。协调节点先根据路由规则与文档数据进行分片路由计算，再将请求转发到文档所属索引的主分片所在的节点上，并等待写入结果返回给客户端。

索引的主分片所在的节点在接收到协调节点传入的写入请求后，将根据传入文档与索引 mapping 解析文档数据，计算文档版本号用于乐观锁并发控制，并按需更新索引 mapping。Elasticsearch 在执行完上述操作后，先将文档写入 index buffer 中，再写入 translog 中，这两步是保证数据近实时检索和高可用的关键。

index buffer 是一片内存区域。在默认配置下，Elasticsearch 每秒执行一次刷新操作，将 index buffer 中的数据刷新到一个新的 segment 中，这个 segment 并未真正落盘到磁盘中，而是保留在操作系统的 page cache 中，以减少 I/O 并提升写入性能。一旦文档被刷新，就可以被搜索到。在默认配置下，写入检索中的时间间隔仅为 1 秒，这就是 Elasticsearch 近实时查询的原因。如果 index buffer 内存写满，就会触发一次刷新操作。在执行刷新操作后，index buffer 中的数据就会被清空。

Elasticsearch 在写满 index buffer 后，数据都被存储在内存中，如果出现宕机等场景，数据就会丢失。因此，Elasticsearch 会再次将数据写入 translog 中，以提升数据的可靠性。translog 初始也被保存在操作系统的 page buffer 中，默认每 5 秒或每次请求执行后将刷新到磁盘中保存。因此，在极端场景下，即主分片所在节点和副本分片所在节点同时宕机，Elasticsearch 会丢失尚未刷新到磁盘中的 translog 包含的数据。在宕机重启后，Elasticsearch 会根据 translog 和 commit point 的数据将丢失的数据重新写入 segment 中。

文档在写入 index buffer 和 translog 中之后，主节点将写入请求发送到各个副本分片所在的节点中，并等待副本分片所在的节点执行完上述操作。如果配置了参数 index.write.wait_for_active_shards=1，那么主节点将向协调节点返回写入成功的响应。如果参数值为 all，那么在所有的副本分片都写入成功后才会返回。从协调节点到主节点的写入请求处理流程如图 3-2 所示。

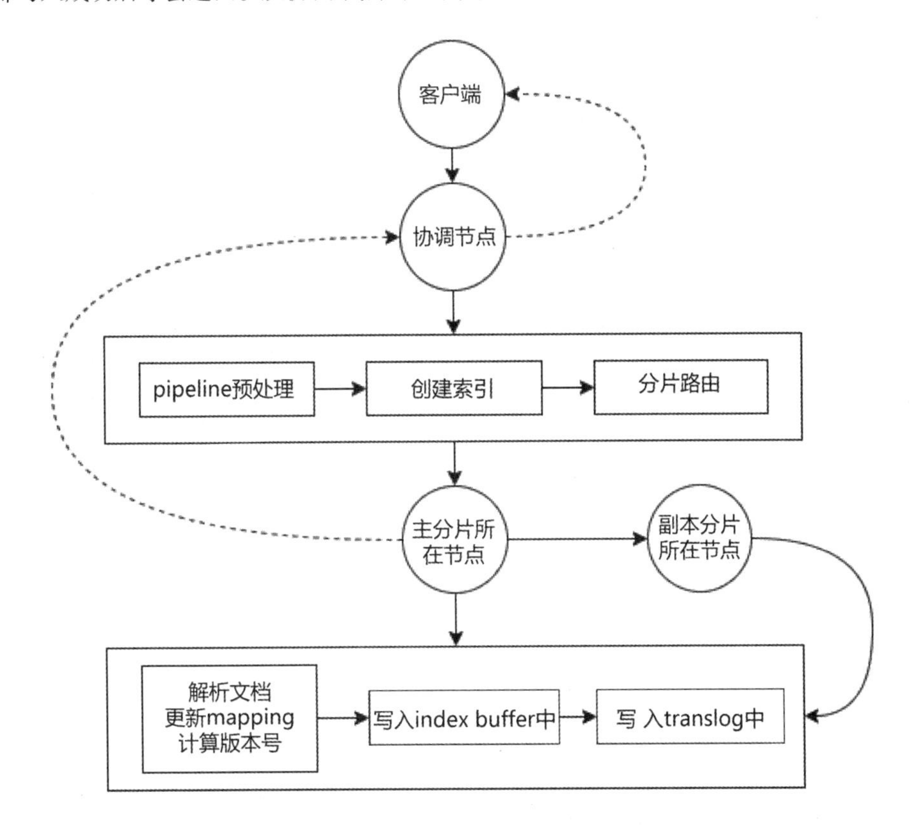

图 3-2

每个 segment 均会占用操作系统的资源，包括文件句柄、CPU 和内存等，按照每秒一个 segment 的生成频率，segment 会快速增加，导致各项资源消耗暴涨。每个搜索请求都会轮询所有的 segment，大量的 segment 会影响写入和查询的性能。因此，Elasticsearch 会定期对 segment 进行合并，多个 segment 被合并为一个 segment，旧的 segment 将被删除。

保存在内存中的 segment 每隔一段时间（默认为 30 分钟）或 translog 达到一定的大小（默认为 512MB），就被 Flush 操作写入磁盘中持久化存储。当执行 Flush 操作时，index buffer 包含的文档将被写入一个新的 segment 中，操作系统的 page buffer 内的数据将通过执行 fsync 操作写入磁盘中，旧的 translog 将被删除，产生新的 translog，并重复上述流程。

在每个节点中写入文档的内核的详细流程如图 3-3 所示。Elasticsearch 基于 Lucene 引入了 Refresh 和 Flush 操作，用来保证读/写性能；写 translog 事务日志可以提升数据的可靠性。

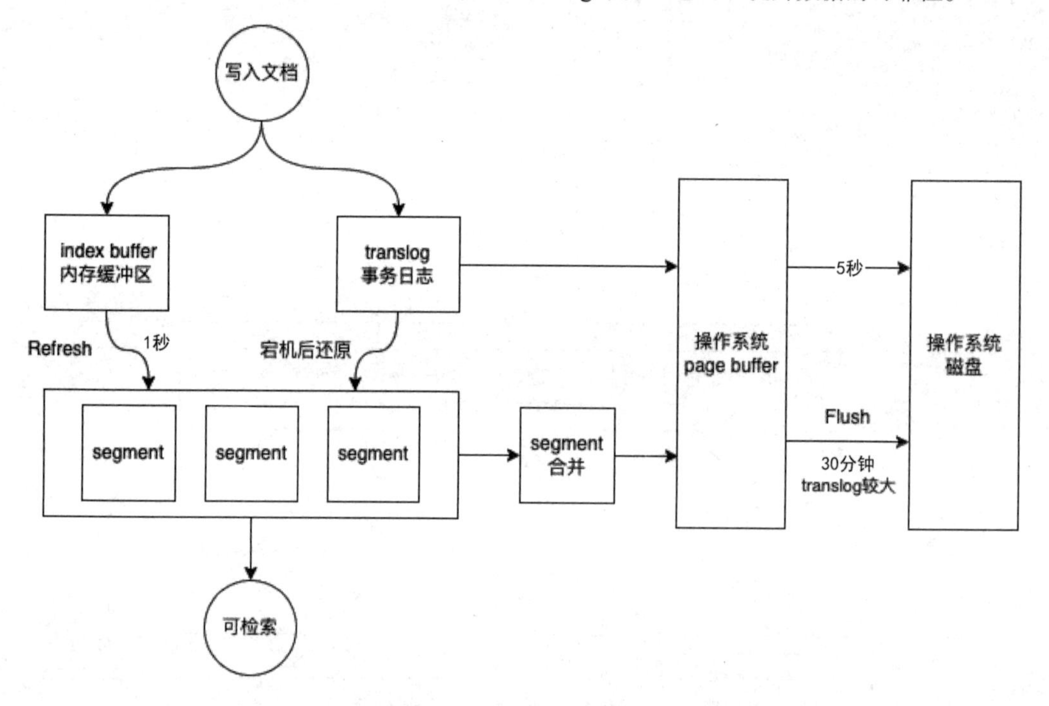

图 3-3

3. Elasticsearch 内核查询的原理

Elasticsearch 内核查询分为两类，分别为通过文档 ID 查询和通过 query match 查询。通过文档 ID 查询是指先查询内存中的 translog，若无数据则查询磁盘中的 translog，若仍无数据则查询磁盘上的 segment。通过 query match 查询是指先查询内存中的 segment，再查询磁盘中的 segment。当索引有多个分片时，数据被存储在各个不同的节点上。Elasticsearch 通过两阶段查询来获取查询的结果，称之为 query_then_fetch，在 query 阶段查询匹配的文档 ID，在 fetch 阶段获得文档的内容。

Elasticsearch 的任意节点默认都是协调节点，可以接收客户端的各类请求。协调节点接收到一个查询请求时，将根据查询的参数找到需要请求的所有分片列表，并将查询请求分发给各个分片所在的节点（主分片和副本分片根据 Round Robin 策略访问其中的一个）。协调节点在自身的内存中维护一个优先级队列，在所有分片所在的节点返回文档 ID 后，根据优先级队列的计算结果获得最后需要返回的文档 ID 列表，并再次向各个节点发送请求并获取丰富后的文档内容，将获取的所有文档都返回给客户端。Elasticsearch 集群的查询流程如图 3-4 所示。

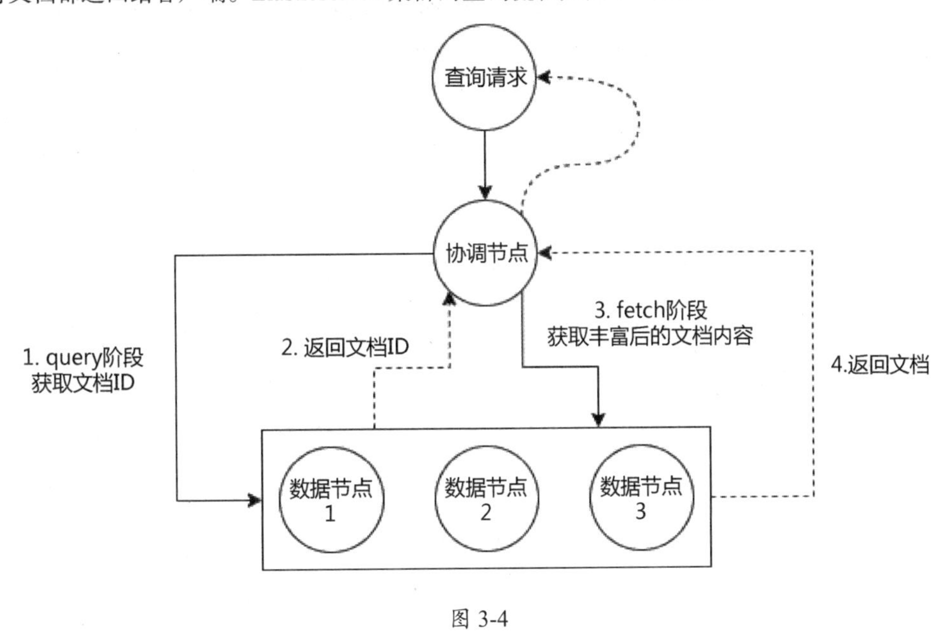

图 3-4

4. Elasticsearch 索引模块的优化

我们在了解 Elasticsearch 内核写入和查询的原理后，可以有针对性地在索引模块层面进行优化。

Elasticsearch 文档分布式地存储在各个主分片上，同时存储在副本分片上，以保证数据的可用性。一旦主分片丢失，则可以将副本分片调整为主分片。如果无副本分片，那么一旦丢失主分片，就会丢失数据。在创建索引时应设置主分片的数量，由于主分片的数量会影响文档路由，因此在设置后无法修改。如果索引的主分片设置得较少，但数据量很大，就会导致写入和查询越来越慢，最终无法写入和查询；如果索引的主分片设置得较多，就会导致数据节点承载的分片数增加，master 节点需要管理的元数据增加，集群性能会变差。因此，集群和索引的分片数应满足如下要求。

- 单个分片承载的数据为 30GB ~ 50GB。
- 集群的分片数应小于 3 万个。

- 当集群规模较小（如小于 10 个节点）时，单个数据节点承载的分片数低于 2000 个。
- 配置 index.routing.allocation.total_shards_per_node 参数，控制单个索引在同一个节点上最多可以分配的分片数，避免节点上分片负载不均。

增加副本分片数在一定程度上可以增加查询的吞吐量，但副本分片过多会降低写入性能和增加存储成本，一般将副本分片设置为 1 个；在可容忍数据丢失或需要严格控制成本的场景下，可以将副本分片数设置为 0。

主分片需要在创建索引时设定，这就要求开发人员预估索引的存储容量，但在很多场景下，数据量是不稳定的，无法预估到一个比较准确的容量范围。这时可以通过 alias 索引和 rollover 功能来实现索引大小与分片数的合理设置。下面通过一个典型的场景阐述该方法的实现细节。

如图 3-5 所示，日志数据被持续写入以 test-log 为前缀的索引中，9 月 10 日写入的日志数据为 100MB，从 10 月 1 日开始，数据量陡增到 100GB ~ 1TB。在这种场景下，由于客户日志量不稳定，因此无法按照合适的时间段设置索引，分片数通常较多或较少，如果存在大量类似的索引，就会导致集群不稳定。

因此，可以设置一个统一的写入 alias（即 test-log）中。指定该 alias 的第一个写入索引为 test-log-000001，设置索引滚动规则为超过 20 天滚动到下一个索引，在单个主分片容量超过 60GB 时滚动到下一个索引，并且每次滚动时都根据当前正在写入的索引的大小动态设置滚动后索引的分片数，这样可以保证索引的大小与分片数始终在合理的范围内。在触发索引滚动时，可以设置只读 alias 挂载到当前写入的索引上，并取消写入 alias 到当前索引的挂载，这样可以实现精确的 alias 与索引的挂载关系。

在图 3-5 中，test-log-2022-09-10 与 test-log-2022-10-01 作为只读 alias，分别被挂载到 test-log-000001 索引，以及 test-log-000001 索引、test-log-000002 索引、test-log-000003 索引、test-log-000004 索引上；写入 alias test-log 仅被挂载到当前写入的 test-log-000004 索引上。通过结合 alias 索引和 rollover 功能，可以避免分片数设置不当、分片浪费、小索引太多、无法应用流量变化等问题，在大规模数据场景下效果显著。

segment 是查询和写入的基础单元。实践表明，大量的 segment 会导致读/写性能下降。虽然 Elasticsearch 有自动合并 segment 的策略，但合并是重 I/O 操作，对系统性能有较大的影响。

Elasticsearch 默认 1 秒执行 1 次刷新操作，使文档可被检索，在实时性要求不高的场景下，可以调大刷新操作的时间间隔（如设置 index.refresh_interval 为 30 秒）及 index buffer 的大小（如设置 indices.memory.index_buffer_size 为 15%），使 segment 的生成频率降低。

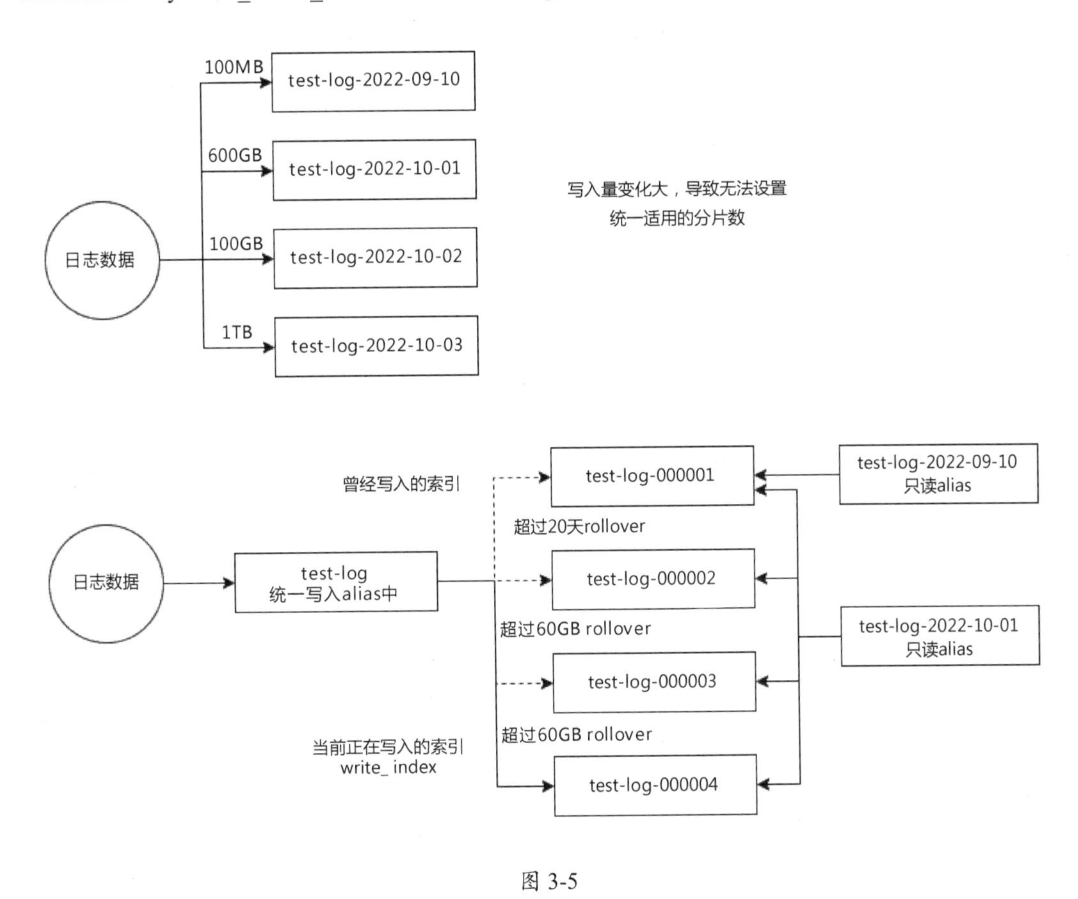

图 3-5

segment 的合并操作是通过多线程方式进行的，可以通过设置参数 index.merge.scheduler.max_thread_count 来限制合并操作可用的最大线程数，从而降低合并操作对集群的影响。当磁盘性能不高时，建议将该值设置为 1。

当索引变成只读时，可强制合并（Force Merge）segment，以减少查询的开销。从理论上来说，segment 越少，查询效率越高，但强制合并 segment 会占用大量的系统资源，因此，需要根据实际强制合并时系统的状态变化确定最合适的 segment 的数量，并在业务低峰期执行强制合并操作。

Elasticsearch 6.7 推出了索引生命周期管理功能，可以通过简单的配置实现热温冷架构，可以通过索引 rollover 功能来保证索引的容量和分片数有合适的关系，可以通过冻结索引或强制合并索引来提升集群的性能等。需要注意的是，笔者在 Elasticsearch 6.8 中发现索引生命周期管理的 rollover 功能在大规模数据场景下有功能缺陷。Elasticsearch 原生的 rollover 功能从本质上来说分为创建滚动后的索引和挂载索引两步，但在 Elasticsearch 6.8 中 rollover 不是原子操作，在写入量较大的场景下，滚动后的索引已创建，但索引挂载失败，从而导致 rollover 功能失效。因此，若使用索引生命周期管理功能，则建议使用 Elasticsearch 7.*x*。

在 Elasticsearch 内核写入过程中，translog 是 Elasticsearch 保证数据可靠性的核心组件。translog 先被保存在操作系统的 page buffer 中，默认在任意 index、delete、update 及 bulk 请求时都将文件持久化到磁盘中。在实际业务场景下，上述操作发生的频率非常高，会导致频繁的 translog 刷新行为，继而影响写入性能。

在大多数业务场景下，硬件损坏的概率较低，如果能接受这种概率下的数据丢失，那么可以将 translog 持久化的策略调整为异步周期性执行，即配置 index.translog.durability 的值为 async，并适当调大周期性间隔参数 index.translog.sync_interval 的值及 translog 最大文件大小参数 index.translog.flush_threshold_size 的值，从而使 translog 持久化频率降低，在部分降低可靠性的同时提升写入性能。

Elasticsearch 文档的_index、_type 和_id 会唯一确定索引中的一个文档，如果开发人员在写入文档时指定文档的_id 的值，那么 Elasticsearch 在文档写入阶段先查询在目标索引中是否有_id 相同的文档，如果有则先删除旧文档再写入新文档，并更新文档的_version。如果有大量带_id 的文档需要写入，那么 Elasticsearch 会有大量的写入时查询操作，在实践中发现大量带_id 的文档的写入性能比不带_id 的文档的写入性能降低了近一半。因此，建议使用 Elasticsearch 默认的_id 生成策略以跳过写入时查询的步骤，并提升写入性能。

Elasticsearch 的一次查询会将查询转发到索引所有的分片中，一个查询会被膨胀为多个查询，在分片数较多的场景下会导致集群存在大量的查询操作。Elasticsearch 默认通过_id 进行分片路由，这适用于大多数场景，可以保证分片之间数据的均匀分配，避免出现数据不均的情况。开发人员可以使用自定义的路由功能，实现将一批数据集中在少量的分片上，从而减少查询时需要请求的分片数。使用该功能需要在所有相关的 index、update、get、search 和 delete 等操作上增加 routing

参数。但需要注意的是，如果业务数据在 routing 字段上不是均匀分布的，就会出现严重的数据倾斜现象，可以通过设置 routing_partition_size 将 routing 参数值相同的文档映射到集群分片的一个子集上，从而在一定程度上缓解数据倾斜的问题。另外，可以在设置 routing 字段前对该字段的数据进行分类分析并执行哈希操作，从而在 routing 操作前保证数据的均匀分布。

分片路由能在一定程度上减少查询需要请求的分片数，但对于每个分片，仍然需要通过扫描所有的 segment 来获取匹配的数据。index sorting 是 Elasticsearch 6.0 推出的一种加速 segment 级别查询的功能。概言之，index sorting 能在文档写入时按照一些字段规则对文档进行排序，从而加速 segment 级别的查询。

在查询时，Elasticsearch 默认按照_id 的顺序读取文档并计算是否匹配，如果存在任意请求，那么 Elasticsearch 都需要查询所有可能匹配的文档。使用 index sorting 提升查询效率的关键在于可以提前中断，数据在 segment 中是按序排列的，如果查询字段的顺序与排序字段的顺序一致，并且不需要获得总的匹配文档的数量，如 Top-*K* 查询，那么在查询 segment 时会很快找到匹配的 *K* 个文档并返回，与扫描整个 segment 相比可能是几个数量级的查询效率的提升。

需要注意的是，开启 index sorting 会在写入时增加 CPU 消耗（实践发现会导致 5%~10%的 CPU 消耗增加）。对写入性能要求较高的业务场景不推荐开启 index sorting。另外，Lucene 的迭代器均为单向迭代器，导致只能在查询字段的顺序与 index sorting 配置的顺序相同时，优化才有效。例如，配置的 index sorting 是 Timestamp 按照降序写入的，但按照 Timestamp 的升序查询，index sorting 优化会失效，并且查询速度比未开启 index sorting 时更慢。

3.3.2　实战二：合理使用 Elasticsearch 数据字段，配置 pipeline 和 mapping

在将文档写入 Elasticsearch 中之前，开发人员需要定义 Elasticsearch mapping，以明确文档中每个字段的格式及存储方式。但写入 Elasticsearch 中的数据可能不符合 mapping 的定义，因此，开发人员可以使用 Elasticsearch pipeline 预处理文档，使写入 Elasticsearch 中的文档与预期的格式保持一致。下面先介绍 pipeline 和 mapping 的基本概念，并结合实战场景讨论 pipeline 和 mapping 的配置优化。

1. pipeline 的基本概念与配置优化

在 Elasticsearch 5.*x* 之前的版本中，开发人员如果对写入 Elasticsearch 中的数据进行适当的调整，如增/删字段或转换格式，就需要额外引入 Logstash。在 Elasticsearch 5.*x* 及其之后的版本中，类似的功能可以通过 pipeline 实现。Elasticsearch 的每个节点默认都是一个 Ingest Node，标记节点为 Ingest Node 意味着该节点可执行预处理操作。如果要使用 pipeline，那么在集群中至少需要有一个 Ingest Node。pipeline 是由一组连续的 processor 组成的，写入的文档会根据 pipeline 中 processor 的定义顺序依次执行。Elasticsearch 官方文档中对各类型的 processor 都有详尽的使用介绍，此处不再赘述。

pipeline 需要确保写入文档的数据格式与在 processor 中定义的数据格式保持一致，否则 processor 将执行失败。在实际项目中，输入的数据可能会随着业务场景的变化而变化，为了减少写入异常并提高 pipeline 的可用性，建议处理 processor 可能发生的异常。根据业务场景的需要，可以有多种异常处理策略，具体如下。

（1）忽略单个 processor 的异常

可以通过在单个 processor 上设置 ignore_failure 为 true 来忽略异常。建议的业务场景是执行 processor 失败对业务本身无任何影响或仅影响展示。

（2）捕获单个 processor 的异常

可以通过在单个 processor 上设置 on_failure 参数来捕获异常。一旦设置了 on_failure 参数，则无论参数体是否为空，即使 processor 发生异常也不会影响 pipeline 后续的 processor 执行。建议的业务场景是该 processor 影响的字段不会对业务产生影响，但开发人员需要了解产生异常的原因。on_failure 参数同样是一组 processor 的集合，因此可以通过设置一个 Set processor 来记录异常原因，以供后续排除故障使用。

（3）捕获 pipeline 中任意 processor 的异常

可以通过在 pipeline 上配置 on_failure 参数来捕获任意 processor 的异常。该策略将在 pipeline 的任意 processor 执行异常时激活。一旦发生异常，则将不再执行后续未执行的 processor。建议的业务场景是 processor 的预处理结果对业务有重要的影响，如日志解析失败或时间戳解析失败等。

建议在 on_failure 参数体中添加一个 Set processor 来记录发生异常的原因，并有针对性地修正 pipeline 或规范化写入的文档。笔者通常在 on_failure 参数体中配置如下 Set processor，以将异常文档写入指定的异常索引中，以便集中检索与排除故障：

```
PUT _ingest/pipeline/on-failure-pipeline
{
  "processors": [ ... ],
  "on_failure": [
    {
      "set": {
        "field": "ingest_error",
        "value": "Processor {{ _ingest.on_failure_processor_type }} with tag
{{ _ingest.on_failure_processor_tag }} in pipeline {{ _ingest.on_failure_pipeline }} failed
with message {{ _ingest.on_failure_message }}"
      }
},
{
      "set": {
        "field": "_index",
        "value": "ingest-failed"
      }
},
{
      "set": {
        "field": "timestamp",
        "value": "{{_ingest.timestamp}}"
      }
    }
  ]
}
```

pipeline 可以根据写入文档指定字段的值选择执行另一个 pipeline 或是否需要执行该 processor。pipeline processor 用于指定执行另外一个 pipeline；在任意的 processor 上设置 if 参数可以实现是否需要执行该 processor。例如，JVM GC 日志与 Spring 业务日志有不同的 pipeline，可以通过添加一个默认的 pipeline（如 log-type-pipeline）来执行各自后续的 pipeline：

```
PUT _ingest/pipeline/log-type-pipeline
```

```
{
  "processors": [
    {
      "pipeline": {
        "description": "jvm gc log'",
        "if": "ctx.type?.name == gc",
        "name": "gc_pipeline"
      }
    },
    {
      "pipeline": {
        "description": "spring log",
        "if": "ctx.type?.name == 'spring'",
        "name": "spring_pipeline"
      }
    }
  ]
}
```

在通常的日志业务场景下，开发人员会通过类似于 Logback 的日志框架输出格式化之后的日志内容。在 pipeline 中可以通过添加 Grok processor 来解析此类日志以提取结构化的字段，并且在多数场景下非常有效。例如，Logback 输出的日志格式如下：

```
%d{yyyy-MM-dd HH:mm:ss.SSS} %p -- %C %M -- %msg%n
```

可以通过将 Grok processor 添加到 pipeline 中来实现对输入日志的解析。该日志将被解析为 log-time、log-level、java-class、java-method 及 log-content 等字段：

```
PUT _ingest/pipeline/logback-pipeline
{
"description": "custom logback pipeline",
  "processors": [
    {
      "grok": {
        "field": "message'",
        "pattern":
["""%{LOGTIME:log-time}\s*%{LOGLEVEL:log-level}\s*--\s*%{JAVACLASS:java-class}\s*%{JAV
AMETHOD:java-method}\s*--\s*%{GREEDYDATA:log-content}"""],
        "pattern_definitions": {"LOGTIME":
```

```
"%{YEAR}-%{MONTHNUM}-%{MONTHDAY} %{HOUR}:%{MINUTE}:(?:[0-5]?[0-9]|60)\\.[0-9]{1,3}"},
        "ignore_missing": true
      }
    }
  ]
}
```

Grok processor 的 pattern 需要与业务日志字段吻合，因此，推荐在 pipeline 中捕获可能的解析异常。Elasticsearch 官方提供了许多支持的 pattern 设置，包括 Java、Redis 等常见的语言与工具。需要注意的是，Grok pattern 解析是非常消耗 CPU 资源的操作，不建议配置大量需要解析的 pattern。可以将需要解析的 pattern 尽量放置在每条日志靠前的部分，对日志剩余的部分可以通过贪心匹配进行解析。Grok processor 在配置后需要有大量的调试工作，Kibana 推出的 Grok Debugger 工具可以实时解析 Grok pattern 与输出日志是否匹配。

Script processor 用于在输入的文档中执行一小段脚本，默认支持 Painless 脚本。Painless 是一种简洁且功能强大的脚本，可以非常灵活地执行不同的脚本任务。Script processor 同样支持 Java 代码作为脚本内容。笔者在实践中发现，Script processor 虽然可以灵活地执行预处理操作，但当脚本比较复杂时，会耗费较多的 CPU 资源，因此不推荐在 pipeline 中放置比较复杂的 Script processor，尽量以其他既有的 processor 代替。

在 pipeline 中提供了一种简单、有效的文档预处理方式。定义 pipeline 需要非常谨慎，必须与大多数输入文档的格式相匹配，否则会出现大量无效的解析。在定义 pipeline 之后，应使用 simulate pipeline API 模拟 pipeline 的解析过程，改变输入的文档以多次验证 pipeline 的可用性。另外，设置 pipeline 时需要设置异常的捕获策略。pipeline 解析是耗费系统资源较多的操作，在有大量写入的业务场景下会消耗较多的 CPU 资源，因此写入的文档应规范，并尽量减少不必要的 processor。一切就绪后，需要进行有规模的压测，以确保 pipeline 不会对 Elasticsearch 集群的性能有比较大的影响。

2. mapping 的基本概念与配置优化

mapping 定义了文档及其字段是如何被存储和索引的。在真正写入文档之前，必须显式地定义 mapping 并创建索引。在 mapping 中包含文档的每个字段的定义，以及一些元数据的定义，如_id 和_route 等。

在通常情况下，对于每个索引，都需要显式地定义索引中文档的每个字段的类型。字段的类型包括各种常见的数据结构，如 Boolean、date、Numeric、Keyword 等类型或类型组（关于不同类型或类型组的数据结构的含义，请参考官方文档）。

（1）date 类型

date 类型的字段可指定格式，因此，输入的数据可以是类似于 2022-10-01 的字符串，也可以是代表自纪元以来的毫秒数的一串数字。Elasticsearch 底层会将 date 类型的数据转换为自纪元以来的毫秒数进行存储。建议在涉及 date 类型的数据的写入和读取时，都显式地配置时区，以避免默认时区配置导致的查询异常。

（2）text 类型

text 是用于全文搜索的字段类型。存储于 text 类型中的数据因为经过了 Elasticsearch 分析器的分析，因此适用于根据任意词语进行全文检索。text 类型适用于非结构化的人类可理解的字段。text 类型无法进行排序、聚合。

（3）Keyword 类型组

Keyword 类型组中最重要的是 keyword 类型，用于结构化的字符串字段。与 text 类型不同，keyword 类型不会被 Elasticsearch 分析器分析，而是将字段内容作为一个完整的关键词来存储。因此，keyword 字段虽然无法用于全文检索，但可用于排序、聚合及 term-level 检索。keyword 类型有最大长度限制，因此建议总是配置 ignore_above 参数来避免写入异常。可以通过 multi-fields 为字段配置额外的类型，如 message 的值是 text 类型的，同时配置 message.keyword 的值是 keyword 类型的，在查询时指定不同的查询字段即可查询不同类型的数据。

（4）Numeric 类型组

Elasticsearch 提供了 double、integer 等常用的数值类型，在不同的业务场景下应根据业务需求选择不同的数值精度。如果数值字段不需要 range 检索并且有较多的 term-level 检索，那么可以将字段类型设置为 keyword 以加速查询。

（5）nested 类型

nested 类型从本质上来说是 object 类型的数组。在 Elasticsearch 中存储时，会将 nested 类型中的每个object都作为一个单独的文档进行存储，每个object类型的字段都是相互独立的。nested类型独特的存储方式使其只能通过独特的查询或聚合方式操作，如nested query、nested sorting、nested aggregations。笔者发现，nested类型的性能较差，尤其是在大规模聚合场景下会成为制约性能的瓶颈，并且会限制索引无法使用index sorting等优化。因此，笔者建议谨慎使用nested类型的字段。

（6）join类型

join类型提供了在同一个索引中描述字段父子关系的功能。不推荐使用join类型，因为该类型会引入额外的内存和计算资源消耗，并且会使索引变得难以理解和维护。

为了简化操作，Elasticsearch提供了dynamic mapping功能。在一个新的文档中写入时，Elasticsearch会根据问答中每个字段的值动态设置该字段的数据类型。如果无法完整地了解写入文档的各个字段，那么使用dynamic mapping不失为一个好办法。但可以预见的是，使用dynamic mapping会导致开发人员无法准确获知数据的类型，在查询时可能会出现文档无法命中的情况。

更定制化的dynamic mapping方式是创建dynamic templates。dynamic templates支持根据字段名、字段路径及默认字段类型进行动态映射。在下面的代码中，将message字段映射为text类型；同时使用multi-fields功能将其映射到message.keyword字段，设置为keyword类型；对于其他默认为string类型的字段，将映射为keyword类型。dynamic templates可以与业务功能更好地结合。具体如下：

```
PUT test-index-000001/
{
 "mappings": {
  "dynamic_templates" : [
      {
        "message" : {
          "mapping" : {
            "type" : "text",
            "fields" : {
              "keyword" : {
                "type" : "keyword",
                "ignore_above" : 256
              }
```

```
          }
        },
        "match" : "message"
      }
    },
    {
      "strings" : {
        "mapping" : {
          "type" : "keyword",
          "ignore_above" : 256
        },
        "match_mapping_type" : "string"
      }
    }
  ]
 }
}
```

使用 dynamic mapping 能极大地简化配置，但需要额外注意映射爆炸问题，即索引生成了大量的字段，这会导致性能严重下降，表现为内存消耗过多及聚合查询极慢等。在无法确定写入文档字段数量的情况下，建议设置 mapping limit。常用的 mapping limit 是限制字段总数，参数为 index.mapping.total_fields.limit，其默认值为 1000。

text 是 Elasticsearch 最重要的字段类型之一，在全文检索场景下可以大规模使用。text 类型可配置 analyzer 参数指定在写入和查询时使用的 analyzer（可以通过 search-analyzer 单独指定在查询时使用的 analyzer）。analyzer 是由 3 个组件组成的工具包，3 个组件为 character filters、tokenizer 和 token filters。

- character filters：输入的字符串将按序通过每个 character filter，每个 character filter 都将添加、移除或改变一些字符，如移除 HTML 标签（如
）。
- tokenizer：将输入的字符串分割为单个 token，通常为一个词语。
- token filters：用于新增、删除或改变一些 token，如将词汇转换为全小写的词语。

Elasticsearch 提供了很多开箱即用的 analyzer，开发人员可以根据业务场景选择内嵌 analyzer 或引入外部 analyzer，如 IK-analyzer，也可以单独指定 3 个组件中的一个。需要注意的是，使用

analyzer 会消耗 CPU 资源，与内嵌 analyzer 相比，使用 IK-analyzer 会显著增加 CPU 资源的消耗量，因此需要引入压测流程评估 analyzer 对 Elasticsearch 集群的性能的影响。笔者曾遇到一个业务场景——需要根据一些指定的标点符号分词，早期系统是基于 Pattern tokenizer 开发的，Pattern tokenizer 基于 Java 正则表达式，上线后 CPU 资源消耗明显。随后笔者所在的团队将 tokenizer 修改为内嵌的 Character group tokenizer，在保持功能不变的前提下，CPU 资源消耗降低了 30% ~ 40%。因此，选择一个合适的 analyzer 及内部组件对 Elasticsearch 集群的性能来说非常重要。

keyword 字段可配置 normalizer 参数对字段进行归一化处理。不同于 analyzer 有多个组件，使用 normalizer 只能处理单个词汇，因此可以有一些字符级的处理工具。开发人员可以使用内嵌或自定义的 normalizer 完成字段归一化处理。需要注意 normalizer 对 Elasticsearch 集群的性能的影响。

在每次创建索引时都显式地指定字段类型比较烦琐，因此推出了 template 来简化 mapping 的配置。在 Elasticsearch 7.8 之前，通过 template API 可以设置 template（在 template 中包含可复用的 index settings 和 index mappings）。在 Elasticsearch 7.8 及其之后的版本推出了新的 index templates 和 component templates，使 template 更加模块化。简言之，component templates 是一个个可复用的 template 配置，而 index templates 可基于一组 component templates 添加额外的 template 配置。

在数据真正写入 Elasticsearch 集群中之前，开发人员需要提前配置好 pipeline、mapping 及 template 等功能。合理使用 Elasticsearch 中的数据字段并优化上述功能的配置，不仅能规避潜在的异常和性能问题，还能提升集群的可用性和稳定性。

3.3.3　实战三：在大规模系统中选择字段存储方式

3.3.2 节介绍了 mapping 的基本概念与配置优化，以及多种不同类型的字段的用途。本节主要介绍 Elasticsearch 底层的字段的存储方式，包括倒排索引、列式存储与行式存储的概念与区别，以及在大规模系统中如何有效地配置存储方式，减少性能损耗并降低存储成本。

Elasticsearch 底层对数据字段有 3 种主要的存储方式，分别为倒排索引、列式存储和行式存储。倒排索引是最常用的存储方式，Elasticsearch 默认对所有字段都开启倒排索引功能，用于字段检索。倒排索引从本质上来说由单词索引、单词词典与倒排列表构成。单词词典与倒排列表的映射关系可被视为一个 Map 类型的键值对数据结构，其中，键为未分词或分词后的单个词汇，值为一个文档 ID 字段的列表。当发起一次针对某个词汇的全文索引时，Elasticsearch 将根据单词词典与倒排列表的映射关系快速查询到输入词汇所在的文档。Elasticsearch 底层的 Lucene 使用 FST 和 BKD 两种数据结构实现单词索引，以减少对单词本身检索所需的时间。

在大多数业务场景下，存储 Elasticsearch 的字段都是需要检索的。若字段不需要被检索，则在写入 Elasticsearch 中之前过滤，或者在 pipeline 中定义 Remove processor，以避免字段被写入 Elasticsearch 中；也可以通过在 mapping 中设置字段的 index 参数为 false 来关闭倒排索引功能。一旦倒排索引功能被关闭，就无法查询该字段。下面的代码关闭了 my-index 索引中 my_text 字段的倒排索引，该字段也因此无法被查询到：

```
PUT my-index
{
  "mappings": {
    "properties": {
      "my_text": {
        "type":  "text",
        "index": false
      }
    }
  }
}
```

使用倒排索引虽然可高效检索字段，但如果需要对字段执行聚合和排序等操作，就会难以应对。大多数分布式存储系统会引入列式存储来实现高效的遍历查询和聚合等操作。Elasticsearch 的列式存储是通过 Doc Values 数据结构实现的，默认除 Text 类型组外的所有类型字段都开启列式存储。在文档被写入时，将创建列式存储数据结构，并将作为 segment 的一部分序列化到磁盘中。如果开发人员判定业务不需要对某个字段执行排序、聚合等操作，那么可以在 mapping 中关闭该字段的列式存储功能。下面的代码关闭了 my-index 索引中 my_session_id 字段的列式存储功能：

```
PUT my-index
{
  "mappings": {
    "properties": {
      "my_session_id": {
        "type":       "keyword",
        "doc_values": false
```

```
      }
    }
  }
}
```

Elasticsearch 不会对 Text 类型组的字段设置列式存储，因为 Doc Values 数据结构无法有效地表示理论上有无数种基数的字符串类型。但如果开发人员的确需要对 Text 类型组的字段进行排序或聚合，那么 Elasticsearch 在 mapping 中提供的 fielddata 字段可以用来实现这一需求。fielddata 字段通过将 Text 类型组的倒排索引的映射关系反转并存储在 JVM 堆内存中，来实现 Text 类型组的聚合和排序等功能。开发人员可以通过将 mapping 中的 fielddata 字段设置为 true 来开启 fielddata 功能。下面的代码开启了 my-index 索引中 my_text 字段的 fielddata 功能，继而可实现 fielddata 字段的排序与聚合：

```
PUT my-index
{
  "mappings": {
    "properties": {
      "my_text": {
        "type":     "text",
        "fielddata": true
      }
    }
  }
}
```

一旦 fielddata 字段被加载到 JVM 堆内存中，就一直保留，直到被取值或 JVM 崩溃。显然，fielddata 字段会带来明显的内存损耗。因此，在绝大多数业务场景下，开发人员应该避免使用 fielddata 字段。在使用 fielddata 字段之前，开发人员应该思考为什么需要在 Text 类型组的字段上执行排序、聚合或脚本类操作，是否可以通过为 Text 类型组字段配置额外的 keyword 字段来实现目标需求。如果开发人员决定使用 fielddata 字段，那么建议总是对 fielddata 字段设置内存的使用上限，避免因 fielddata 字段产生 OutOfMemory 异常，也可以通过配置 indices.fielddata.cache.size 参数来设置 fielddata 字段的内存上限。在系统上线 fielddata 字段之后，建议开发人员持续关注 fielddata 字段的资源使用情况，如使用“GET /_stats/fielddata?fields=*”命令等。

对于大多数字段，Elasticsearch 会开启倒排索引与列式存储，分别用于检索与排序、聚合、脚本类等操作。默认不会对字段开启行式存储，因为 Elasticsearch 默认存储_source 字段，从本质上来说这是原始数据的行式存储。_source 字段是文档元数据的一种，包含写入的原始 JSON 数据。_source 字段适用于获取整个文档的数据，并且可以用于 update、reindex、highlighting 等操作中。如果开发人员不需要获取这个文档并且不会有上述特殊操作，那么可以通过配置_source 字段的 enable 参数为 false 来关闭_source 存储，以节省存储成本。下面的代码关闭了 my-index 索引的_source 字段：

```
PUT my-index
{
  "mappings": {
    "_source": {
      "enabled": false
    }
  }
}
```

在使用_source 字段时，可以指定返回的字段列表，从而减少网络传输数据。下面的代码仅查询 my-test 索引中的 user-name 字段：

```
GET my-test/_search
{
  "_source": ["user-name"],
  "query": {
    "match": {
      "city": "Shanghai"
    }
  }
}
```

Elasticsearch 也提供了在_source 字段中存储指定字段的功能，即在_source 字段中配置 includes 和 excludes 分别表示需要存储和排除存储的原始字段。需要注意的是，配置 includes 和 excludes 与关闭_source 字段一样，会导致 update、reindex、highlighting 等操作失效。

Elasticsearch 字段的行式存储是通过 mapping 中的 store 参数来配置的，通常该参数的值是 false，因此在绝大多数场景下都可以通过查询_source 字段来获取数据的行式存储。但如果开发人员只需要存储某些指定的字段，那么可以通过配置 store 参数来实现。从本质上来说，这与配置_source 字段的 includes 参数无异。下面的代码指定了只保留 my-index 索引中 id 字段的行式存储：

```
PUT my-index
{
  "mappings": {
    "properties": {
      "id": {
        "type": "keyword",
        "store": true
      },
      "date": {
        "type": "date"
      },
      "content": {
        "type": "text"
      }
    }
  }
}
```

在查询场景下，如果业务仅需要获取少量字段，那么建议通过列式存储来查询。Elasticsearch 查询性能报告 *Elasticsearch _source, doc_values and store Performance* 显示，当查询的内容少于 40 个字段时，建议使用 Doc Values 查询；当查询的内容超过 40 个字段时，建议使用_source 字段查询。下面的代码展示了查询 my-index 索引的 name 字段。

使用 Doc Values 查询：

```
GET my-index/_search
{
  "_source": false,
  "docvalue_fields": "name",
  ...
}
```

使用_source 字段查询：

```
GET my-index/_search
{
  "_source": "id",
  ...
}
```

开发人员在设计一个大规模系统时，需要仔细考虑对索引的每个字段应该选择何种存储方式。表 3-3 总结了 Elasticsearch 的几个字段的存储方式。

表 3-3

字段	使用场景	是否默认开启	备注
倒排索引	全文检索	是	
列式存储	排序、聚合、脚本类等操作	是，除 Text 类型组字段外	
fielddata	Text 类型组字段的排序、聚合、脚本类等操作	否	内存消耗严重，需要设置内存使用上限
_source	查询原始完整文档	是	可视业务场景关闭
行式存储	查询部分字段	否	一般无须关注

3.3.4 实战四：PB 级别数据量场景下的 Elasticsearch 调优

在小规模数据场景下，Elasticsearch 不会出现明显的性能问题。但在 PB 级别数据量场景下，Elasticsearch 的稳定性需要通过一些合理的调优才能保证高可用性和高稳定性。下面从硬件与操作系统、集群配置、索引配置和业务操作等多个层面介绍笔者团队在公有云及私有云多个 Elasticsearch 大型集群上的调优经验。

1. 硬件与操作系统层面

通常来说，CPU 不会成为制约 Elasticsearch 性能的瓶颈。但如果有大量的 pipeline processor 或分词操作，那么消耗的 CPU 资源会显著增加，因此，当业务涉及较多的此类操作时，建议升级为较好的 CPU。在大多数场景下，建议选择核数更多的 CPU 来提供相对更好的并发优势。

Elasticsearch 是重 I/O 操作和内存操作都较多的程序，因此对磁盘和内存都有较高的要求。建议使用固态硬盘（Solid State Disk，SSD），因为 Elasticsearch 写入涉及大量并发文件写及随机顺序混合读操作。固态硬盘能提供更优的查询性能。建议使用本地存储，以避免网络的传输消耗。

Elasticsearch 的各类查询操作都非常依赖内存。内存依赖分为两部分，一部分是 JVM 堆内存上的一些数据结构，另一部分是非堆内存。非堆内存主要由 Elasticsearch 底层的 Lucene 使用。

Lucene依赖非堆内存缓存不可变的segment以加速查询。通常推荐使用内存大小的64GB的机器，并将JVM堆内存的大小限制为4GB ~ 32GB；JVM堆内存越小，GC越快，Lucene缓存的内容越多，查询性能也就越好。当堆内存小于32GB时，JVM会使用内存对象指针压缩技术来优化性能。一旦内存超过32GB，则不但会浪费内存，而且会导致CPU和GC的性能降低。在Elasticsearch 7.7中，通过将_id字段从堆内存移到非堆内存上，可以显著减少堆内存的使用。开发人员若对内存要求较高，则建议使用更高版本的Elasticsearch。

内存交换对Elasticsearch来说是显著影响性能的行为，因此建议配置禁用内存交换。可在elasticsearch.yaml中将bootstrap.memory_lock参数配置为true。

对于JVM GC，可以使用G1代替CMS。G1在实践中有更好的GC性能，但需要注意的是，JDK 8u40及其之前版本的JVM存在Bug，会导致索引损坏，因此当使用G1代替CMS时需要额外检查JDK的版本。

Elasticsearch需要足够多的线程来执行各类操作，因此不要在操作系统层面限制线程数，这不仅会导致集群性能下降，还很难发现问题。

2. 集群配置层面

Elasticsearch的主节点用于集群层面的操作，如创建和删除索引、管理元数据等。一个稳定的主节点对集群健康来说至关重要。如果主节点同时具有数据节点等功能，就会导致主节点的功能受到影响，继而影响集群的稳定性。因此，推荐配置3个专有主节点仅执行集群层面的操作。需要注意的是，在配置最小主节点的数量时需要关注“脑裂”问题。

在一台物理机上建议只部署一个节点，也就是一个Elasticsearch进程。如果在同一台机器上有多个Elasticsearch进程，这些进程就会互相竞争物理机器资源，导致性能不稳定。如果物理机数量有限但单台物理机配置较高，那么可以在单台物理机上虚拟化多台虚拟机分别部署多个节点。

当写入量较大时，集群经常会出现写入线程池满载且抛出异常的情况。因此，可以适当增加集群写入线程池的大小，可配置的参数是thread_pool.write.size及thread_pook.write.queue_size。

Elasticsearch集群中的每个节点都维护一份元数据，其中存储着所有node、index和shard的元数据。在创建新的索引时，Elasticsearch会根据各节点既有的分片数来动态选择分片分配策略，因此需要对节点元数据进行遍历。如果集群的索引数或分片数过多，那么上述过程会显著影响性能。因此，不建议单个集群有过多的索引或分片，3.3.1 节给出了推荐的配置。但如果数据量持续增加，就需要考虑从业务角度拆分集群，将数据写入不同的集群中，以降低索引和分片的数量。

3.3.1 节也提到了 segment 的数量对集群保持稳定性的重要性。segment 会被 Lucene 加载到内存中并常驻内存，因此大量的 segment 会导致性能急剧下降。建议读者参考 3.3.1 节中的 force merge 策略减少 segment 数量。对于不再使用或不常使用的索引，可以删除或关闭。

类似于 MySQL，Elasticsearch 可开启慢查询日志以排查可能的查询问题，并相应地对查询语句进行优化。

3. 索引配置层面

3.3.1 ~ 3.3.3 节介绍了索引层面的优化，包括 rollover、shard、pipeline、mapping 等相关的配置优化，此处不再赘述。

4. 业务操作层面

在上述几个层面配置优化后，Elasticsearch 集群即使在 PB 级别的数据量场景下通常也具有相当好的性能。但如果业务操作不当，就可能会导致灾难性的性能下降。

数据写入应尽量采用 bulk 方式。对 Elasticsearch 而言，无论是写入单条数据还是一个 bulk 写请求，都会占用写入线程池的一个线程进行处理。当写入大量单条数据时，集群很快就会抛出异常。因此，建议将多条数据批量写入集群中，但也需要限定同一批数据的条数，推荐设置为 1000 ~ 10 000 条，避免对网络或发送端产生影响。

业务查询应尽量避免返回文档的所有字段，存在大量返回结果会导致额外的性能损耗。如果需要进行分页查询，那么应尽量避免深度随机分页。如果使用 from 与 size 预先进行分页查询，那么当 from 和 size 都配置得很大时，需要排序的文档数据会非常多，消耗的 CPU 和内存也较多。如果不需要随机分页，只是向后翻页，那么可以使用 Elasticsearch 的 search_after 功能，该功能可以无限制向后分页并且能保证数据的实时性。如果需要对数据进行全量遍历，那么建议使用 scroll，以减少性能压力。

如果业务查询不关注数据与查询条件的匹配程度，那么可以使用 query-bool-filter 查询代替 query 查询。query 查询会根据查询条件计算文档的匹配度，Elasticsearch 有相关性分数计算的额外流程。filter 查询只会计算是否匹配，不会计算相关性分数，因此会提高查询效率。filter 查询在 Elasticsearch 中也有缓存策略，如果有相同的 filter 条件，就会命中缓存并加快本次查询。

对于业务的聚合查询，应避免深度嵌套聚合查询，尤其是大量bucket类型的聚合查询，如Terms 聚合或 Filters 聚合，会产生大量 bucket，影响聚合性能。如果业务出现了深度嵌套聚合查询，就需要思考深度嵌套是否有必要，是否可以通过写入前合并字段来减少嵌套的深度。

避免对高基数字段做 Terms 聚合。高基数字段是指字段的取值非常多，如 ip、url 等。Elasticsearch 在做列式存储时会使用 ordinal 作为 term 的代表，因为 ordinal 能更好地进行压缩优化。因此，每个 segment 都会维护一个 ordinal 到 term 的映射，在查询时，在 shard 级别会直接根据 ordinal 映射到目标 bucket 中，在 index 级别再将 ordinal 转换为 term。因此，在高基数聚合场景下存在大量的映射转换功能，这会显著影响性能，最终导致查询失败。一种可行的优化方案是使用 eager_global_ordinals 功能，该功能将在 shard 级别构建 global ordinal 以供各个 segment 复用，从而减少映射关系的转换，提升性能。

对于 Terms 查询，如果匹配的字段类型很少，那么可以通过修改 execution_hint 参数的值来修改 Terms 聚合的执行方式，以提升性能。execution_hint 参数的值默认是 global_ordinals，此时会通过构造 ordinal 到 term 的映射来执行聚合策略。将 execution_hint 参数的值修改为 map，Elasticsearch 将直接在内存中根据 term 的值构造 bucket 实现聚合，当有较少的字段值匹配时，会显著提升聚合性能。

对于嵌套的 Terms 查询，Elasticsearch 默认用深度优先遍历的方式来执行聚合策略，因此 Elasticsearch 在构造完所有的聚合结果之后开始根据查询条件过滤聚合结果。深度遍历策略在绝大多数场景下是适用的。如果每层聚合的匹配类型与总的类型数量差距很大，就会导致很多无效的聚合。在这种场景下，建议将遍历方式修改为广度优先，即配置 collect_mode 为 breadth_first。广度优先遍历策略通常先遍历当前一层，再遍历子聚合，因此会减少大量的查询操作。

当聚合时，Elasticsearch 支持在同一层添加多个子聚合，但是这些子聚合在执行时不会并行执行。因此，可以使用 msearch 将多个同一层的子聚合拆分为多个请求查询并行执行，从而提升查询效率。在大量数据聚合时，使用 msearch 能带来性能的倍增。

笔者建议读者对 Elasticsearch 集群建立完善的监控和告警体系。如果使用的是云上的 Elasticsearch 集群，那么云厂商会提供丰富的监控和告警功能。如果是自建的 Elasticsearch 集群，就需要根据几个调优层面添加如下几个指标进行监控和告警。

- 硬件和操作系统层面：机器的 CPU、内存、磁盘的使用情况。
- 集群层面：集群状态、集群的 CPU 使用率、集群的磁盘使用率、集群 JVM 各个内存区的使用率、集群的 GC 情况、集群索引数、集群分片数、集群未分配分片数、单节点承载的最大数据量。
- 索引层面：索引单分片最大存储容量、索引是否只读。
- 业务层面：读取与写入的平均延迟、读取与写入的拒绝率、每秒写入次数等。

3.3.5 实战五：降本增效，预测 Elasticsearch 集群的规模并控制成本

在实际业务场景中，开发人员需要在业务上线前预测 Elasticsearch 集群的规模，避免业务上线后集群因为读/写量过大而崩溃。推荐使用固态硬盘，因为如果数据写入量不断增加，部署 Elasticsearch 的成本就会显著增加。本节主要介绍预测 Elasticsearch 集群的规模的方法，以及如何控制成本，降本增效。

在预测 Elasticsearch 集群的规模之前，开发人员需要先完成 Elasticsearch 的基本配置。配置完成后，开发人员应关注需要哪些类型的节点。笔者根据 Elasticsearch 官方给出的资料总结了各类型节点的用途和对资源的需求程度，如表 3-4 所示。

表 3-4

节点类型	节点用途	存储需求	内存需求	计算需求	网络需求
主节点	管理集群状态	低	低	低	低
数据节点	存储与检索数据	极高	高	高	中
Ingest 节点	转换输入的数据	低	中	高	中
机器学习节点	运行机器学习模型	低	极高	极高	中
协调节点	分发请求、合并结果	低	中	中	中

协调节点对资源的需求程度较低，因此通常不会配置专用的协调节点，每个节点均可作为协调节点使用。对于小规模集群，可以不区分节点的类型，每个节点都可作为各种节点使用。对于大规模集群，建议总是配置专用的主节点（至少 3 个），部署专用的主节点的配置要求不高，但能极大地提升集群的稳定性。如果业务有大量的 pipeline 操作，那么可以配置专用的 Ingest 节点并选择有较高 CPU 性能的机器。

数据节点的数量配置一般可从 3 个维度进行评估，分别是存储容量、分片数、搜索吞吐量。结合 Elasticsearch 官方的建议与腾讯云 Elasticsearch 的评估推荐，下面从 3 个维度介绍数据节点的预估方法。

存储容量是指需要在 Elasticsearch 集群中存储多少数据，开发人员需要根据以下信息进行评估。

- 每天将存储多少原始数据。
- 数据会保留多少天。
- 需要设置多少副本。
- 为每个数据节点计划分配多少内存。
- 内存与磁盘设定的比例。

除了原始数据，还需要考虑以下因素。

- 数据膨胀系数：Elasticsearch 需要额外使用倒排索引、列式存储，一般会有 10%的数据膨胀。
- 内部任务开销比例：Elasticsearch 需要额外的约 20%的磁盘空间，用于 segment 合并、translog 存储及 Elasticsearch 运行日志等。
- 操作系统预留比例：Linux 操作系统默认为 root 用户预留 5%的磁盘空间，用于系统操作。
- 预留磁盘警戒水位比例：一般设置为 15%。
- 保留一个数据节点用于容错。

假设副本分片的数量为 r，数据膨胀系数为 g，内部任务开销比例为 t，操作系统预留比例为 o，警戒水位比例为 w，那么可以通过如下公式计算存储容量：

$$存储容量=原始数据量\times(1+r)\times(1+g)/(1-t)/(1-o)\times(1+w)$$

根据经验值计算，存储容量约为原始数据量的 1.67 倍。根据存储容量，可以通过如下公式评估出需要的数据节点数：

$$数据节点数=\mathrm{ceil}(存储容量/单节点内存/内存与磁盘比例)+容错数据节点数$$

Elasticsearch 可以通过分片分配感知功能在不同类型的硬件上分配分片，继而可以将节点划分为热节点、温节点和冷节点。这 3 种节点所在的硬件配置依次下降，从而降低存储成本。Elasticsearch 官方对 3 种节点的磁盘配置如表 3-5 所示。

表 3-5

节点类型	存储目标	磁盘类型建议	内存与磁盘的比例
热节点	以搜索为主	SSD DAS/SAN （大于 200Gbit/s）	1：30
温节点	以存储为主	HDD DAS/SAN （约 100Gbit/s）	1：100
冷节点	以归档为主	DAS SAN（小于 100Gbit/s）	1：500

腾讯云 Elasticsearch 对热节点和冷节点的内存与磁盘的比例的经验值分别为 1：96 和 1：480。在实际业务中，需要根据业务和集群状态获得更加准确的值。

分片数会显著影响 Elasticsearch 集群的稳定性和可用性。由于索引的分片一旦设定就无法修改，因此对分片数需要根据业务进行合理的配置。开发人员需要对如下信息进行评估。

（1）集群有多少个索引。

（2）每个索引的主分片和副本分片设置的数量。

（3）索引是否有滚动策略？是按时间滚动还是按存储容量滚动？

（4）索引保留的时间。

关于大规模数据场景下的分片数的限制请参考 3.3.1 节；除此之外，Elasticsearch 官方建议 1 GB JVM 堆内存承载的分片数不超过 20 个。因此，基于分片数的维度，可以根据如下公式计算出总的数据节点数：

$$总的数据节点数=\mathrm{ceil}(总分片数/(20\times单节点内存))$$

开发人员应尽可能减少分片数，以提高集群的稳定性。

除了存储容量和分片数，开发人员还需要考虑搜索吞吐量。如果对搜索性能要求更高，就需要更多更高性能的数据节点。开发人员需要考虑以下因素。

（1）期望的每秒峰值搜索次数。

（2）期望的搜索平均响应时间。

（3）在每个数据节点上期望有几核 CPU，以及每核 CPU 上包含的线程数。

根据如下公式可以获得基于搜索性能评估的数据节点数：

$$\text{峰值线程数} = \text{ceil}\left(\text{每秒峰值搜索次数} \times \text{平均响应时间} / 1000\right)$$

$$\text{线程池大小} = \text{ceil}\left(\left(\text{每个节点的物理CPU核数} \times \text{单核的线程数} \times 3/2\right) + 1\right)$$

$$\text{数据节点数} = \text{ceil}\left(\text{峰值线程数} \ / \ \text{线程池大小}\right)$$

一种实践上更可行的做法如下：先在给定的硬件上对搜索响应时间进行评估，再计算对于目标搜索吞吐量需要多少核进行处理。评估的最终目的是防止请求太多导致线程池来不及处理，进而导致请求被拒绝。

通过对存储容量、分片数和搜索吞吐量等进行评估，开发人员可以估测出集群数据节点的数量，结合其他类型的节点可以评估出整个 Elasticsearch 集群需要的节点数与硬件配置。

Elasticsearch 对硬件的要求较高，在一些成本有限的场景下，降低 Elasticsearch 集群的成本是开发人员不得不面对的问题。通常可以从以下方面思考如何降低 Elasticsearch 集群的成本。

- 业务是否真正需要保留很长时间的数据：Elasticsearch 一般用于存储日志、监控等有时效性的数据，在成本有限的情况下，控制存储容量是降低成本最主要的方法。
- 利用 Elasticsearch 索引生命周期管理实现热温冷架构：将历史数据迁移到成本更低的硬件中。
- 合理配置压缩算法：例如，使用腾讯云 Elasticsearch 优化后的 Zstandard 压缩算法，相对 Lucene 默认的压缩算法 LZ4 可提升 35%的行式存储压缩性，并且性能相当。
- 合理配置副本分片的数量：如果对数据可用性要求不高，那么可以减少副本分片的数量或将副本分片的数量配置为 0。

- 根据业务场景合理配置字段的行式存储与列式存储：这样可以减少存储容量。
- 业务是否可以将数据汇总以减少存储容量：数据汇总是将原始数据归档或删除，可保留重要的数据或将数据合并，从而减少存储容量。开发人员可以通过 Rollup 来实现数据汇总。

开发人员在计划控制 Elasticsearch 集群的成本之前，建议先对集群建立完善的监控系统。在实施集群成本优化时，需要时刻关注集群的状态及业务的情况。控制成本是在业务稳定的前提下完成的。如果控制成本导致业务出现故障，就是得不偿失且无意义的工作。

第 4 章

链路追踪系统实战

互联网技术的发展和广泛应用使当前的微服务系统越来越复杂，一个微服务系统中可能有成百上千个服务同时运行，引入链路追踪系统不仅能直观地展现系统的运行情况，还能还原异常请求的完整链路。本章将介绍基于 OpenTelemetry 的调用链数据模型，对系统选型进行详细的实战分析，并对笔者在日均百亿级调用量的链路系统上所遇到的实际场景问题展开分析，帮助读者搭建自己的链路追踪系统。

4.1 设计链路追踪模型

虽然在 2000 年前后就有了关于链路追踪的探索，但是当前的链路追踪系统基本上基于 2010 年 Google 发布的论文 *Dapper, a Large-Scale Distributed Systems Tracing Infrastructure*。下面介绍链路追踪的发展历程，以及 Span 语义规范。

4.1.1 链路追踪的发展历程

当前微服务的广泛应用促使系统复杂度急剧上升，一个分布式系统可能由成百上千个组件和服务组成。从实例节点的角度来看，一个系统可能有成千上万个节点，单节点的可靠性难以保障，用户需要了解当前系统的状态和健康情况，以及每个节点的运行状态，在出现异常时应知道该异常是由哪个节点引起的，这就需要引入链路追踪系统。

简单来说，链路追踪就是对一次请求所经过的所有节点的轨迹进行追踪，并且能够还原这个轨迹的全貌。*Dapper, a Large-Scale Distributed Systems Tracing Infrastructure* 介绍了 Google 对分布式链路追踪基础设施设计和实践的经验，Dapper 就是 Google 内部的分布式链路追踪系统。2010 年之后，链路追踪系统社区非常活跃，出现了很多链路追踪系统，其设计理念大多受到了 Dapper 的影响。Jaeger、Zipkin 和 SkyWalking 等都是开源分布式链路追踪系统。

完整的链路追踪系统通常包含数据埋点和采集、数据上报、数据存储、数据计算、数据展示和告警 5 个部分，如图 4-1 所示。

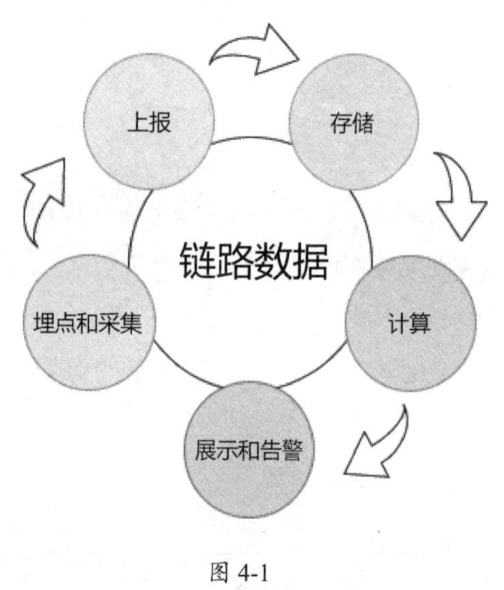

图 4-1

数据埋点和采集通常要与业务应用部署在一起，根据业务的组件特性进行埋点，不同的组件需要做不同的埋点。通过不同的埋点采集到的数据需要写入统一的数据模型中，通过上报组件将数据上报给存储组件。另外，还需要对调用链的原始数据进行计算，主要是计算请求量、请求耗时等指标和拓扑图的数据。有些系统的数据计算在上报给存储组件之前，如 OpenTelemetry 的架构，数据计算在 OpenTelemetry Collector 中，有些系统将数据计算设计在上报给存储组件之后，采用定时拉取对存储的数据进行计算，并将计算出来的数据存储到相应的指标中。根据调用链数据可以展示整个系统的拓扑图，这样使用者既能清楚地了解整个系统的运行情况，又能展示调用链，同时使用者还能详细了解每个请求经过的服务，并且可以根据计算的指标进行告警配置等。

链路追踪在开源社区的实现大多数都是以 *Dapper，a Larger-Scale Distributed Systems Tracing Infrastructure* 为基础的，一条调用链由调用中的一个或多个 Span 组成。Span 是组成调用链的基本单元。通常一条调用链是从请求到达的第一个服务节点开始的，记录请求所经过的所有节点，包括后端的业务服务、数据库组件和消息队列组件等。整条链路通过 TraceID 来标记，每个节点的调用通过 SpanID 来标记，Span 之间的关系通过 ParentID 来标记。

图 4-2 展示了请求经过 3 个服务的情况。在服务 A 处会生成两个 Span：一个是收到请求产生的服务端 Span，类型标记为 SERVER；另一个是发送请求产生的客户端 Span，类型标记为 CLIENT。

在服务 B 处也生成两个 Span，一个是类型为 SERVER 的 Span，另一个是类型为 CLIENT 的 Span。在服务 C 处只生成一个类型为 SERVER 的 Span。当然，某些埋点组件对内部方法的调用也进行了埋点，会生成类型为 INTERNAL 的 Span，这种方法级 Span 的情况在一个服务上就会生成多个 Span，这里不展开介绍这种埋点的数据情况。

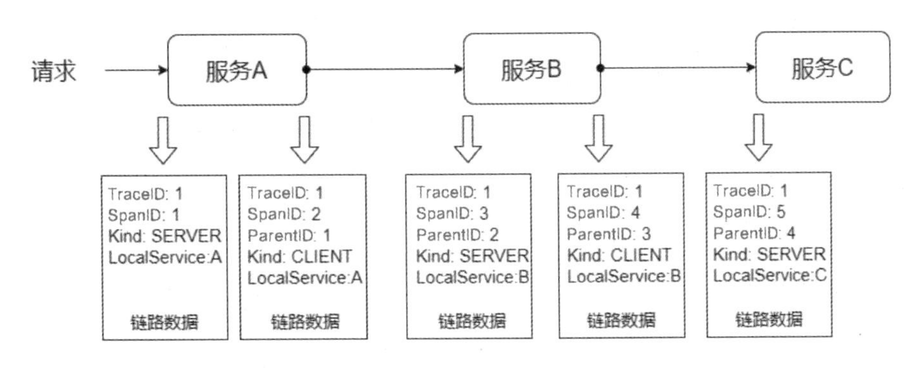

图 4-2

将这条调用链转换成调用链的树形结构，如图 4-3 所示，每个数据记录了当前调用的流转节点、时间区间和状态等信息。调用链的树形结构清楚地展示了该请求所经过的节点、在每个节点花费的时间及业务处理的状态等。当请求异常时，能够准确定位到有问题的节点。

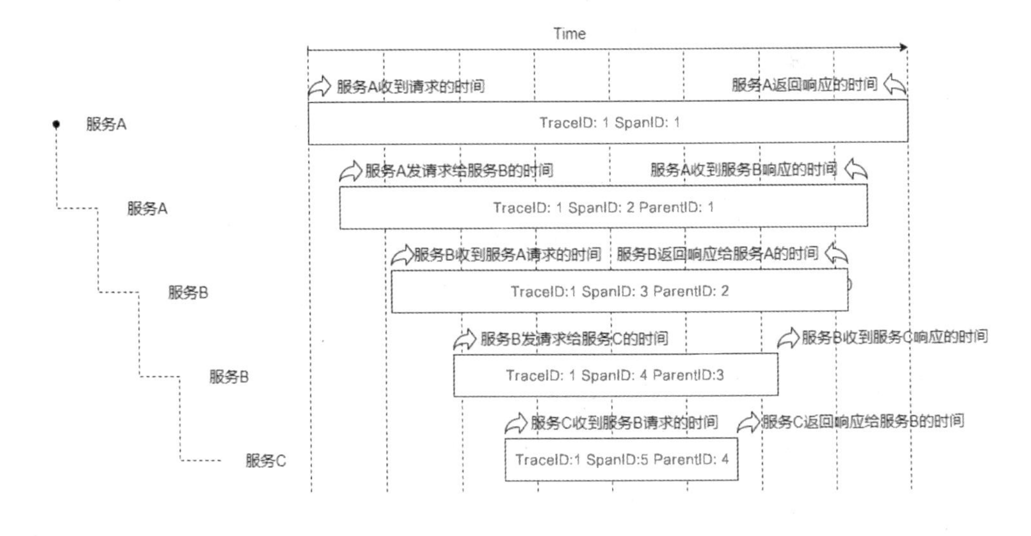

图 4-3

4.1.2 Span 语义规范

一条调用链是由一个或多个 Span 组成的有向无环图，每个 Span 代表链路中被埋点统计的一段节点信息。

虽然链路追踪系统大多是基于 *Dapper，a Large-scale Distributed Systems Tracing Infrastructure* 搭建的，但在不同的链路追踪系统中，由于使用的调用链协议不完全相同，因此对应的 Span 语义也就有所不同。2019 年之前，链路追踪系统社区中一直存在 OpenTracing 和 OpenCensus 之争。没有统一的数据模型，对于系统整体的可观测性建设来说就有很大的难度。2019 年之后，出现了 OpenTelemetry，这在事实上统一了可观测系统的采集标准。

1. OpenTracing

2016 年 11 月，CNCF 接受了 OpenTracing。OpenTracing 是一套与平台、厂商和语言都无关的追踪协议规范。只要遵循 OpenTracing 规范，任何公司的追踪探针、存储和界面都可以随时切换，也可以相互搭配使用。目前，社区中的 Zipkin、Jaeger 都遵循 OpenTracing 规范。

2. OpenCensus

OpenCensus 是 Google 内部系统 Dapper 的社区版，不仅有大批 Google 的追随者，还获得了 Microsoft 公司的支持。OpenCensus 和 OpenTracing 最大的不同之处在于，OpenCensus 包括 Metrics，同时提供了数据采集的 Agent 和 Collector 等。

3. OpenTelemetry

2019 年，CNCF 技术监督委员会（TOC）同意将 OpenTelemetry 作为 CNCF 孵化项目（之后不久就成为 CNCF 新的沙箱项目）。OpenTelemetry 项目本身由 OpenTracing 和 OpenCensus 两大社区共同发起，所以同时获得两大社区的支持。对于使用 OpenTracing 或 OpenCensus 的应用，不需要重新改动就可以接入 OpenTelemetry。OpenTelemetry 社区的发展非常迅速，目前已经成为 CNCF 中第二大贡献社区（仅次于 Kubernetes）。

由于 OpenTelemetry 已经成为当前可观测系统事实上的采集标准，因此这里不再介绍 OpenTracing 和 OpenCensus 的 Span 规范，而是直接用 OpenTelemetry 的规范来说明。Span 规范的字段如表 4-1 所示。

表 4-1

字段名	含义
Name	操作名称
TraceID	调用链唯一标识，用于标记一条调用链
SpanID	调用链中一个节点数据的唯一标识
ParentSpanID	标记节点数据的上一个节点标识
Kind	Span 的类型
StartEpochNanos	开始时间
EndEpochNanos	结束时间
Attributes	一组键值对的属性
Events	一组事件
Links	关联 Span 的信息
ParentSpanContext	父节点的信息

需要注意的是，OpenTelemetry 的调用链的类型有 5 种，具体如下。

- SERVER：代表请求服务端，即接收请求方。
- CLIENT：代表请求客户端，即发起请求方。
- CONSUMER：代表消息消费方。
- PRODUCER：代表消息生产方。
- INTERNAL：代表内部数据，如某些对服务内部方法进行埋点的数据。

OpenTelemetry 的 Span 数据模型的示例如下所示：

```
{
  "Name":"/hello",
  "TraceID":"f619c3af465d23da41bfea4b87343d13",
  "SpanID":"2b45c7e4d57e8702",
  "ParentSpanId":"0000000000000000",
  "StartEpochNanos":1660898537115000000,
  "EndEpochNanos":1660898537120352189,
  "Kind":"SERVER",
  "SpanContext":{},
  "ParentSpanContext":{},
  "Attributes":{
```

```
        "http.host":"localhost:18081",
        "net.peer.ip":"0:0:0:0:0:0:0:1",
        "thread.name":"http-nio-18081-exec-3",
        "http.request_content_length":0,
        "net.transport":"ip_tcp",
        "http.flavor":"1.1",
        "net.peer.port":56950,
        "http.target":"/hello",
        "http.scheme":"http",
        "thread.id":39,
        "http.method":"POST",
        "http.status_code":200,
        "http.user_agent":"PostmanRuntime/7.26.8",
        "http.response_content_length":5,
        "http.route":"/hello",
        "Demo-Attr-OnStart":"true"
    },
    "Events":[],
    "TotalRecordedLinks":0,
    "Links":[],
    "TotalAttributeCount":16,
    "TotalRecordedEvents":0,
    "Status":{
        "statusCode":"UNSET",
        "description":""
    }
}
```


SpanContext 的字段如表 4-2 所示。

表 4-2

字段名	含义
traceId	该 Trace 的唯一标识
spanId	该 Span 的唯一标识
traceFlags	OpenTelemetry 1.2.1 及之前的版本仅支持采样率，标记该 Trace 是否被采样
traceState	链路追踪系统中特定的键值对

SpanContext 数据模型的示例如下所示：

```
{
  "traceId":"f619c3af465d23da41bfea4b87343d13",
  "spanId":"2b45c7e4d57e8702",
  "traceFlags":{
     "sampled":true
  },
  "traceState":{
     "empty":true
  },
  "remote":false,
  "valid":true,
  "sampled":true,
  "traceIdBytes":"9hnDr0ZdI9pBv+pLhzQ9Ew==",
  "spanIdBytes":"K0XH5NV+hwI="
  }
```


4.2　系统选型实战

目前，链路追踪系统在社区中存在几个不同的发展方向，尤其是 Kubernetes 和服务网格的流行为软件系统带来了极大的变革。本节主要介绍当前社区中流行的几种系统方案，并进行实战分析，为读者根据自身业务场景进行系统选型提供参考。

4.2.1　OpenTelemetry 调用链实战

OpenTelemetry 由 OpenTracing 和 OpenCensus 两个开源项目合并而成，已成为云原生下可观测性方案的事实标准。目前，几乎所有云厂商的可观测系统都支持 OpenTelemetry。了解 OpenTelemetry 的基本原理和使用，有助于搭建调用链系统，从而实现一个统一标准的可观测系统。下面介绍 OpenTelemetry 的基本原理，以及 OpenTelemetry 的架构与组件，并通过实际案例带领读者学习如何使用 OpenTelemetry 搭建调用链系统。

OpenTelemetry 是由工具、API 和 SDK 组成的一个套件，用来产生和输出 Telemetry 数据，以便用户分析系统的表现和行为。

OpenTelemetry 提供了可观测性领域统一的标准模型和相应的一系列开源组件，在采集、处理和输出可观测性数据方面提供了解决方案。

通过对系统进行埋点，对各种信号进行遥测，OpenTelemetry 可以将不同的信号进行整合，实现整个系统的可观测性。OpenTelemetry 旨在提供统一的采集规范，包括概念、协议和 API，最终实现 Metrics、Tracing 和 Logging 的融合。OpenTelemetry 提供 Agent 和 Collector，用于采集和处理数据，但是并不提供完整的可观测系统方案，也不涉及存储、展示和告警相关功能。

OpenTelemetry 的架构图如图 4-4 所示。

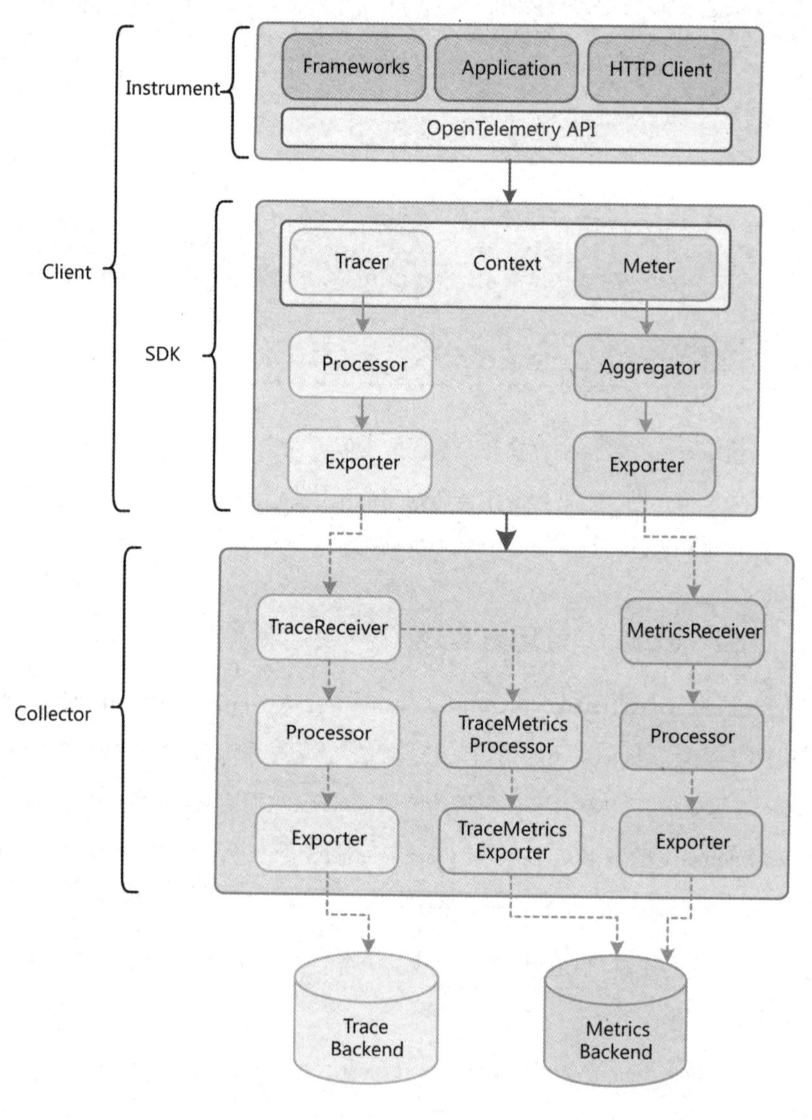

图 4-4

在 Client 端，OpenTelemetry 提供了统一的采集规范、API 和 SDK，采用各种不同的组件并基于不同语言的 Instrument 把调用链数据、指标数据通过统一且规范的 API 采集出来，采集出来的数据输出到 Tracer 和 Meter 的上下文中，并且通过在 SDK 中设置 Processor 或 Aggregator 进行处理，最终通过定义的 Exporter 输出到 Collector 端。

在 Collector 端，统计接收的 HTTP Client 端的数据，通过 Processor 组件的处理将数据输出到指定的后端存储。对于 Processor 组件，除了官方提供的 Processor，还可以自定义 Processor 用于将调用链数据的指标计算出来，并存储到指标存储组件中。

例如，Collector 社区的 opentelemetry-collector-contrib 项目中有一个 spanmetrics 为 Processor 的指标，利用该指标可以计算出调用链数据并输出到指定的后端存储组件中。

OpenTelemetry 由以下几个部分组成。

- 跨语言的规范（Cross-Language Specification）：OpenTelemetry 提供了统一的语义规范，用于可观测系统的数据采集，以保证系统中所有的组件和可观测性数据都有一致的语义。
- 采集、转换、输出数据的工具（Tools to Collect, Transform, and Export Telemetry Data）：Collector 提供了一种厂商中立的实现，用于接收、处理和导出数据；同时支持将数据进行格式转换并发送到多个后端，如 Jaeger、Prometheus 等。
- 各种语言的 SDK（Per-Language SDK）：Java、Python、Go、JavaScript 等语言都支持 OpenTelemetry。
- 自动化测量工具和包（Automatic Instrumentation and Contrib Packages）：目前 OpenTelemetry 社区比较活跃，产品更新迭代比较快，支持当前常用的组件；对于使用者来说，可以省去对不同组件进行埋点的开发量（这部分开发量对于大部分开发团队来说是比较繁重的）。

目前，OpenTelemetry 社区已经支持测量大量常见的组件，具体可以查看 OpenTelemetry 官网。

下面以 Java 应用接入为例介绍应用接入实战。Java 应用使用 OpenTelemetry 采集数据有以下两种接入方式。

- Java Agent 方式：对业务代码无入侵，可以友好地接入目前正在运行的项目，以及快速启动新项目。这种方式无法埋点自定义的场景，很多应用涉及自定义的 Tag 时需要业务支持来注入。

- Java SDK 方式：需要在代码中引入 OpenTelemetry 的 SDK，对代码有入侵性，但可以埋点更多自定义的场景。

下面通过案例来演示 Java Agent 方式的使用。首先搭建一个 Zipkin Server，在 Zipkin 官网下载最新的 jar 包，名称为 zipkin.jar；然后使用命令“java -jar zipkin.jar”启动 Zipkin Server，启动之后通过默认端口 9411 打开 Zipkin 页面。如果显示如图 4-5 所示的页面，就表示成功启动 Zipkin Server。

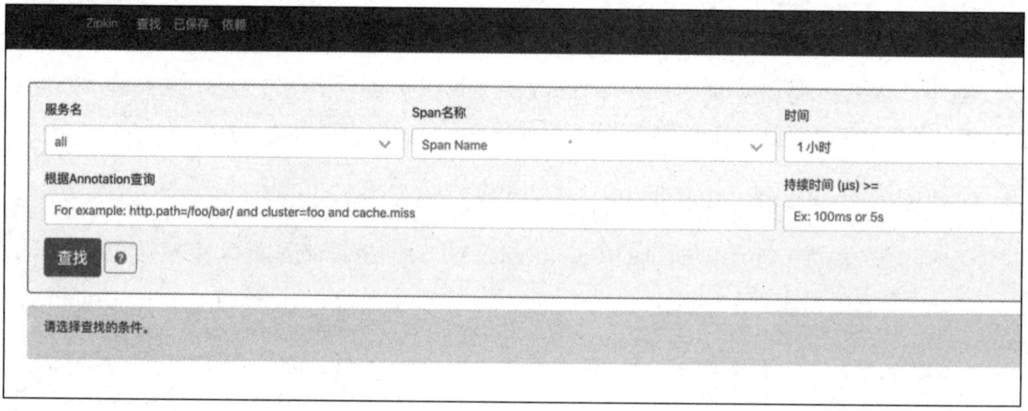

图 4-5

成功启动 Zipkin Server 之后，在 OpenTelemetry 的 GitHub 主页中找到 opentelemetry-java-instrumentation 项目（这是 OpenTelemetry 提供的 Java Agent 项目），下载最新的 jar 包，并保存到本地/path 目录下。启动 Java 应用 provider.jar，通过 Java Agent 方式连接 OpenTelemetry，命令如下：

```
java -javaagent:/path/opentelemetry-javaagent.jar -jar provider.jar
```

启动Java应用provider.jar之后，在控制台中可以看到一条信息，显示的是opentelemetry-javaagent的版本号，这就表示通过 Java Agent 方式成功连接了 OpenTelemetry：

```
INFO io.opentelemetry.javaagent.tooling.VersionLogger - opentelemetry-javaagent - version: 1.15.0-SNAPSHOT
```

如果想修改 OpenTelemetry 的相关配置，就可以通过在启动命令中加上环境变量来实现。例如，可以使用如下环境变量设置服务显示的名称：

```
-Dotel.resource.attributes=service.name=provider-demo
```

OpenTelemetry 在调用链数据的输出上默认支持 OTLP、Zipkin、Jaeger、Logging 这几种协议的输出配置。例如，如果配置 Zipkin 的格式输出到 Zipkin Service 上，就可以使用如下环境变量（Zipkin 默认的输出地址是 http://localhost:9411/api/v2/spans，这也是在本地启动 Zipkin Service 默认的接收数据的地址）：

```
-Dotel.traces.exporter=zipkin
```

在启动命令中加上上面两个环境变量，配置 provider.jar 应用的服务名为 provider-demo，将调用链数据输出到 Zipkin Service 上。使用如下命令重新启动 provider.jar 应用：

```
java -javaagent:/path/opentelemetry-javaagent.jar \
    -Dotel.resource.attributes=service.name=provider-demo \
    -Dotel.traces.exporter=zipkin \
    -jar provider.jar
```

provider.jar 应用启动成功之后，使用 curl 命令执行几条调用语句，在 Zipkin 页面上可以看到相关的调用链数据的具体信息，如图 4-6 所示。

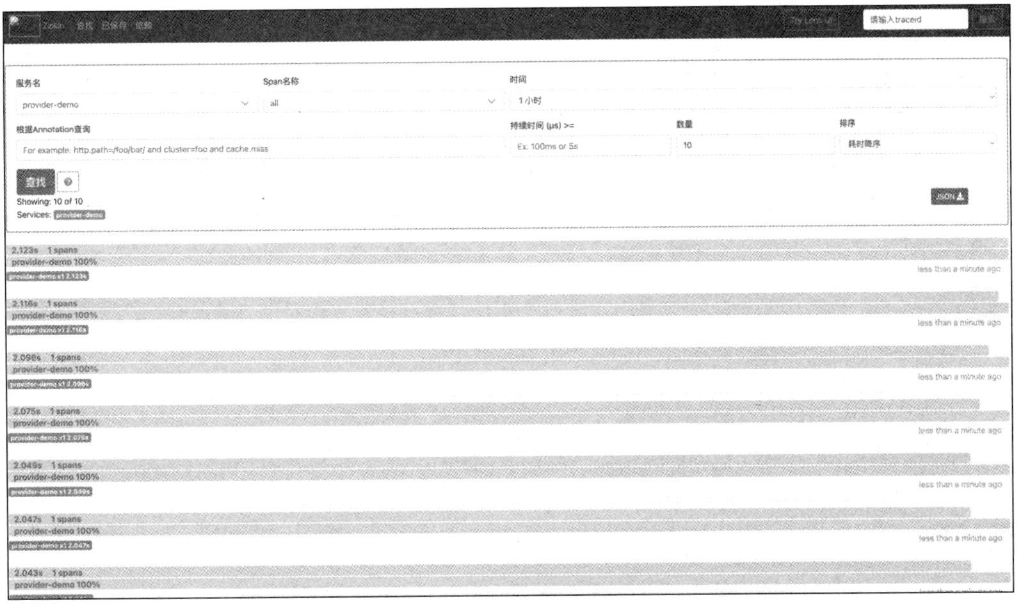

图 4-6

至此，完成了通过 Java Agent 方式连接 OpenTelemetry，并在 Zipkin 页面上展示了调用链数据的实战。除了上面使用到的两个配置项（环境变量），OpenTelemetry 还提供了很多配置项，可以通过这些配置项来配置 Agent，以满足实际的业务场景（关于完整的配置使用说明，请参考 OpenTelemetry 官网）。

通过 OpenTelemetry 提供的跨语言的规范可以自行连接 Instrumentation，以实现对自定义组件或一些业务指标的监测。opentelemetry-java-instrumentation 提供了官方扩展点，这为用户自定义扩展功能和特性提供了切入口。OpenTelemetry 的 GitHub 主页中提供了一部分自定义扩展的 Demo，其详情保存在 opentelemetry-java-instrumentation 项目的 extension 目录下。

下面通过一个实战场景对自定义扩展展开介绍。

在本次实战中，要求修改调用链数据的格式以适配产品的内部协议，并输出到指定的文件中。

这个需求可以分成两部分：第一部分用来修改调用链数据的格式，将 OpenTelemetry 的数据修改成产品的内部协议格式；第二部分用于将修改后的数据输出到指定的文件中。由于 OpenTelemetry 对 Logging 只支持控制台输出，没有输出到文件的配置项中，因此需要自定义扩展一个 Exporter 将数据输出到文件中。

第一部分：通过编写转换格式的代码，在最终生成的数据 map 中只留下了内部协议需要的信息，并把配置的服务名放在 local.service.name 的值中。

格式转换的源代码如下所示：

```
public class DemoTraceTransformer {
   public DemoTraceTransformer() {
   }
   public String generateData(SpanData spanData) throws JsonProcessingException {
      Map<String, Object> map = new HashMap<>();
      map.put("traceId", spanData.getTraceId());
      map.put("spanId", spanData.getSpanId());
      map.put("parentId", spanData.getParentSpanId());
      map.put("kind", spanData.getKind());
      map.put("name", spanData.getName());
      map.put("startTime", spanData.getStartEpochNanos());
      map.put("duration", spanData.getEndEpochNanos() - spanData.getStartEpochNanos());
      Map<String, String> instrumentationScopeInfo = new HashMap<>();
      instrumentationScopeInfo.put("name",
spanData.getInstrumentationScopeInfo().getName());
      instrumentationScopeInfo.put("version",
```

```
spanData.getInstrumentationScopeInfo().getVersion());
      map.put("instrumentationLibraryInfo", instrumentationScopeInfo);
      Map<String, Object> attribute = new HashMap<>();
      spanData.getAttributes().forEach((k, v) -> attribute.put(k.getKey(), v));
      attribute.put("local.service.name",
spanData.getResource().getAttributes().get(ResourceAttributes.SERVICE_NAME));
      map.put("attribute", attribute);
      return JsonUtil.getStringValue(map);
   }
}
```

通过上面的代码可以完成本次实战中的第一部分，将数据格式转换成内部协议格式。

第二部分：自定义输出，先在文件的类 DemoLoggingExporter 中编写一个输出数据，再对文件输出做文件滚动的设置。

源代码如下：

```
public class DemoLoggingExporter {
   public static final Logger logger =
Logger.getLogger(DemoLoggingExporter.class.getName());
   private final int HASH_MAIN_CLASS;
   private final String logPath;
   private final String logName;
   private final Integer logSize;
   private final Integer logCount;
   private int currentFileIndex = 0;
   private File currentFile = null;
   private String filePrefix = "";
   FileOutputStream logFileOutputStream;
   BufferedWriter logBufferedWriter;

   public DemoLoggingExporter(String logPath, String logName, Integer logSize, Integer
logCount) {
      this.logPath = logPath;
      this.logName = logName;
      this.logSize = logSize;
      this.logCount = logCount;
      Object mainClass = System.getProperties().get("sun.java.command");
```

```
        this.HASH_MAIN_CLASS = Math.abs(Objects.hash(mainClass));
        initJavaUtilLogger();
    }

    void initJavaUtilLogger() {
        try {
            File tracingDir = new File(this.logPath);
            if (!tracingDir.exists()) {
                boolean mkdirs = tracingDir.mkdirs();
                if (!mkdirs) {
                    logger.info("[LOG EXPORT]init java logger dir failed");
                    return;
                }
            }
            currentFileIndex = 0;
            filePrefix = this.logPath + File.separator + this.logName + "." +
this.HASH_MAIN_CLASS + System.currentTimeMillis();
            this.clearCurrentFile();
        } catch (Exception ex) {
            if (null != logBufferedWriter) {
                try {
                    logBufferedWriter.close();
                } catch (IOException e) {
                    e.printStackTrace();
                }
            }
        }
    }
    private void clearCurrentFile() throws IOException {
        currentFile = new File(filePrefix + "." + currentFileIndex + ".log");
        FileWriter fileWriter = new FileWriter(currentFile);
        fileWriter.write("");
        fileWriter.flush();
        fileWriter.close();
        logFileOutputStream = new FileOutputStream(currentFile);
        logBufferedWriter = new BufferedWriter(new
OutputStreamWriter(logFileOutputStream));
    }
```

```
    private void closeCurrentFile() throws IOException {
        logBufferedWriter.close();
        logFileOutputStream.close();
    }
    private void checkFileSizeAndRollover() throws IOException {
        if (currentFile.length() > this.logSize) {
            this.closeCurrentFile();
            if (currentFileIndex >= this.logCount) {
                currentFileIndex = 0;
            } else {
                currentFileIndex += 1;
            }
            this.clearCurrentFile();
        }
    }
    public void export(List<String> spanList) {
        if (null == spanList || spanList.isEmpty()) {
            return;
        }
        try {
            this.checkFileSizeAndRollover();
        } catch (IOException e) {
            e.printStackTrace();
        }
        spanList.forEach(s -> {
            if (null != s) {
                try {
                    logBufferedWriter.write(s);
                    logBufferedWriter.newLine();
                    logBufferedWriter.flush();
                } catch (IOException e) {
                    e.printStackTrace();
                }
            }
        });
    }
    public String getName() {
        return "logging";
    }
}
```

通过扩展 SpanExporter 自定义 DemoSpanExporter 的输出，调用链数据会通过 DemoSpanExporter 的 export 方法输出。

DemoSpanExporter 源代码如下所示（在 export 方法中，调用之前设置的 DemoTraceTransformer 的 generateData 方法用来将数据转换成内部协议格式，调用 DemoLoggingExporter 的 export 方法将数据输出到文件中）：

```
public class DemoSpanExporter implements SpanExporter {
   public static final Logger logger =
Logger.getLogger(DemoSpanExporter.class.getName());
   private DemoTraceTransformer demoTraceTransformer = new DemoTraceTransformer();
   private DemoLoggingExporter demoLoggingExporter = new DemoLoggingExporter("/log",
"trace.log", 50000, 10);
   private void printData(Collection<SpanData> spanDataList) {
      for (SpanData spanData : spanDataList) {
         logger.info("[SpanData]: " +
JsonUtil.convertMapToJsonString(JsonUtil.getMapValue(false, spanData)));
      }
   }
   @Override
   public CompletableResultCode export(Collection<SpanData> spanDataList) {
      if (spanDataList.size() > 0) {
         printData(spanDataList);
         List<String> newDataList = new ArrayList<>();
         spanDataList.forEach(spanData -> {
            try {
               String data = demoTraceTransformer.generateData(spanData);
               if (StringUtils.isNotBlank(data)) {
                  newDataList.add(data);
               }
            } catch (JsonProcessingException e) {
               e.printStackTrace();
            }
         });
         if (newDataList.size() > 0) {
            demoLoggingExporter.export(newDataList);
         }
```

```
        }
        return CompletableResultCode.ofSuccess();
    }
    @Override
    public CompletableResultCode flush() {
        return CompletableResultCode.ofSuccess();
    }
    @Override
    public CompletableResultCode shutdown() {
        return CompletableResultCode.ofSuccess();
    }
}
```

上面的代码已经实现了实战场景功能。下面通过扩展 AutoConfigurationCustomizerProvider 和自定义 DemoSdkTracerProviderConfigurer 来促使 DemoSpanExporter 生效，源代码如下：

```
@AutoService(AutoConfigurationCustomizerProvider.class)
public class DemoSdkTracerProviderConfigurer implements
AutoConfigurationCustomizerProvider {

    @Override
    public void customize(AutoConfigurationCustomizer autoConfiguration) {
        autoConfiguration.addTracerProviderCustomizer(this::configureSdkTracerProvider);
    }

    private SdkTracerProviderBuilder configureSdkTracerProvider(
            SdkTracerProviderBuilder tracerProvider, ConfigProperties config) {

        return tracerProvider
                .addSpanProcessor(SimpleSpanProcessor.create(new DemoSpanExporter()));
    }
}
```

将 extension 目录下的源代码通过 Maven 打包成 demo-extension.jar，使用下面的命令启动 Java 应用即可看到数据输出到相应的文件中（其中-Dotel.javaagent.extensions=demo-extension.jar 就是加载这个扩展包的环境变量）：

```
java -javaagent:path/to/opentelemetry-javaagent.jar \
    -Dotel.javaagent.extensions=demo-extension.jar \
```

```
-Dotel.resource.attributes=service.name=provider-demo \
-jar provider.jar
```

启动成功之后，使用 curl 命令执行几条调用语句就可以在/log 目录下看到生成的调用链数据文件，打开文件可以看到格式转换后的调用链数据，并且调用链数据符合 JSON 格式，attributes 中包含 local.service.name 为 provider-demo 的信息，如图 4-7 所示。

图 4-7

至此，完成了自定义扩展的实战，将 OpenTelemetry 采集的调用链数据转换成内部协议格式，并输出到指定的文件中。整体的流程如下：通过 DemoSdkTracerProviderConfigurer 的 customize 方法，将 DemoSpanExporter 添加到 tracerProvider 的 spanProcessors 列表中，这样每次产生调用链数据时都会调用 DemoSpanExporter 的 export 方法输出数据。在 DemoSpanExporter 的 export 方法中调用 DemoTraceTransformer 的 generateData 方法进行数据转换，调用 DemoLoggingExporter 的 export 方法将转换后的数据输出到文件中。

由图 4-4 可知，OpenTelemetry 在采集完数据之后会上报 Collector 端，由 Collector 端处理后输出到后端存储组件中。OpenTelemetry 支持在 Collector 端对数据接收、数据处理和数据输出进行配置。在数据处理端可以对上报的 Span 数据进行进一步的处理，将计算之后的数据上报给后端存储组件，用于直观的系统观测，以及了解系统的健康情况。

Collector 端有两个项目，一个是主项目 opentelemetry-collector，另一个是社区贡献项目 opentelemetry-collector-contrib。Collector 端采用插件管理模式，可以很方便地定制 receiver、processor 和 exporter。在 opentelemetry-collector-contrib 项目中，不仅有丰富的开源组件，还可以将自己开发的组件回馈给社区。

本次实战通过使用 opentelemetry-collector-contrib 项目中的 spanmetrics 的 processor 对调用链数据进行计算，并且把计算之后的数据上报存储组件 Prometheus。

本次实战需要使用存储组件 Prometheus 来展示数据，使用 docker 命令直接运行官方镜像。使用下面的命令可以启动 Prometheus：

```
docker run -d -p 9090:9090 -v
/opt/prometheus/prometheus.yaml:/etc/prometheus/prometheus.yaml --name=prometheus
prom/prometheus:v2.37.0  --web.enable-remote-write-receiver
--config.file=/etc/prometheus/prometheus.yaml
```

可以通过默认端口 9090 打开页面，如果显示如图 4-8 所示的页面，就表示 Prometheus 启动成功。

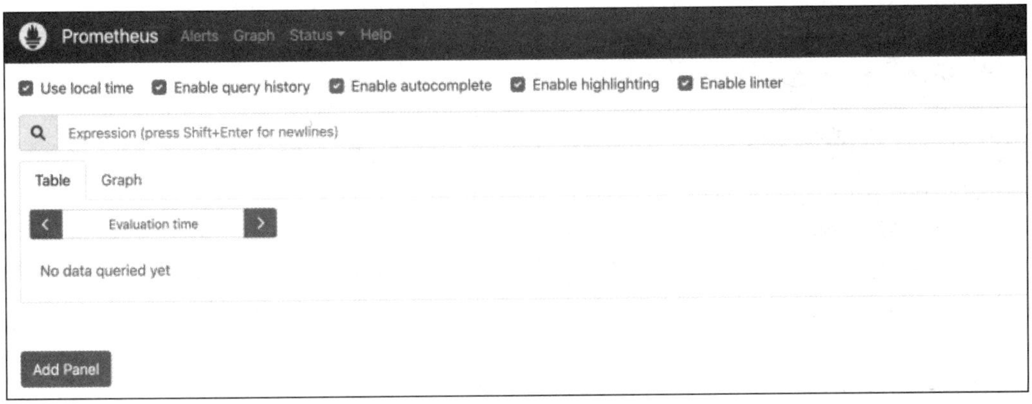

图 4-8

下面介绍如何在 Collector 端配置 spanmetrics。

第一，配置 receivers：otlp 用于接收调用链上报的数据，otlp/spanmetrics 不使用该配置，因为 spanmetrics 的数据来源是调用链数据的输入，但是 Collector 端 pipeline 的运行不能缺少该配置。

第二，配置 processors：使用 spanmetrics 处理调用链数据，将指标数据输出到 prometheusremotewrite 中。

第三，配置 exporters：logging 用于将调用链数据输出到日志中，prometheusremotewrite 用于将指标数据输出到 Prometheus 中。

第四，配置 service：pipelines 和 traces 用于调用链数据的接收、处理、输出，metrics/spanmetrics 中配置的 receivers 没有实际的用处，仅仅是配置文件格式需要（exporters 的值要和上面 processors 中 spanmetrics 配置的 metrics_exporter 一致）。

Collector 端完整的配置文件如下所示：

```yaml
receivers:
  otlp:
    protocols:
      grpc:
        endpoint: "0.0.0.0:4317"
      http:
        endpoint: "0.0.0.0:4318"
  otlp/spanmetrics:
    protocols:
      grpc:
        endpoint: "0.0.0.0:12345"

processors:
  spanmetrics:
    metrics_exporter: prometheusremotewrite
    latency_histogram_buckets: [100us, 1ms, 2ms, 6ms, 10ms, 100ms, 250ms]
    dimensions:
      - name: http.method
        default: GET
      - name: http.status_code
    dimensions_cache_size: 1000
    aggregation_temporality: "AGGREGATION_TEMPORALITY_CUMULATIVE"

exporters:
  logging:
    logLevel: debug
  prometheusremotewrite:
    endpoint: "http://172.17.0.1:9090/api/v1/write"
    tls:
      insecure: true

service:
  pipelines:
    traces:
      receivers: [otlp]
      processors: [spanmetrics]
```

```
    exporters: [logging]
  metrics/spanmetrics:
    receivers: [otlp/spanmetrics]
    exporters: [prometheusremotewrite]
```

用上述配置可以启动 Collector 端。下面使用 docker 命令启动 Collector 端的社区版官方镜像：

```
docker run -d -v /opt/opentelemetry-collector/config.yaml:/etc/otelcol/config.yaml
--name=opentelemetry-collector-contrib otel/opentelemetry-collector-contrib:0.56.0
--config=/etc/otelcol/config.yaml
```

使用 provider.jar 应用上报数据，并使用下面的命令启动应用（默认使用 otlp 上报数据）：

```
java -javaagent:/path/opentelemetry-javaagent.jar -jar provider.jar
```

启动成功之后，使用脚本持续发起对 provider 的调用请求，15 分钟后打开 Prometheus 页面观察数据。计算之后上报了 4 个指标，分别是 calls_total 指标（见图 4-9）、latency_bucket 指标（见图 4-10）、latency_count 指标（见图 4-11）和 latency_sum 指标（见图 4-12）。

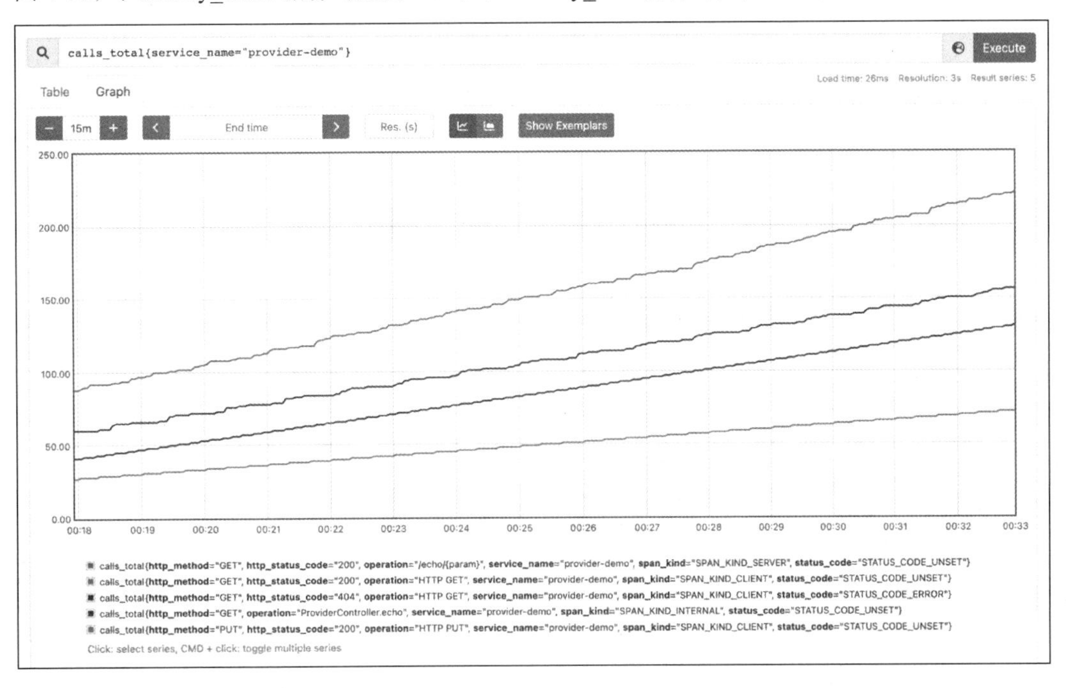

图 4-9

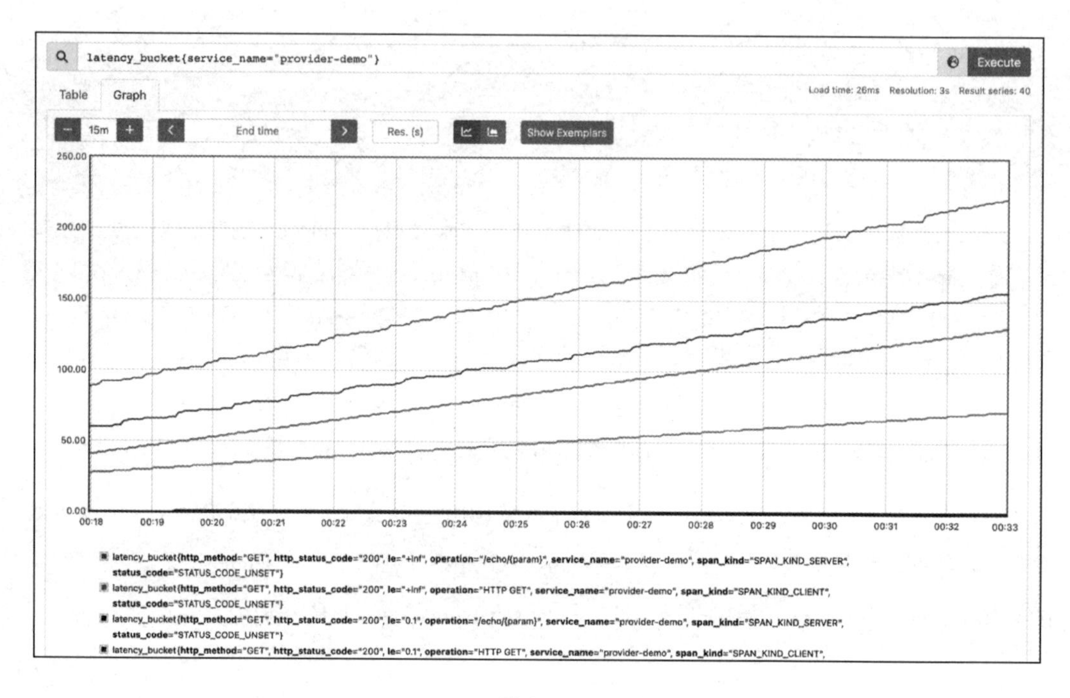
latency_bucket{service_name="provider-demo"}
Execute
Table
Graph
Load time: 26ms Resolution: 3s Result series: 40
15m
End time
Res. (s)
Show Exemplars
250.00
200.00
150.00
100.00
50.00
0.00
00:18
00:19
00:20
00:21
00:22
00:23
00:24
00:25
00:26
00:27
00:28
00:29
00:30
00:31
00:32
00:33
latency_bucket{http_method="GET", http_status_code="200", le="+Inf", operation="/echo/{param}", service_name="provider-demo", span_kind="SPAN_KIND_SERVER", status_code="STATUS_CODE_UNSET"}
latency_bucket{http_method="GET", http_status_code="200", le="+Inf", operation="HTTP GET", service_name="provider-demo", span_kind="SPAN_KIND_CLIENT", status_code="STATUS_CODE_UNSET"}
latency_bucket{http_method="GET", http_status_code="200", le="0.1", operation="/echo/{param}", service_name="provider-demo", span_kind="SPAN_KIND_SERVER", status_code="STATUS_CODE_UNSET"}
latency_bucket{http_method="GET", http_status_code="200", le="0.1", operation="HTTP GET", service_name="provider-demo", span_kind="SPAN_KIND_CLIENT",

图 4-10

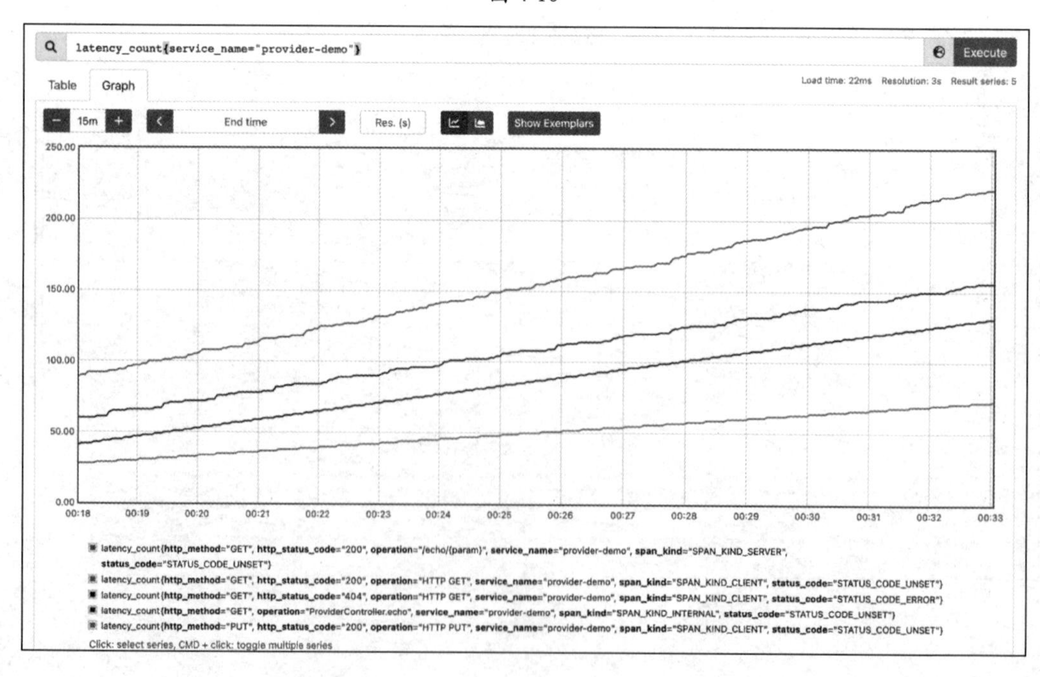
latency_count{service_name="provider-demo"}
Execute
Table
Graph
Load time: 22ms Resolution: 3s Result series: 5
15m
End time
Res. (s)
Show Exemplars
250.00
200.00
150.00
100.00
50.00
0.00
00:18
00:19
00:20
00:21
00:22
00:23
00:24
00:25
00:26
00:27
00:28
00:29
00:30
00:31
00:32
00:33
latency_count{http_method="GET", http_status_code="200", operation="/echo/{param}", service_name="provider-demo", span_kind="SPAN_KIND_SERVER", status_code="STATUS_CODE_UNSET"}
latency_count{http_method="GET", http_status_code="200", operation="HTTP GET", service_name="provider-demo", span_kind="SPAN_KIND_CLIENT", status_code="STATUS_CODE_UNSET"}
latency_count{http_method="GET", http_status_code="404", operation="HTTP GET", service_name="provider-demo", span_kind="SPAN_KIND_CLIENT", status_code="STATUS_CODE_ERROR"}
latency_count{http_method="GET", operation="ProviderController.echo", service_name="provider-demo", span_kind="SPAN_KIND_INTERNAL", status_code="STATUS_CODE_UNSET"}
latency_count{http_method="PUT", http_status_code="200", operation="HTTP PUT", service_name="provider-demo", span_kind="SPAN_KIND_CLIENT", status_code="STATUS_CODE_UNSET"}
Click: select series, CMD + click: toggle multiple series

图 4-11

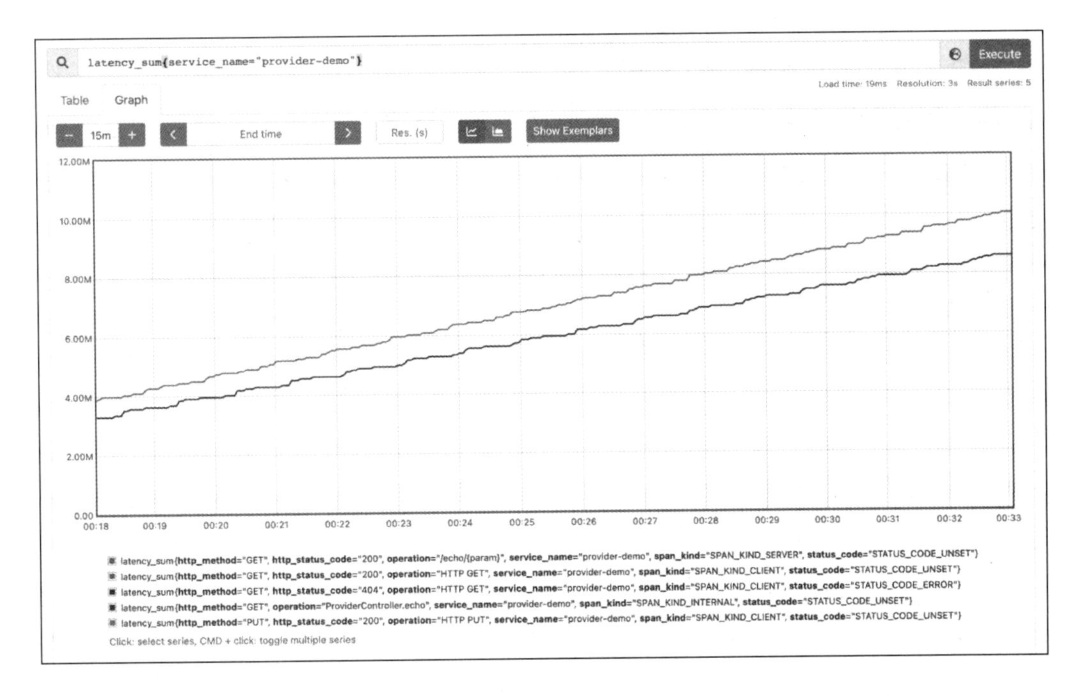

图 4-12

至此，完成了使用 spanmetrics 计算调用链数据的需求，以上 3 个场景的实战基本上覆盖了 OpenTelemetry 的使用中的各个环节。OpenTelemetry 最大的贡献是提供了统一的规范，包括可观测领域的一些概念、协议和 API，同时兼容了市面上主流的协议。目前，OpenTelemetry 社区非常活跃，支持多种主流语言、中间件和框架的 SDK 或 Agent 的集成。

但是直接使用 OpenTelemetry 也存在一些不足，其链路规范发布于 2021 年 2 月 17 日，还需要广大用户和社区一起完善生态。在做 Dubbo 组件接入时，如果发生链路异常就会导致调用链获取数据时报错，从而隐藏真正的错误。链路追踪系统在整个系统中属于旁路系统，应该尽可能避免因为链路追踪系统发生异常导致业务流程中断。

4.2.2 Spring Cloud Sleuth 实战

Spring Cloud 是当前主流的分布式微服务解决方案，涵盖了服务注册与发现、服务调用、服务网关、负载均衡、监控追踪等几乎与微服务相关的所有领域。基于 Spring Boot 开发框架可以极大地简化服务搭建和开发过程。Spring Cloud 已经成为微服务开发的首选方案，其第一个版本是

Angel.SR5，目前已推出 Angel 2021.*x* 版本。

Spring Cloud Sleuth 是 Spring Cloud 生态中的项目之一，提供了一套完整的链路追踪采集方案。下面介绍 Spring Cloud Sleuth 的数据模型和实现原理，并且通过实际案例搭建基于 Spring Cloud Sleuth 的链路追踪系统。

Spring Cloud Sleuth 是 Spring Cloud 提供的分布式链路追踪的解决方案，基于 *Dapper，a Large-Scale Distributed Systems Tracing Infrastructure* 的理论基础设计，并且集成了 OpenZipkin 的 Brave 项目。OpenZipkin 是一个开源的分布式链路追踪系统。Brave 是 OpenZipkin 的仪表库，用于对不同的组件进行调用链埋点。Spring Cloud Sleuth 在 OpenZipkin 的基础上进行集成，使基于 Spring Cloud 构建的应用可以直接使用调用链功能，将调用链数据发送到 Zipkin 的服务端进行存储，通过 Zipkin 的服务端提供的界面展示调用链信息。

对于使用 Spring Cloud 开发的小项目来说，这套方案非常实用和简洁，官方已经提供了大多数组件的链路支持，通过官方提供的配置可以对其采样率等进行配置，开发人员没有任何额外的负担，可以专注于业务开发，使项目快速上线使用。

Spring Cloud Sleuth 使用的术语和 *Dapper，a Large-Scale Distributed Systems Tracing Infrastructure* 中的术语相同，用 Span 和 Trace 来描述链路。

- Span：表示链路数据的基本单位，发送请求使用一个 Span 来记录数据，接收请求也使用一个 Span 来记录数据。在 Span 中记录了当前操作的开始时间和结束时间，标记当前 Span 唯一属性的 SpanID，以及 Span 的描述信息等。
- Trace：表示一条链路产生的一组 Span，反映了该请求在分布式系统中的真实请求链路信息。

图 4-13 展示了一条调用链中 Trace 和 Span 之间的关系，以及 Span 的产生情况。从系统外部发起请求，在服务 1 中生成一条 TraceID 为 X、SpanID 为 A 且 Kind 为 SERVER 的 Span，在发起对服务 2 的请求时，服务 1 生成一条 TraceID 为 X、SpanID 为 B、ParentID 为 A 且 Kind 为 CLIENT 的 Span，同时在请求头中带上 TraceID 为 X、SpanID 为 B 且 ParentID 为 A 的信息，在服务 2 收到请求时生成 TraceID 为 X、SpanID 为 B、ParentID 为 A 但 Kind 为 SERVER 的 Span。

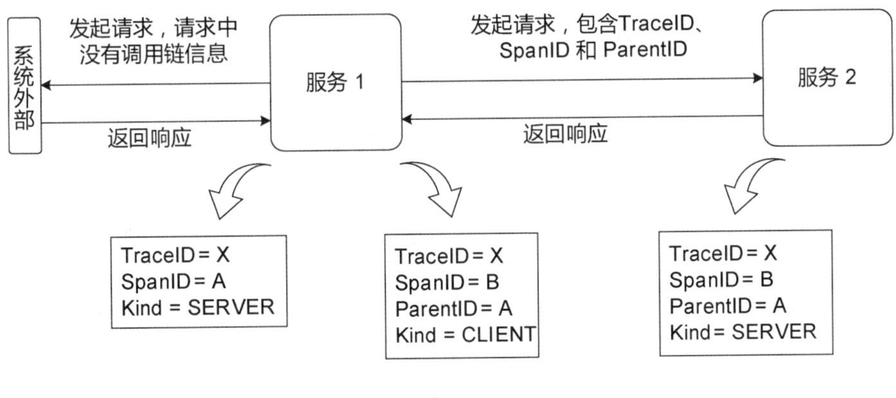

图 4-13

图 4-14 所示为调用链展示数据的形式，在服务 2 的 Span 信息展示中，服务 1 生成的 TraceID 为 X、SpanID 为 B 的 Span 数据和服务 2 生成的 TraceID 为 X、SpanID 为 B 的 Span 数据合并成一个数据进行展示。在这里显示的每个数据中，Spring Cloud Sleuth 使用 Annotation 记录某一事件在时间上的存在，这些时间并不一定会记录在同一个 Span 上，如这里的服务 2 的 Span 数据中的 Annotation 就是由两个数据组成的。

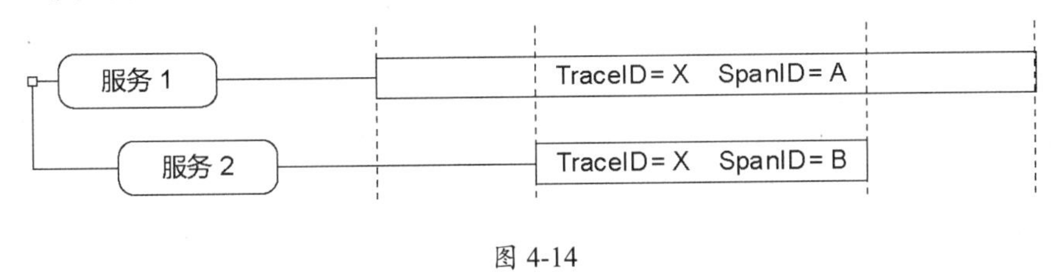

图 4-14

下面介绍一个 Annotation 的实际案例。在 HTTP 请求中，客户端和服务端分别生成一个 Span，由此组成这个请求的完整信息。如图 4-15 所示，Client Start 和 Client Finish 的信息由服务 spring-cloud-sleuth-client 发起请求时生成，Server Start 和 Server Finish 的信息由服务 spring-cloud-sleuth-server-one 接收请求时生成，这里的数据就是由这两个 Span 数据合并生成的，并且这两个数据有相同的 TraceID 和 SpanID。

Client Start 代表客户端发出请求的时间，Client Finish 代表客户端结束请求的时间，Server Start 代表服务端收到请求的时间，Server Finish 代表服务端返回请求的时间。图 4-15 中的时间轴可以直观地显示数据的情况，轴上的 4 个小点就是这 4 个时间点，第一个点是 Client Start，第二个点是 Server Start，第三个点是 Server Finish，第四个点是 Client Finish。Client Start 和 Server Start 之间的时间段代表从客户端发出请求到服务端收到请求的网络耗时，Server Finish 和 Client Finish 之间的时间段代表从服务端返回请求到客户端收到响应的网络耗时，Server Start 和 Server Finish 之间的时间段代表服务端处理请求的网络耗时。通过对网络耗时进行直观展示，可以直接发现链路中存在问题的地方。

Annotations

Client Start

Start Time	09/24 19:06:19.049_985
Relative Time	149.108ms
Address	192.168.255.10 (spring-cloud-sleuth-client)

Server Start

Start Time	09/24 19:06:19.087_742
Relative Time	186.865ms
Address	192.168.255.10 (spring-cloud-sleuth-server-one)

Server Finish

Start Time	09/24 19:06:19.126_427
Relative Time	225.550ms
Address	192.168.255.10 (spring-cloud-sleuth-server-one)

Client Finish

Start Time	09/24 19:06:19.127_730
Relative Time	226.853ms
Address	192.168.255.10 (spring-cloud-sleuth-client)

图 4-15

Spring Cloud Sleuth 是 Spring Cloud 中的组件。当使用 Spring Cloud 开发应用时，可以直接使用 Spring Cloud Sleuth，只需要在 POM 文件中加入它的依赖即可自动打开链路追踪功能。另外，Spring Cloud Sleuth 和 Zipkin 具有兼容性，在本次实战中使用 Zipkin Server 作为链路的服务端，用于接收链路数据上报和数据展示。将上报的数据引入 Zipkin 中的方式也十分简单，只需要在 POM 文件中加入依赖并上报地址的配置即可。

第一，在 Zipkin 官网下载最新的 Zipkin Server。本次实战使用的是 2.23.18 版本的 jar 包，在本地直接执行 java-jar 命令即可。在浏览器中打开默认端口 9411，如果显示如图 4-16 所示的页面，就表示启动成功。

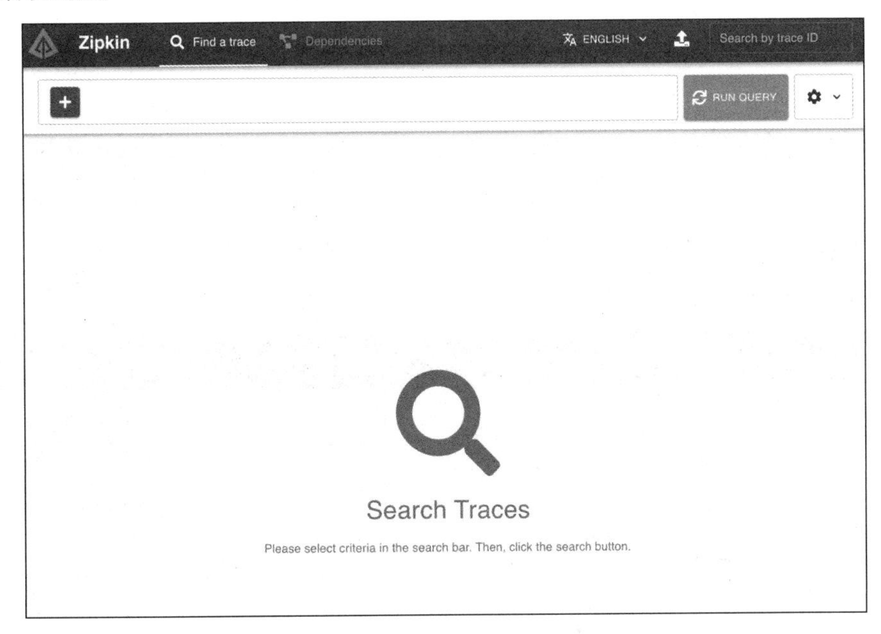

图 4-16

第二，构建本次的应用。本次实战构建的 4 个应用分别是 spring-cloud-client-demo、spring-cloud-server-one-demo、spring-cloud-server-two-demo 和 spring-cloud-server-three-demo。这 4 个应用都是使用 Spring Boot 2.6.11 和 Spring Cloud 2021.0.4 构建的，在 4 个应用的 POM 文件中都引入 Sleuth 和 Zipkin 的依赖，如下所示：

```
<dependency>
   <groupId>org.springframework.cloud</groupId>
   <artifactId>spring-cloud-starter-sleuth</artifactId>
</dependency>
<dependency>
   <groupId>org.springframework.cloud</groupId>
   <artifactId>spring-cloud-sleuth-zipkin</artifactId>
   </dependency>
```

在 spring-cloud-server-one-demo 中设置了 1 个接口/echo；在 spring-cloud-server-two-demo 中设置了 2 个接口，分别为/echo 和/one，在接口/one 中会调用 spring-cloud-server-one-demo 的接口/echo；

在 spring-cloud-server-three-demo 中设置了 3 个接口，分别为/echo、/one 和/two，在接口/one 中会调用 spring-cloud-server-one-demo 的接口/echo，在接口/two 中会调用 spring-cloud-server-two-demo 的接口/one；在 spring-cloud-client-demo 中设置了 1 个接口/all，在这个接口中会调用另外 3 个应用的所有接口。

先通过 java 命令启动 4 个应用，再通过 curl 命令调用 spring-cloud-client-demo 的/all 接口，最后通过 Zipkin Server 页面查看数据，如图 4-17 所示。可以看到调用链的列表中出现了 curl 命令的调用链，如图 4-18 所示，展开调用链之后可以清楚地看到本次调用链的节点信息。本次调用链路经过的节点和耗时，以及系统中发生调用的服务拓扑如图 4-19 所示。

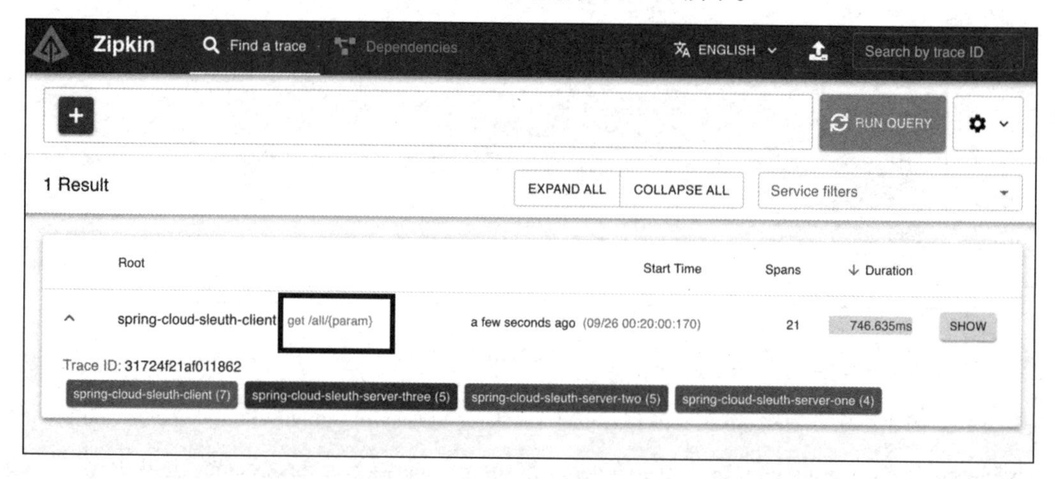

图 4-17

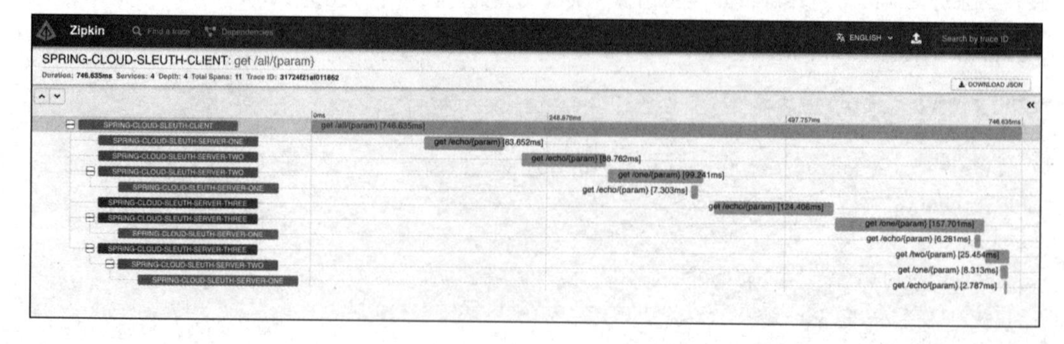

图 4-18

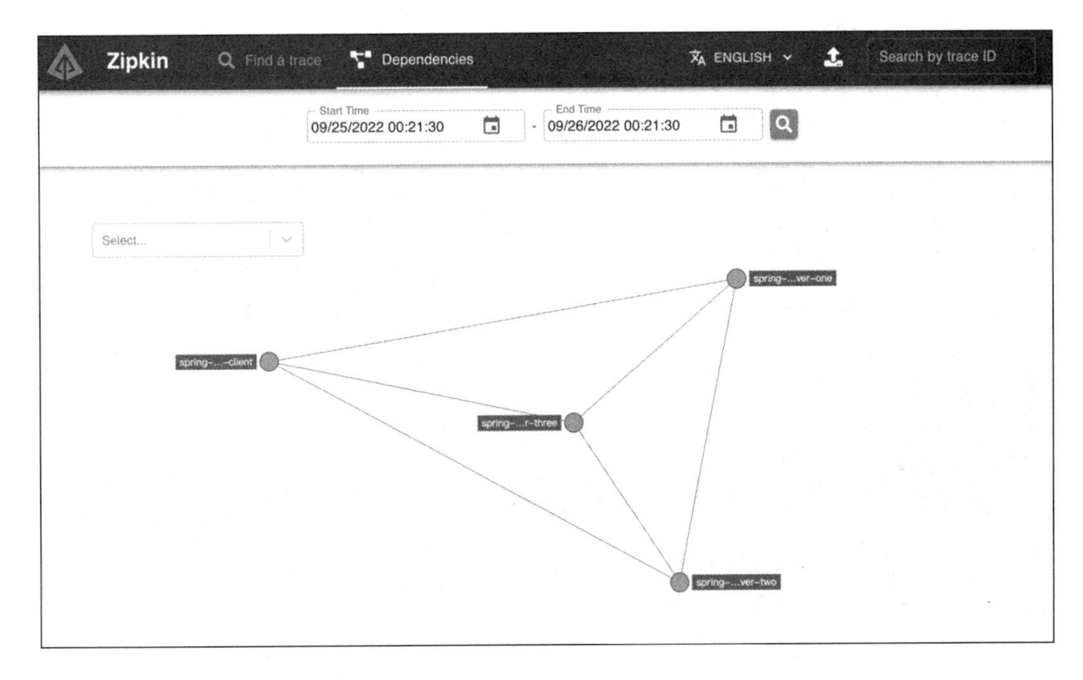

图 4-19

当使用 Spring Cloud Sleuth 时，直接使用 Thread 或 Executors 之类的方法创建线程来异步执行任务会导致调用链中断，从而使前后链路无法串联起来。下面通过一个案例来介绍这个问题的背景。这里复用上面接入 Spring Cloud Sleuth 中的应用，在 spring-cloud-sleuth-client 中配置一个异步线程池 ExecutorService，并且通过这个异步线程池调用 spring-cloud-sleuth-server-one 的接口。首先，创建一个 DemoService 类，在这个类的 executor 方法中异步调用 spring-cloud-sleuth-server-one 的接口；然后，在 DemoController 类中配置/executor/{param}接口，用于外部调用。

DemoService 类的完整代码如下所示：

```
@Slf4j
@Service
public class DemoService {

   @Autowired
   private ServerOneFeign serverOneFeign;

   private ExecutorService executorService = Executors.newCachedThreadPool();
```

```
    public void executor(String param) {
        executorService.submit(() -> {
            log.info("executor: {}", param);
            serverOneFeign.echo(param);
        });
    }
}
```

在 DemoController 类中配置/executor/{param}接口的代码如下所示：

```
@GetMapping("/executor/{param}")
public void executor(@PathVariable String param) {
    log.info("executor: {}", param);
    demoService.executor(param);
}
```

启动两个应用之后，通过如下 curl 命令查看 Zipkin Server 页面，如图 4-20 所示，产生了两条调用链，这样会导致链路无法串联起来。

```
curl localhost:10000/executor/a
```

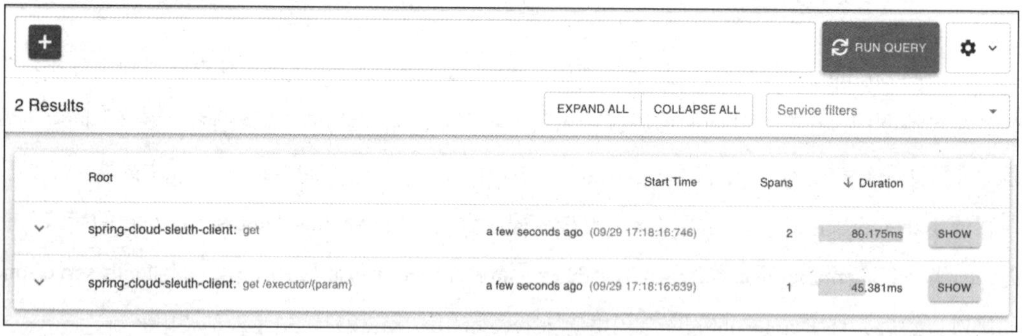

图 4-20

下面通过 3 种不同方式的异步调用来演示如何串联调用链。

第一种方式是使用@Async 注解（Spring Cloud Sleuth 支持的）进行异步调用，这样组件会自动串联调用链，定时任务使用@Scheduled 注解也会自动串联调用链。

使用 spring-cloud-sleuth-client 在 DemoService 类中加入如下代码：

```
@Async
public void async(String param) {
```

```
    serverOneFeign.echo(param);
}
```

在 DemoController 类中加入如下代码：

```
@GetMapping("/async/{param}")
public void async(@PathVariable String param) {
    log.info("async: {}", param);
    demoService.async(param);
}
```

重新启动 spring-cloud-sleuth-client，并且通过如下命令调用接口：

```
curl localhost:10000/async/a
```

通过查看 Zipkin Server 页面可以发现，只有一条调用链，如图 4-21 所示。展开调用链（见图 4-22）可以看到请求通过一条调用链串联起来，并且多了一个 async 的 Span 数据，该 Span 数据没有 Kind 字段。Kind 字段用来标识 Span 的类型。在 Zipkin 的协议中，没有 Kind 字段表明这是内部方法的 Span，该 Span 数据没有 Span 类型。

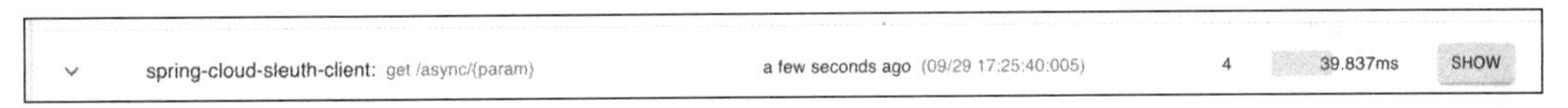

图 4-21

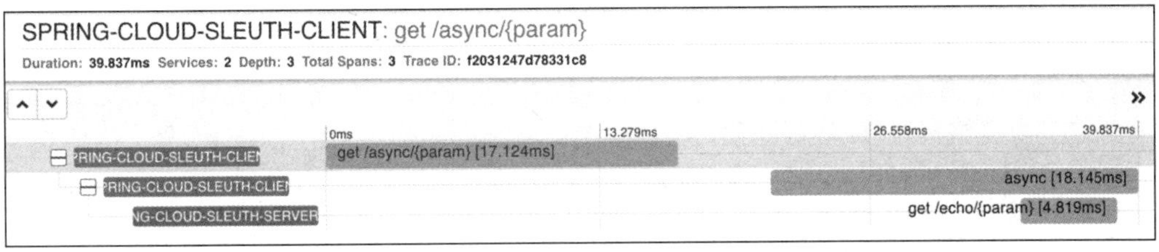

图 4-22

第二种方式是通过 Spring Cloud Sleuth 提供的 TraceableExecutorService 类来创建线程池，这个类位于 org.springframework.cloud.sleuth.instrument.async 包中。org.springframework.cloud.sleuth.instrument.async 包中提供了几种不同的类来创建线程池，读者可以自行了解。

使用 spring-cloud-sleuth-client 在 DemoService 类中加入如下代码：

```
private ExecutorService traceableExecutorService;
@PostConstruct
public void initExecutorService() {
```

```
    traceableExecutorService = new TraceableExecutorService(beanFactory,
Executors.newCachedThreadPool());
}
public void traceSubmit(String param) {
    traceableExecutorService.submit(() -> {
        log.info("executor: {}", param);
        serverOneFeign.echo(param);
    });
}
```

在 DemoController 类中加入如下代码：

```
@GetMapping("/traceableSubmit/{param}")
public void traceableSubmit(@PathVariable String param) {
    log.info("traceableSubmit: {}", param);
    demoService.traceSubmit(param);
}
```

重新启动 spring-cloud-sleuth-client，并且通过如下命令调用接口：

```
curl localhost:10000/traceableSubmit/a
```

通过查看 Zipkin Server 页面可以发现，只有一条调用链，如图 4-23 所示。展开调用链（见图 4-24），可以看到请求通过一条调用链串联起来，并且多了一个 async 的 Span 数据，这个 Span 数据也是内部方法的 Span，没有 Span 类型。

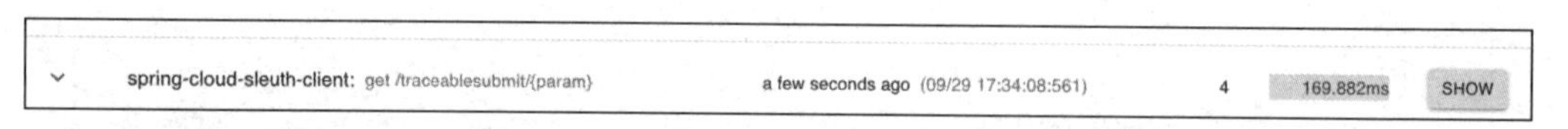

图 4-23

图 4-24

第三种方式是通过修改 CurrentTraceContext.Builder 的 Bean，将用于存储 TraceContext 的 ThreadLocal 替换成 TransmittableThreadLocal。TransmittableThreadLocal 是阿里巴巴开源的一个组

件，用来解决异步线程上下文传递的问题。在 Spring Cloud Sleuth 中，TraceContext 存储在 ThreadLocal 中，而 ThreadLocal 在异步调用时，父线程的上下文并不会传递给子线程，因此异步提交任务执行时会丢失调用链的上下文，使调用链断开，后续会生成新的调用链。JDK 官方提供的 InheritableThreadLocal 在父、子线程中传递时，只会在第一次初始化线程时传递父线程的上下文，这样会导致在线程池这种场景下，当复用线程时，子线程中始终是第一次传递进来的调用链上下文。TransmittableThreadLocal 在每次提交任务时将父线程的上下文设置到子线程中，从而实现了线程复用场景下的父子线程上下文传递，在线程池场景下调用链依然可以串联。

使用 spring-cloud-sleuth-client 新建的 CustomTransmittableCurrentTraceContext 类如下所示（其中包含 CustomTransmittableCurrentTraceContext.Builder 类）：

```
public class CustomTransmittableCurrentTraceContext extends CurrentTraceContext {

   final TransmittableThreadLocal<TraceContext> local;

   static final TransmittableThreadLocal<TraceContext> DEFAULT = new
TransmittableThreadLocal<>();

   CustomTransmittableCurrentTraceContext(
         CurrentTraceContext.Builder builder,
         TransmittableThreadLocal<TraceContext> local
   ) {
      super(builder);
      if (local == null) throw new NullPointerException("local == null");
      this.local = local;
   }

   @Override
   public TraceContext get() {
      return local.get();
   }

   @Override
   public Scope newScope(TraceContext currentSpan) {
      final TraceContext previous = local.get();
      local.set(currentSpan);
      class ThreadLocalScope implements Scope {
```

```
            @Override
            public void close() {
                local.set(previous);
            }
        }
        Scope result = new ThreadLocalScope();
        return decorateScope(currentSpan, result);
    }


    public static CurrentTraceContext create() {
        return new Builder().build();
    }

    public static CurrentTraceContext.Builder newBuilder() {
        return new Builder();
    }

    static final class Builder extends CurrentTraceContext.Builder {

        @Override
        public CurrentTraceContext build() {
            return new CustomTransmittableCurrentTraceContext(this, DEFAULT);
        }

        Builder() {
        }
    }
}
```

新建 CustomTraceConfig 类，用于生成 CurrentTraceContext.Builder 的 Bean，覆盖源代码中的 Bean：

```
@Configuration
public class CustomTraceConfig {

    @Bean
    CurrentTraceContext.Builder sleuthCurrentTraceContextBuilder() {
        return CustomTransmittableCurrentTraceContext.newBuilder();
    }
```

```
    }
```

重新启动 spring-cloud-sleuth-client，并且通过如下命令调用接口：

```
curl localhost:10000/executor/a
```

通过查看 Zipkin Server 页面可以发现，只有一条调用链，如图 4-25 所示。展开调用链（见图 4-26），可以看到请求通过一条调用链串联起来，这里可以看到只有两个 Span 数据，并没有多一个 async 的 Span，因为第一种方式和第二种方式在 Spring Cloud Sleuth 进行异步线程传递时生成了一个内部 Span 数据，而这种方式只传递了上下文。如果不希望多一个内部 Span 数据，那么采用第三种方式比较友好。Zipkin 的协议本身没有 INTERNAL 类型，Kind 为 null 的场景可能会对已有系统造成一定的影响。

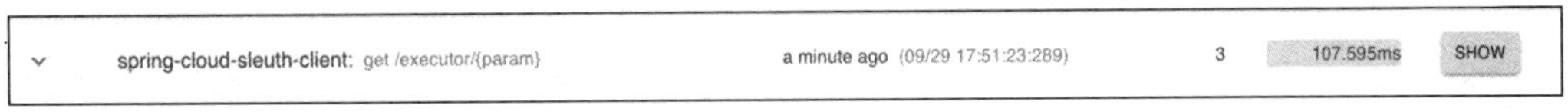

图 4-25

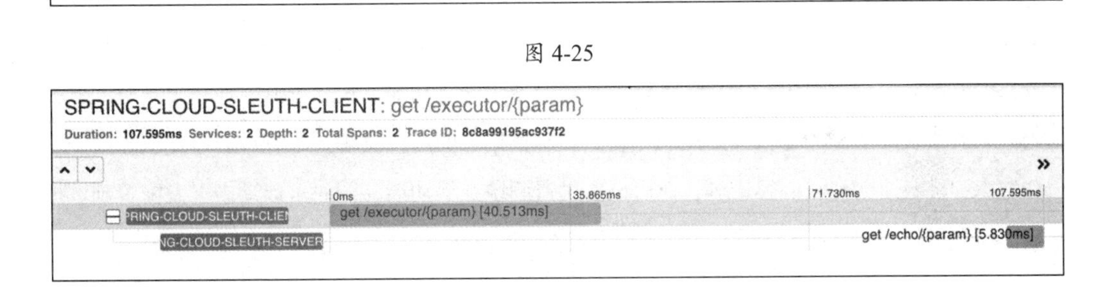

图 4-26

至此，完成了本次实战。当采用 Spring Cloud 搭建项目时，使用 Spring Cloud Sleuth 和 Zipkin Server 可以组成一个简单实用的链路追踪系统。如果项目是基于 Spring Cloud 开发的，并且属于中小规模的系统，那么没有太多的资源投入链路追踪系统的团队，直接使用 Spring Cloud Sleuth 是性价比非常高的方案。但该方案无法和指标、日志系统直接联动，仅可以展示调用链和拓扑图，使用场景单一。Spring Boot 在 3.0.0 及之后的版本中使用 Micrometer Tracing 项目来支持调用链，当前指标系统使用 Micrometer Metrics 作为默认底座，这样可以统一调用链和指标的采集框架，支持指标和调用链的联动。

4.2.3 Istio 实战

服务网格（Service Mesh）是目前最热门的技术之一，已经成为微服务架构和基础设施建设的核心组件。服务网格通常以轻量级网络代理方式和应用部署在一起，并且对应用服务透明。服务网格主要负责在云原生应用服务组成的复杂拓扑下进行可靠的相互调用。

Istio 是一种开源服务网格，是目前服务网格的典型代表。本节主要介绍 Istio 的原理，以及在服务网格下如何做分布式链路追踪。

简单来说，服务网格就是将轻量级、高性能网络代理与实际应用部署一起，为服务间调用提供安全、快速、可靠的通信。当应用通过网格代理发起服务调用时，只需要将请求发送给网格代理，网格代理就会对这个请求执行后续操作，如服务发现、负载均衡，最终将请求转发给目标服务。

服务网格在架构上分为数据平面（Data Plane）和控制平面（Control Plane）。数据平面就是指网络代理，负责服务之间的通信，包含 RPC 通信、服务发现、负载均衡、降级熔断和限流容错等。数据平面提供了类似于 Spring Cloud 和 Dubbo 等微服务框架的功能，但将服务治理等功能从业务代码中独立出来，使用一个独立进程来承担服务治理的功能，使业务开发注重于本身的业务代码，从而实现对业务的零入侵。控制平面负责对数据平面进行管理，不仅可以指定服务发现、负载均衡、降级熔断和限流容错等，还可以提供遥测统计等功能，同时可以动态下发配置到数据平面，动态更新数据平面的策略。

Istio 是由 Google、IBM 和 Lyft 共同发起的开源服务网格框架，有助于在任意位置运行基于微服务的分布式应用。Istio 提供了一种透明且独立于编程语言的方法，可以灵活且轻松地实现应用网络功能自动化。Istio 是一种管理构成云原生应用的不同微服务的常用解决方案，支持微服务之间的通信和数据共享。

Istio 的数据平面默认将 Envoy 作为网络代理。Envoy 是一款由 Lyft 开源的高性能网络代理，提供了流量控制、安全性和身份验证、网络弹性等功能。所有的流量都经过 Envoy，这样可以轻松地采集到业务流量的基本数据。控制平面是以单个二进制文件 Istiod 的方式提供的，Istiod 包括服务发现组件 Pilot、证书生成组件 Citadel、配置组件 Galley 和可扩展性组件 Mixer。Istio 的架构如图 4-27 所示，Proxy 组件默认是 Envoy。

由于服务网格的天然特性，Istio 可以获取网格内所有服务通信的数据。Istio 确实为网格内所有的服务通信生成了详细的遥测数据，包括调用量、请求耗时、请求错误率等指标数据和链路追踪数据。Istio 提供了开箱即用的分布式链路追踪功能，该功能基于 OpenTracing 规范，通过 Envoy 获取流入和流出应用的流量。对于流入应用的流量，如果请求中没有包含任何链路追踪信息，就会创建链路信息上报链路追踪的服务端，并将信息放入请求中，将带有链路信息的请求传给业务应用。如果请求中包含链路追踪信息，就会直接将该信息提取出来上报链路追踪的服务端。对于通过 Envoy 流出应用的流量，如果请求中没有包含任何链路追踪信息，就会创建链路信息上报链路追踪的服务端，并将信息放入请求中，将带有链路信息的请求传递给对应的服务。如果请求中包含链路追踪信息，就会将信息提取出来，并生成子链路的信息上报链路追踪的服务端，将新生成的子链路信息放回请求中传递。

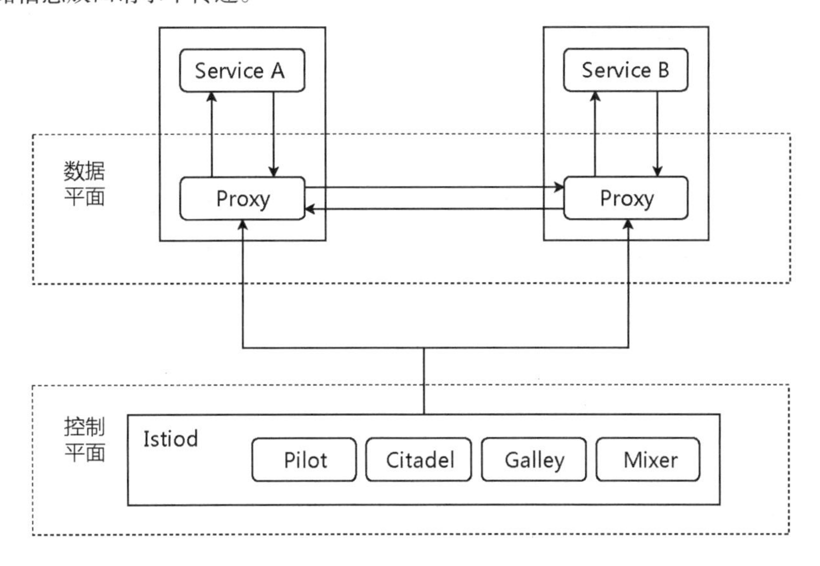

图 4-27

但是 Istio 的链路追踪功能对业务并不是零入侵的，还需要对业务代码进行一些修改。在应用程序内部，一个服务接收到 Envoy 传递过来的带有链路信息的请求，并将请求发送给下一个服务，此时发出的请求已经是一个新的请求，所以需要在发出的请求中带上接收到的链路信息（这部分工作需要由业务来完成）。如图 4-28 所示，Istio 并不会感知到业务执行了哪些任务，以及如何传递链路信息，所以需要由业务来完成链路信息的传递。

Istio 提供的链路追踪功能仅限于服务间相互调用的链路信息，但是一个微服务系统中还有许多其他的常见组件，如 MySQL、Redis 和 Kafka 等中间件，这些组件同样需要接入链路系统，以便了解系统的健康情况和每个节点的运行情况。另外，这些组件还需要业务针对每个组件分别进行埋点。所以，对于一个复杂的分布式系统来说，单独依靠 Istio 本身提供的链路追踪功能是远远不够的，需要结合 Zipkin、OpenTelemetry 等对组件和框架支持比较完整的埋点系统来采集所遇到的组件链路信息。

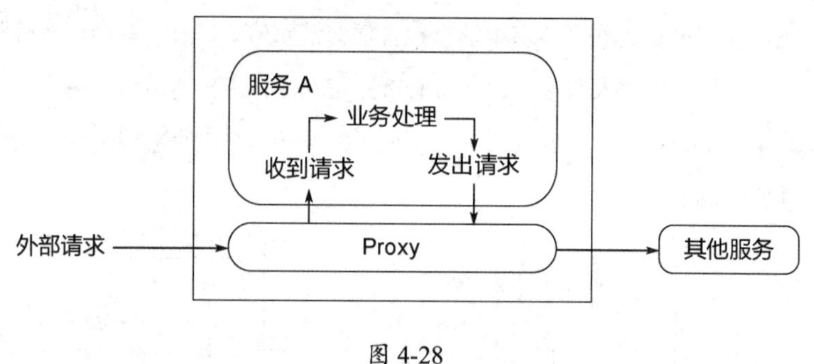

图 4-28

基于当前 Istio 在链路追踪场景下的实际使用体验来看，结合 OpenTelemetry 是目前最佳的选择，因为 OpenTelemetry 提供了与厂商无关的可观测组件，Istio 提供了无感知的服务治理能力，将这两者结合能更好地发挥各自的功能。

4.2.4 Filebeat 采集方案实战

4.2.1 ~ 4.2.3 节采集调用链数据后都采用实时上报的方式，如 OpenTelemetry 通过 HTTP 协议将数据上报给 Zipkin Server。虽然实时上报的方式使用简单，但是在高并发场景下存在抢占应用资源的情况，当出现上报异常时可能会丢失数据。为了解决这类问题，可以先将数据输出到文件中，再通过文件采集的方式将数据上报给后端存储组件。

Filebeat 作为目前使用最广泛的轻量级日志采集工具，在日志文件采集场景下得到了广泛的应用和认可。本节主要介绍 Filebeat 的工作原理，并通过实际案例演示如何使用 Filebeat 采集链路数据。

Filebeat 是 Elastic Stack 生态中的重要组件，用于采集日志文件中的数据，并将数据转发到指定的后端，如 Elasticsearch 或 Logstash。Filebeat 目录下有几个重要的文件，分别是配置文件、注册表文件和日志文件。配置文件默认为 filebeat.yaml，也可以在启动时指定文件，用于指定采集的输入、输出和一些采集的配置。注册表文件默认在 data 目录下，用来记录采集文件的情况。每个文件都有一条记录，在每条记录中将文件的 inode 作为该文件的唯一标识，通过 offset 来标记当前采集的位置。Filebeat 重启之后也是根据这个文件记录重新读取数据的，如果文件被删除，那么重启之后会从头开始读取。日志文件默认在 logs 目录下，用于记录 Filebeat 的运行日志。

Filebeat 的工作流程如图 4-29 所示。当启动一个 Filebeat 时，通过 inputs 组件管理并查找每个输入源，如在采集文件的场景下，一个 Input 的配置下可能有多个文件。inputs 组件会为每个需要采集的文件启动一个 Harvester 组件。Harvester 组件会逐行读取文件内容，并将数据发送到 libbeat 中，经过配置的 Processors 处理之后保存到缓存队列中，并根据配置的 output 发送到相应的输出组件中。

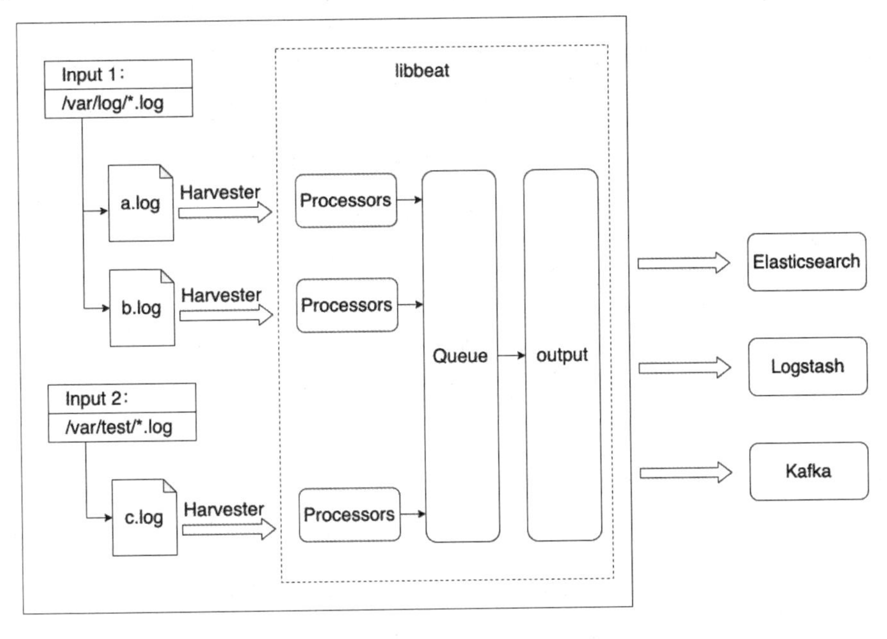

图 4-29

Filebeat 保证每个数据至少被成功投递一次，称为 at-least-once。这种机制基于 Filebeat 在注册表文件中保存每个文件的状态。该状态用于记住一个 Harvester 组件读取的最后偏移量，并确保所有日志行都被发送出去。对于每个输入，Filebeat 保存它找到的每个文件的状态。对于每个文件，Filebeat 通过 inode 存储唯一的标识符，以检测以前是否采集过该文件。因为文件可以重命名或移动，所以文件名和路径不足以用来标记文件。

如果输出组件不可访问，那么 Filebeat 将追踪发送的最后一行数据，并在输出结果再次可用时继续读取文件。

如果定义的输出组件被阻塞并且未确认所有数据被成功接收，那么 Filebeat 将继续尝试发送数据，直至输出组件确认它已接收到数据。

如果重新启动，那么 Filebeat 将使用注册表文件中的数据重新构建状态，并且在最后已知位置继续启动每个 Harvester 组件。

如果 Filebeat 在发送数据的过程中关闭，那么在关闭之前不会等待输出组件确认所有数据。任何发送到输出组件中但在 Filebeat 关闭之前没有被确认的数据，都将在重新启动 Filebeat 时再次发送，这样可以确保每个数据至少被发送一次，最终可能会将重复的数据发送到输出组件中。通过设置 shutdown_timeout 选项，可以配置 Filebeat 在关闭之前等待的时间。

Filebeat 的至少被成功投递一次的机制涉及日志滚动和删除旧文件。在日志滚动的场景下，Linux 操作系统有 inode 重用的概率，一直不关闭 Harvester 组件可能会导致 Filebeat 跳过数据，导致数据丢失。另外，日志滚动会产生大量的新文件，如果删除旧文件时不关闭 Harvester 组件，那么注册表文件可能会变得非常大。

为了解决上面两个问题，可以配合使用 clean_removed、close_removed、close_inactive、clean_inactive、ignore_older 和 scan_frequency 等配置。

启用 clean_inactive 配置，经过指定的不活动时间后，Filebeat 会删除文件的状态。仅当 Filebeat 已忽略该文件时，即当文件早于 ignore_older 设置的时间时才能删除该文件的注册表数据。clean_inactive 设置的时间必须大于 ignore_older + scan_frequency 设置的时间，即要确保仍在采集的文件不能删除其状态，否则该配置可能会导致 Filebeat 不断重新发送全部内容，因为 clean_inactive 删除了 Filebeat 检测到的文件的状态。如果文件已更新或再次出现，就会从头开始读取文件。clean_inactive 配置能减小注册表文件的大小，特别是如果每天都产生大量的新文件，就可以防止因 Linux 操作系统的 inode 重用而导致数据丢失。但 clean_inactive 配置的这个时间需要配合日志滚动的时间来合理设置。

默认启用 clean_removed 配置，Filebeat 会在文件被删除时从注册表中删除该文件对应的注册表数据。close_removed 配置也是默认启用的，Filebeat 会在文件被删除时关闭该 Harvester 组件。

clean_removed 和 close_removed 通常保持一致的配置。启用 clean_removed 和 close_removed 之后，如果文件从磁盘中删除得过早，而此时文件还没有被完全读取，就会导致数据丢失；在不启用 clean_removed 和 close_removed 的情况下，一个文件只有在它由 close_inactive 指定的期间内不活跃的情况下才会被删除。

Filebeat 采集链路数据实战使用 OpenTelemetry 采集应用的链路数据并将数据写入日志文件中，通过配置 Filebeat 采集相应的数据上报给 Elasticsearch。

使用 4.2.1 节中的 Agent Extension 实战案例，将应用的链路日志输出到/log 目录下，配置 Filebeat 的配置文件，如下所示：

```
filebeat.spool_size: 600
filebeat.idle_timeout: 2s
filebeat.shutdown_timeout: 1m
fields:
 instance-id: "ins-abc"
 local-ip: "172.17.0.138"
output.elasticsearch:
 hosts: ["172.17.0.1:9200"]
 username: "user"
 password: "123456"
 pipeline: "%{[fields.pipename]}"
 loadbalance: true
 worker: 2
 bulk_max_size: 512
 flush_interval: 2s
 template.enabled: false
- input_type: log
 client: elasticsearch
 paths:
 - /log/trace*
 fields:
  pipename: "pipeline-trace"
 harvester_buffer_size: 131072
 scan_frequency: 2s
 close_timeout: 0.5h
```

通过如下命令启动 Filebeat，在 data 目录下的注册表文件中可以看到上报的数据变化：

```
sudo ./filebeat -e -c filebeat.yaml
```

这样就可以通过 Filebeat 将数据上报给 Elasticsearch。使用 Filebeat 采集链路数据的优势在于采集的链路数据不需要实时上报给后端存储组件，而是在磁盘中存储下来，数据不会丢失，也不会积压在内存中。如果是在容器场景下，那么该方案可以将 Filebeat 容器和业务容器分开，使其资源隔离。资源隔离的好处是，在高并发场景下，上报链路数据并不占用业务容器的资源。对于链路这类的旁路数据，即使链路数据上报延迟，从本质上来说也不会影响业务系统的使用。因此，在资源紧张的情况下，可以优先调用系统资源保障业务的运转。特别是当前大部分系统使用 ELK 做日志采集，因此在链路系统中直接复用 Filebeat 和 Elasticsearch 不仅可以使组件利用率最大化，还可以减少新增组件带来的学习成本和维护成本。

4.2.5 Elasticsearch 存储实战

第 3 章详细地介绍了 Elasticsearch 的原理及其在日志系统中的实战调优，本节不再赘述。在链路系统中，同样可以使用 Elasticsearch 作为数据存储组件。如果日志系统已经采用 Elasticsearch 作为存储组件，那么复用已有组件对于整个系统来说是使用成本极低的选择。在可观测系统中，Elastic Stack 也是使用 Elasticsearch 进行链路数据存储的。

本节将在大数据实战场景下分析在链路系统中应用 Elasticsearch 的优势和劣势，提供系统选型的实战数据支持。

除了在日志场景下的应用，Elasticsearch 还可以在调用链场景下应用，用来存储调用链数据。但是如果直接将数据上报给 Elasticsearch，就需要使用 Elasticsearch 的聚合查询功能来获取调用链列表、指标数据等。Elasticsearch 将聚合分为 3 种类型：指标聚合，如根据字段的值统计总数或平均数；桶聚合，根据字段的值、范围或其他标准将文档分组到桶中；管道聚合，将其他聚合结果作为数据源进行聚合。调用链场景主要使用指标聚合和桶聚合，指标聚合主要用于计算调用链中的各种指标，如请求的平均响应耗时、最大请求耗时和请求量统计等，桶聚合主要用于计算频次最高的请求和调用链列表等。

Elasticsearch 在建立索引时会同时建立倒排索引和正排索引，倒排索引用来执行检索操作时使用，正排索引用来执行排序、聚合和过滤等操作时使用。

以调用链聚合为例，用 Terms 进行聚合查询时，Elasticsearch 的协调节点收到聚合请求，并将请求拆分到每个分片中进行处理，先在每个分片中根据所有段的局部映射表建立一份全局映射表，再在每个分片中根据查询条件获取满足条件的数据并根据统计字段将值放入不同的分桶中，每个分片根据请求设置的桶数量返回对应数量的分桶数据给协调节点，最后协调节点根据所有分片的聚合数据进行全局聚合，将请求结果返回给客户端。在这个过程中，如果分桶字段唯一值的个数越多，就会导致构建需要的内存越多，构建的时间也会越长。

在进行 Terms 聚合时有两种模式：深度优先和广度优先。Elasticsearch 默认采用深度优先模式。这两种模式的性能差别主要体现在多层聚合的场景下，深度优先和广度优先采用不同的遍历算法。

下面通过一个简单的场景来解释深度优先和广度优先的区别。假设有一个电影的数据集，每个数据有参演的演员，现在需要获取出演次数最多的 10 个演员，以及与他们合作最多的 5 个演员。这个场景最后的输出就是 10 个演员的名字，以及与他们合作最多的 5 个演员的名字，一共 60 个演员的名字。

深度优先是先构建完整的树，再修剪无用的节点。首先，聚合出所有演员的桶，也就是需要有所有演员数量的桶；然后，在每个演员的桶下聚合合作演员的桶，并在这些桶中获取需要的数据，这个过程会产生 n^2 个桶，如图 4-30 所示。如果有上亿个数据，聚合分组的数据就会非常多。

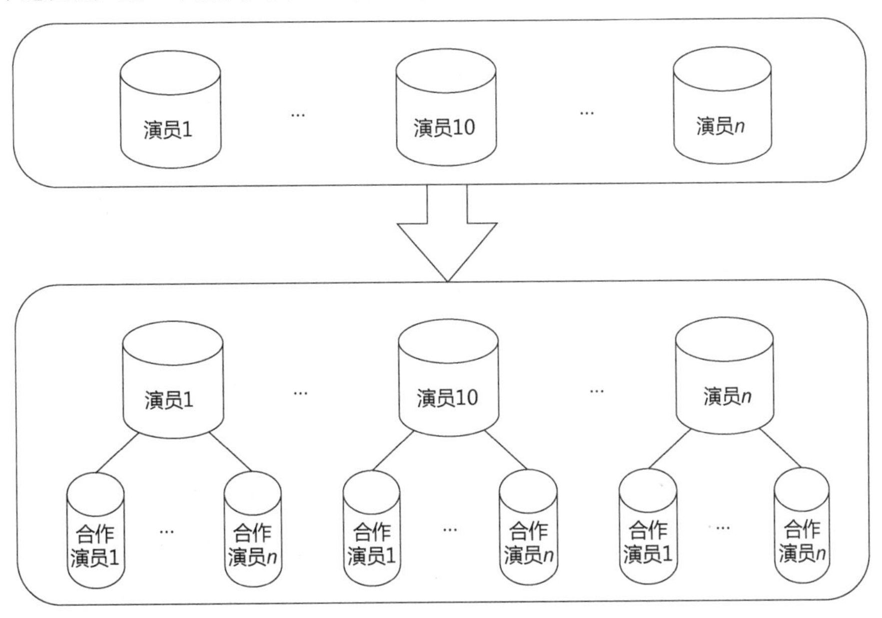

图 4-30

广度优先则在第一层聚合之后先做裁剪，再执行下一层聚合。因此，在第一层聚合并裁剪之后，就只剩 10 个演员的桶，在第二层聚合这 10 个演员的合作演员的桶。如图 4-31 所示，在第一层聚合之后，会裁剪 n-10 个桶。演员的数量越多，在第三层聚合合作演员的桶时减少的数量就越大。

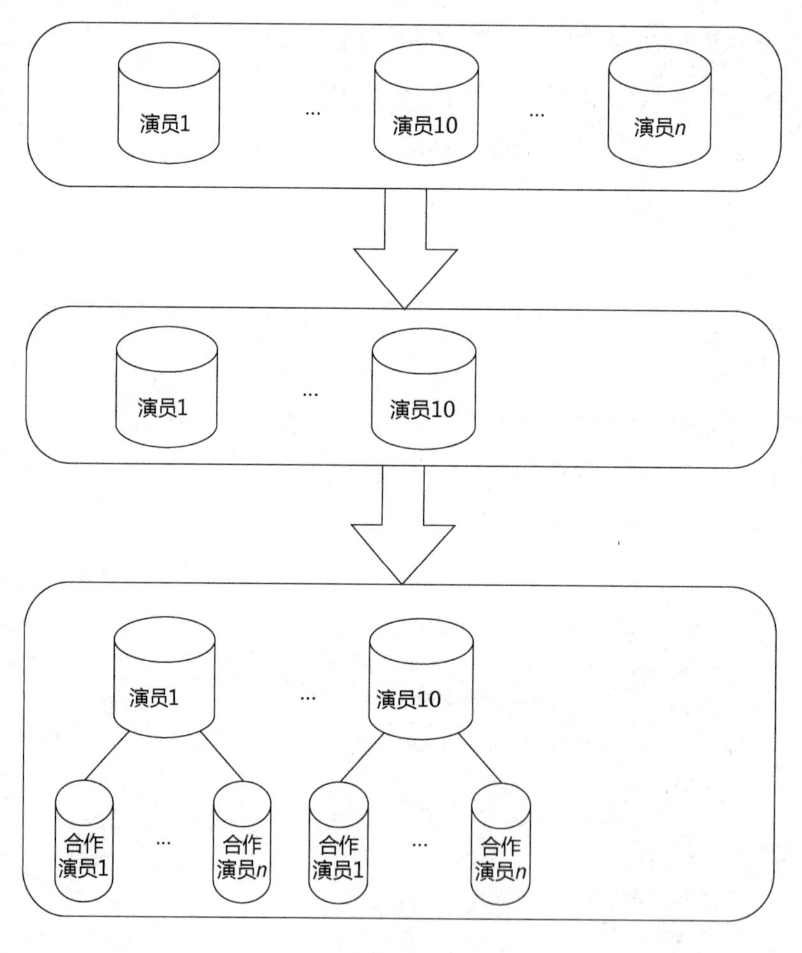

图 4-31

广度优先仅适用于每个组的聚合数量远远小于当前总组数的情况，因为广度优先会在内存中缓存裁剪后的仅需要缓存的每个组的所有数据，以便它的子聚合分组查询可以复用上一级聚合的数据。如果每个分组中的文档数太多，就会占用大量内存，这也是默认采用深度优先的原因。

本节的实战架构如下：通过 OpenTelemetry 将采集的调用链数据、日志数据和指标数据上报到 APM Server 中，由 APM Server 将数据上报给 Elasticsearch。在 Kibana 页面中分别使用简单查询语句和聚合查询语句直接查询调用链的索引，获取在不同数据量下 Elasticsearch 查询的性能，并测试在不同数据规模下 Elasticsearch 查询和聚合的请求耗时。本次实战使用的是 Elasticsearch 8.4.1，单节点的配置为 4 核 8GB。

本次实战的环境搭建可参考 2.2.2 节中开源 Elastic Stack 的实战部分，此处不再赘述。本节重点介绍实战性能问题。

本次实战使用的聚合查询语句如下所示（查询 1000 条调用链的聚合数据）：

```
GET .ds-traces-apm-default-2022.10.23-000012/_search
{
  "size": 0,
  "aggs": {
    "traceid": {
      "terms": {
        "field": "trace.id",
        "size": 1000
      }
    }
  }
}
```

本次实战使用的简单查询语句如下（查询 1000 条调用链数据，span.id 通过应用日志获取选择时间范围内的随机数据）：

```
GET .ds-traces-apm-default-2022.10.23-000012/_search
{
  "query": {"bool": {"filter": [
    {"terms": {
      "span.id": ["xxxxxxxxx"]
    }}
  ]}}
}
```

在对调用链的聚合使用 Terms 进行查询时，由于当前只有一层聚合，因此默认使用深度优先。在测试数据构建上，使用脚本对服务进行压测，这样可以快速写入数据。构建 8 个结构完全相同、分片数为 1、大小不同的索引，得到的测试数据如表 4-3 所示。

表 4-3

索引大小	文档数/个	Terms 聚合耗时/毫秒	Terms 查询耗时/毫秒
42.5MB	146 994	33	1
646.5MB	2 374 283	366	71
1.5GB	5 675 709	1066	157
3GB	11 299 449	2270	116
6.3GB	23 995 642	5163	330
7.4GB	28 183 083	5895	148
9.1GB	34 475 406	7621	196
10.5GB	39 915 746	8411	296
13GB	49 034 643	10 649	192

根据原始数据绘制的图如图 4-32 所示，可以看出，数据越多，聚合查询的效率越低，当数据超过 13GB 时，查询耗时超过 10 秒，这个查询效率对于在页面做数据查询来说是不可接受的，所以不能直接使用聚合查询在 Elasticsearch 的链路数据上对调用链列表做聚合。而使用 Elasticsearch 的查询效率非常高，当查询某条调用链时，花费的时间也在 0.2 秒左右。Elasticsearch 通常建议分片的大小为 50GB，这对于简单查询来说性能足以支撑。但如果存在像本次实战中的这种聚合查询，分片大小超过 6GB，查询耗时超过 5 秒，页面响应时间通常需要控制在 5 秒以内。在不同的业务场景下索引预设的分片大小，最好通过实际测试来合理设置。

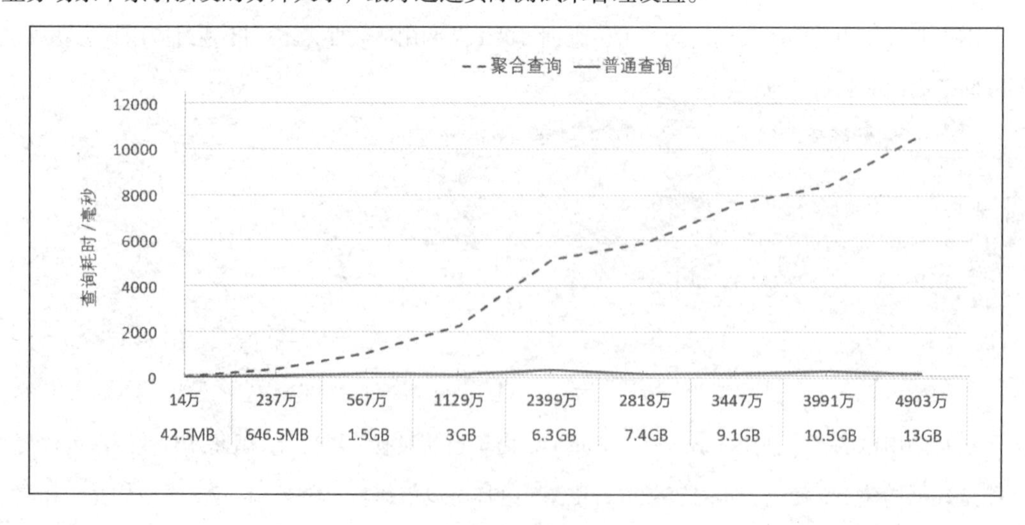

图 4-32

4.3　链路追踪系统实战场景

链路追踪涉及的场景非常多，尤其是在调用链为日均百亿级的情况下，系统压力很大。下面结合笔者在链路追踪系统方面的经验进行分析。

4.3.1　实战一：头采、尾采、单元采样的区别与技术难点

在高并发的大型分布式系统中，使用链路追踪系统全量追踪调用情况会产生大量的数据，而这些链路数据大部分是使用不到的，不仅浪费了大量的系统资源，还会影响系统性能。先使用 Spring Cloud Sleuth 采集链路数据，再将链路数据上报到 Zipkin Server 的场景下进行压测，压测结果是服务 QPS（Queries-Per-Second，服务每秒处理的请求数）的数据，如表 4-4 所示。当采样率为 0.1 时，对系统性能几乎没有影响。当采样率为 1（即全部采集上报）时，会损耗 16%左右的性能，这个损耗率在系统压力比较大时会产生很大的影响。

表 4-4

序号	不用调用链	采样率为 1	采样率为 0.1
1	13 478.87	10 665.80	12 220.81
2	21 100.17	17 329.68	20 376.48
3	20 517.43	17 504.88	19 978.58
4	20 667.23	17 668.56	21 334.71
5	20 334.41	17 638.75	21 505.34
6	20 369.16	17 807.26	21 001.30
7	21 800.61	17 632.78	20 989.77
8	21 329.71	17 544.00	21 358.42
9	20 908.01	17 596.32	21 190.90
10	21 254.73	17 692.42	21 042.44
平均值	20 176.033	16 908.045	20 099.875

为了避免影响系统性能，以及节省资源，对链路追踪系统进行采样是非常有必要的。采样技术主要分为 3 种类型：基于头部的连贯采样、基于尾部的连贯采样和单元采样。

1. 基于头部的连贯采样

基于头部的连贯采样（以下简称“头采”）是在业务采集侧决定该链路是否采样，并且为了采样的连贯性，每条调用链都是在链路的起始服务就决定了是否需要采样。这种采样算法对每个请求基本上都有平等的抽样概率。例如，Spring Cloud Sleuth 中采用的是头采，在生成调用链时就决定了这条链路最终是否会被采样。

头采的优点是实现简单。例如，在 Spring Cloud Sleuth 中，默认有两种采样算法是基于头采实现的，分别是 ProbabilityBasedSampler 和 RateLimitingSampler。其中，ProbabilityBasedSampler 通过采样率百分数的方式进行采样，RateLimitingSampler 通过配置每秒采集的最大请求量进行采样。在起始服务生成调用信息时就已经决定了这条链路是否最终被采样，在后续的服务中根据是否采样的标识判断即可。使用头采可以减少上报的数据，极大地降低了对应用的性能损耗。

头采的缺点也十分明显，在分布式系统中，一个请求往往要经过几个甚至几十个服务，起始服务生成调用链数据时不知道后续服务是否存在异常。另外，使用头采会使一些异常调用的数据在起始服务中就可以决定该链路不采样而被丢弃。

2. 基于尾部的连贯采样

基于尾部的连贯采样（以下简称“尾采”）的每条调用链都是在调用完成后，在服务端根据规则决定这条调用链是否需要被采样，所以需要将链路信息进行缓存，在决定是否采样之后才存储数据或丢弃数据，以保证数据的连贯性。这种采样算法可以利用一些规则对链路数据进行采样，如请求慢的或错误请求链路数据更有价值，在采样过程中可以偏重采集这些更具有价值的数据，使最终采集上报的数据更具有使用价值。

尾采的优点是当调用完成后根据调用链的耗时、状态等决定是否被采样，这样采集的就是一条连贯的链路。例如，在调用链中，对所有耗时大于 10 秒的数据进行采样，这样就能保留所有耗时较长的异常数据，从而根据这些数据分析系统中耗时异常的情况和根因。又如，在调用链中，对所有错误的调用链进行采样，这样就可以保留所有调用发生错误的调用链现场数据，用于分析错误原因。

尾采的缺点也显而易见，需要将调用链数据上报到服务端才能决定是否采样，对于应用侧的性能损耗并不能减少，同时在高并发的压力下还会增加服务端采样计算的难度，但是这样能节省服务端存储组件的资源。

3. 单元采样

单元采样是一种非连贯的采样机制，每条调用链分别由每个 Span 的服务决定其数据是否采样上报。这种采样机制由每个服务决定自身的链路采样情况，因此上报的链路数据不完整。由于单元采样和头采都是在业务采集侧决定是否采集该链路，因此单元采样兼具头采的优点，可以降低链路组件对应用的性能损耗，同时可以根据当前服务链路的情况决定是否上报该 Span 的链路数据。另外，系统中 99%的链路是没有价值的，采用单元采样可以根据链路情况上报有价值的数据。

单元采样的缺点是上报的链路数据不完整，通常只有当前异常的这一个或几个 Span 的链路数据。例如，对于慢调用的采样，只有当前链路中耗时超过了慢调用阈值的 Span 才会被采样，并不会对整个链路中的所有 Span 进行采样。

4. 主流链路追踪系统中的采样方式

下面介绍 3 个主流链路追踪系统中使用的采样方式。

（1）Spring Cloud Sleuth

Spring Cloud Sleuth 支持头采和单元采样。除了 ProbabilityBasedSampler 和 RateLimitingSampler，Spring Cloud Sleuth 底层的 Brave 包中还有 SamplerFunction 接口和 SpanHandler 接口。通过对这两个接口进行扩展，Spring Cloud Sleuth 的应用可以支持单元采样。例如，在 SpanHandler 的扩展接口中，可以在调用结束时对该 Span 的耗时进行判断，若超过一定的耗时，则对该数据进行采样，反之则不进行采样，具体的代码如下所示：

```
public class TimeSpanHandler extends SpanHandler {

   @Override
   public boolean begin(TraceContext context, MutableSpan span, @Nullable TraceContext
parent) {
      return true;
   }

   @Override
   public boolean end(TraceContext context, MutableSpan span, Cause cause) {
```

```
    if (span.finishTimestamp() - span.startTimestamp() > 10000){
      return true;
    }
    return false;
  }
}
```

（2）OpenTelemetry

OpenTelemetry 支持头采和尾采，具体的使用方式有两种：一种是使用采集侧的 SDK，在 SDK 中只支持头采，配置比较简单，直接配置采样的百分数进行采样；另一种是使用采集器 Collector，在 Collector 中同时支持头采和尾采，头采支持通过在 Span 中配置语义来确定该 Span 是否采样，以及支持对 TraceID 的哈希值进行百分数采样，尾采则提供了丰富的采样策略，并且这些策略可以搭配使用。常见的策略如下。

- always_sample（全部采样的策略）：对所有的数据进行采样。
- Latency（根据链路的延迟数据采样的策略）：基于调用链当前持续时间的样本。持续时间是通过查看最早的开始时间和最晚的结束时间来确定的，而不考虑这两者之间发生了什么。
- numeric_attribute（根据数值的采样策略）：通过指定数值属性和值的范围来采样。
- Probabilistic（根据百分数的采样策略）：根据采样数量百分数抽样来采样。
- status_code：基于调用链跨度的状态码来采样。
- string_attribute（根据字符串属性的采样策略）：通过指定字符串属性和值来采样，支持正则匹配和模糊匹配。
- trace_state：基于调用链的状态来采样。
- rate_limiting：基于限流的采样策略，超过限制采样数则不采样。
- span_count（根据调用链的 Span 数量的采样策略）：配置最小采样的 Span 数量阈值，如果数量小于阈值就不采样。

（3）SkyWalking

SkyWalking 支持头采和尾采。在 Agent 中支持头采，并配置简单的百分数采样。在 Collector

中支持基于尾采，在 agent-analyzer 模块中 traceSamplingPolicySettingsFile 指定了采样配置文件。通过启用配置 forceSampleErrorSegment，可以在采样机制被激活时保存所有错误的调用信息，忽略采样率。通过配置 duration.rate 可以设置此后端的抽样速率。这里配置的采样率精度为 1/10 000，10 000 默认为 100%样本。如果后端为集群，那么集群中的每个实例需要配置一样的抽样速率，否则会丢失一定的数据。通过配置 default.duration 可以在采样机制被激活时保存所有慢调用链的信息，这个配置的单位是毫秒。在延迟上设置这个阈值将导致即使激活了采样机制，如果使用了更多的时间，也会对调用缓慢的信息进行采样。default.duration 的默认值是-1，这意味着不采集慢调用的信息。

大部分系统采用尾采，这样在开启采样率时不仅可以极大地降低存储容量，还可以保证异常调用的调用链是完整的，如错误调用或慢调用。但是采用尾采会导致需要接入层对数据进行采样分析，同时由于调用链数据是从不同的业务应用采集上报的，因此需要对先上报的数据进行缓存，否则无法判断这条链路是否需要采集，对接入层的性能要求比较高。采用单元采样不仅能通过采样率减少存储容量，还可以减小对接入层的压力，但是会丢失异常数据完整的调用链信息，这就需要根据业务的实际需要进行一定的取舍。

4.3.2　实战二：在万亿级调用量下应如何自适应采样

结合 4.3.1 节的场景可以发现，不同的采样方案适合不同的业务场景，但是业务场景并不是一成不变的。高并发分布式系统中通常会运行成百上千个微服务，每个微服务又有几个到几百个不等的服务实例，在这样一个系统中，不同的服务的调用量和业务要求对于采样的需求是不一样的。因此，在这样的场景下设置合理的采样策略就十分重要，既要节省有限的系统资源，又要保留系统中异常的调用数据，以便后续支持系统排除故障和优化。本节主要介绍几种常见的采样策略，以及不同场景下的采样需求，以制定自适应采样方案。

4.3.1 节介绍了 3 种采样机制：头采、尾采和单元采样。头采大多采用百分数的采样策略；单元采样比较复杂，会导致采集的数据只有一小段；尾采具有非常丰富的采样策略。实际上，常见的采样策略包括以下 5 种。

- 百分数采样：根据设置的百分数采样，根据随机算法抽取数据。
- 限流采样：根据限制的数量采样，若超过限制的数量则不采样。

- 状态采样：根据调用链的状态采样，只对指定状态的调用链进行采样，如错误的调用链。
- 延迟采样：根据调用链的耗时采样，只对超过耗时阈值的调用链进行采样，如慢调用。
- 染色采样：根据调用链设置的 Tag 采样，只对包含指定 Tag 和其对应值的调用链进行采样，如灰度发布时的调用链。

在不同的场景下，对系统有不同的采样需求。下面介绍 4 种场景。

1. 降低系统性能损耗

在系统上线初期需要对系统进行大量的采样，以了解系统的运行情况。可以通过提高采样率来增加采样数据，但当系统处于稳定运行期时可以降低采样率。由于通过压测数据可以直观地看到对业务进行调用链采集会有一定的性能损耗，因此通过采用头采，在业务埋点处降低采样率可以极大地降低性能损耗。

2. 对错误调用链路的全量采集

错误调用在系统中可能是偶然出现的。将错误调用的数据保留下来，对错误进行分析，发现系统存在的问题非常重要。基于尾采设置对错误调用链路的全量采集可以保留带有错误调用的完整链路，但是如果在客户端设置对错误调用链路的全量采集，就可以采用单元采样设置这种策略。

3. 对慢调用的全量采集

慢调用，如 SQL 查询，保留链路调用的信息对性能瓶颈分析具有很大的作用。设置慢调用的全量采集同样可以选择尾采和单元采样两种类型，基于尾采可以在服务端将包含慢调用的链路完整保留，而基于单元采样只保留这一段的调用信息。

4. 对特殊请求的全量采集

在灰度发布或重大功能发布的场景下，所有的请求数据都非常重要，因此需要全量保留这些数据。这类场景下的全量采集可以使用染色采样，因为这种策略基于尾采或头采都可以完整地保留调用链。

在系统运行时，通常同时存在上面所有场景的采样需求，设置单一固定的采样策略无法很好地应对系统中的变化，因此需要对多种采样策略进行组合配置，当系统面对不同的场景时自动采用不同的采样策略。

自适应采样的思想可以追溯到 *Dapper, a Large-Scale Distributed Systems Tracing Infrastructure*，该论文中关于链路追踪系统对业务应用的损耗主要分为 3 种：链路组件在埋点处生成调用信息的性能损耗、链路组件采集调用信息的性能损耗、链路组件上报调用信息的性能损耗。其中，生成调用信息的性能损耗最大且无法避免，只可以通过调整头采策略来降低性能损耗。

在高并发的应用中，降低采样率可以降低性能损耗，在调用足够多的情况下，低采样率也不妨碍采集到足够体现系统真实情况的数据。在低吞吐量的应用中，可能会错过重要的链路信息，并且由于应用本身的吞吐量低，即使全量采样对系统来说负担也不大，因此自适应采样通常基于应用的 QPS 来设置。

基于 QPS 的自适应采样结合错误调用全量采样、慢调用全量采样、特殊请求全量采样来设计，需要预先设置以下采样参数。

- 采样最小阈值：在 QPS 小于 QPS 设定的最小阈值的情况下，采样率为 100%，对低吞吐量的应用的链路进行全量采样。例如，将最小 QPS 设置为 100，每秒收到的请求数小于 100 的应用产生的链路信息会被全部采样。
- 采样最大阈值：在 QPS 大于阈值的情况下，当超过最大阈值时，采样率为 0，即在高并发场景下，超过一定数量的请求直接不采样，消除链路组件对应用性能的影响，使系统资源全部用于保障业务的稳定运行。例如，将最大 QPS 设置成 10 000，则每秒请求数大于 10 000 的应用在超过 10 000 之后的调用信息将全部丢弃。
- 采样百分数：在 QPS 大于最小阈值且小于最大阈值的情况下，采样率为设置的百分数。例如，将采样百分数设置为 10%，采样 QPS 最小阈值为 100，采样 QPS 最大阈值为 10 000，该应用最大采样数为 10 000×10%，最小采样数为 10。
- 慢调用阈值：在配置了慢调用阈值的情况下，无论采样的 QPS 阈值和采样百分数设置为多少，都会对超过慢调用阈值的链路信息进行采样。如果慢调用阈值为 10 秒，那么超过 10 秒的调用链都会被采样。
- 错误回溯采样：在启用错误回溯采样的情况下，无论采样的 QPS 阈值和采样百分数设置为多少，都会对错误的调用链路进行采样。错误回溯采样并不完全是单元采样，而是可以在产生错误的服务的上游同时感知到该错误，并对上游的链路也进行采样。

- 染色采样 Tag：在配置了染色采样 Tag 的情况下，无论采样的 QPS 阈值和采样百分数设置为多少，都对带有该 Tag 的链路进行采样。

这样的自适应采样方案可以通过头采和单元采样的组合来实现，也可以通过尾采来实现。当前的大部分系统采用尾采来实现，虽然可以在慢调用或错误调用采样时保留完整的链路信息，但是无法降低应用侧的性能损耗，只能降低后端存储组件的资源消耗。通过头采和单元采样进行组合实现，虽然在慢调用和错误调用采样时只采集部分链路数据，但是可以最大限度地降低对应用性能的损耗，并且由于保留了部分链路数据，因此可以将保留的链路数据通过链路和日志的关联或其他一些信息来还原整条链路。

关于采样百分数的确定，很多系统采用目标采样数的方案，这样可以保证当前系统的采样数始终是一个合理的数值。但是，目标采样数具有滞后性，需要通过计算前一个时间间隔的 QPS 来获得当前时间间隔的采样数，因此这里简化了采样百分数的设计。当 QPS 大于采样最小阈值且小于采样最大阈值时，使用固定的采样百分数。由于采样百分数是固定的，因此不需要在系统启动时设置预热时期的默认采样阈值。

对于随机采样算法，还需要考虑的是不同接口在同一个应用中的流量差异。完全随机采样可能会导致小流量的接口一直没有被采样，所以在设置采样算法时可能还需要考虑不同接口的权重。

4.3.3 实战三：陈旧系统如何接入全链路追踪系统

很多系统在应用搭建初期并没有接入链路追踪系统，有些系统是多年前的，当时可能没有采用微服务设计，但是随着业务的发展，系统逐渐变得庞大和复杂。另外，在有的系统中，存在不同服务使用不同的开发语言、不同的基础框架的情况。在这些现有系统变得越来越复杂之后，引入链路追踪来观测整个系统的运行情况就变得越来越重要。

对于陈旧系统，在不修改代码又要以低成本接入链路追踪系统的场景下，进行数据采集非常困难。需要先了解当前系统中的语言和框架的使用情况，以及需要接入链路追踪系统的组件和其对应的版本，再根据当前市场上链路追踪系统对语言、框架和组件的支持情况进行系统选型。

可以将链路追踪系统分为如下 3 类。

1. 通过 SDK 进行数据采集

通过 SDK 进行数据采集对代码有入侵性，需要在应用中引入相应的 SDK，并且重新打包和发布。这种方式对于陈旧系统来说十分不友好，和陈旧系统的组件版本也可能存在兼容性问题，应用重新打包再发布，对于已经稳定运行且无须变更的业务应用来说风险较大。例如，Spring Cloud Sleuth，除非本身是 Spring Cloud 生态的应用，否则不建议在陈旧系统中使用这种方式。

2. 通过 Agent 进行数据采集

通过 Agent 进行数据采集对代码没有入侵性，需要在启动应用时带上 Agent，并配置相应的环境变量用于相关参数的配置。这种方式对于陈旧系统来说比较友好，不需要重新对应用打包和发布，只需要重新启动一次应用即可。例如，SkyWalking、OpenTelemetry 都支持在 Java 应用上通过 Agent 进行数据采集，这两个 Agent 组件都提供对大多数组件的调用链埋点支持。

3. 通过 Sidecar 进行数据采集

在服务网格部署的应用中，由于会使用 Sidecar 来代理业务应用的流量，因此服务网格中的链路可以通过 Sidecar 来感知。这种方式对于业务来说是无感知的，是完全在 Sidecar 上做的能力增强。对于使用网格部署的陈旧系统来说，这种方式是最方便快捷的，对业务十分友好，甚至不需要重启应用。例如，在 Istio 中就是通过 Envoy 来代理业务应用的流量的，从而实现链路追踪功能。

这里只对常见的开源采集组件进行比较，因为陈旧系统接入调用链主要考虑在业务应用上做数据采集，服务端完全可以新建一套系统，不必考虑和陈旧系统的兼容性问题。当前常见的开源链路采集系统有 OpenTelemetry、SkyWalking、Spring Cloud Sleuth、Jaeger 和 Zipkin 等。其中，从 Jaeger 1.35 开始，Jaeger 官方就建议使用 OpenTelemetry 的 SDK 或 Agent 来采集数据。由于 Jaeger 后端支持原生 OpenTelemetry 协议 OTLP 上报数据，因此对采集方案进行对比分析就不必加入 Jaeger。Spring Cloud Sleuth 集成了 Zipkin，并在此基础上增强，所以下面的对比分析也必不加入 Zipkin。

下面通过数据协议、语言支持、组件或框架支持、采集方式、采集的颗粒度、数据上报方式、组件的扩展性这几个维度来对比采集方案 OpenTelemetry、SkyWalking 和 Spring Cloud Sleuth 的差异，同时通过在相同服务器性能的条件下对应用进行压测来获取 3 个链路采集方案在性能上的表现对比。

（1）数据协议

- OpenTelemetry：OpenTelemetry 官方的协议称为 OpenTelemetry Protocol，简称 OTLP，在输出时也支持将 Zipkin、Jaeger 等协议上报给对应的后端，或者将 Zipkin、Jaeger 等采集端上报给 OpenTelemetry Collector。
- SkyWalking：SkyWalking 遵循 OpenTracing 规范，但在其基础上封装了一个 Segment，一个 Segment 包括单个 OS 进程中每个请求的所有 Span（OS 进程通常是一个基于语言的单一线程）。
- Spring Cloud Sleuth：底层实现为 Zipkin，遵循 OpenTracing 规范。

（2）语言支持

- OpenTelemetry：支持的语言包括 Java、Go、Python、JavaScript、C++、.NET、Erlang、PHP、Ruby、Rust 和 Swift。
- SkyWalking：支持的语言包括 Java、Python、LUA、Kong、JavaScript、Rust 和 PHP。
- Spring Cloud Sleuth：仅支持 Java。

（3）组件或框架支持

- OpenTelemetry：支持 MySQL、Redis、Kafka、Spring Framework、Dubbo 和 Netty 等几乎所有场景下的组件或框架。
- SkyWalking：支持 MySQL、Redis、Kafka、Spring Framework、Dubbo 和 Netty 等几乎所有场景下的组件或框架。
- Spring Cloud Sleuth：支持基于 Spring Cloud 框架开发的应用，以及 MySQL、Redis、Kafka、Netty 等常见组件。

（4）采集方式

- OpenTelemetry：通过 SDK 或 Agent 方式采集数据。
- SkyWalking：通过 SDK 或 Agent 方式采集数据。
- Spring Cloud Sleuth：通过 SDK 方式采集数据。

（5）采集的颗粒度

- OpenTelemetry：支持接口级埋点。
- SkyWalking：支持接口级埋点。
- Spring Cloud Sleuth：不支持接口级埋点。

（6）数据上报方式

- OpenTelemetry：官方客户端不仅支持以 HTTP 方式将数据上报给 OpenTelemetry Collector，还支持 Zipkin、Jaeger 等客户端上报。
- SkyWalking：官方客户端不仅支持以 gRPC 方式将数据上报给 SkyWalking Server，还支持 Zipkin 协议的客户端上报。
- Spring Cloud Sleuth：支持以 HTTP 方式将数据上报给 Zipkin Server。

（7）组件的扩展性

- OpenTelemetry：扩展性强，Agent 除了通过提供的配置来使用，还可以直接通过添加扩展包来自定义特性或覆盖源代码特性，不需要修改源代码，也可以通过 SDK 方式手动埋点。
- SkyWalking：扩展性较强，可以自己扩展插件包来支持更多的组件，也可以通过 SDK 方式手动埋点。
- Spring Cloud Sleuth：扩展性弱，对于自定义扩展需要修改 SDK。

在同样的硬件条件下，OpenTelemetry 使用官方 Java Agent 采集数据，通过 HTTP 方式将数据上报给 Zipkin Server，Spring Cloud Sleuth 同样通过 HTTP 方式将数据上报给 Zipkin Server，SkyWalking 使用官方 Java Agent 采集数据并通过 gRPC 方式将数据上报给 SkyWalking Server。性能测试的数据如表 4-5 所示，其中 P50、P75、P95 和 P99 分别表示请求耗时的 50 分位数、75 分位数、95 分位数和 99 分位数。

表 4-5

指标	OpenTelemetry	Spring Cloud Sleuth	SkyWalking
采样率	100%	100%	100%
线程数/个	10	10	10

续表

指标	OpenTelemetry	Spring Cloud Sleuth	SkyWalking
请求总数/个	100 000	100 000	100 000
每秒请求数/秒	6267.06	5883.37	6392.10
平均请求时间/秒	0.159	0.170	0.156
最大请求时间/个	17	85	21
P50/秒	1	2	1
P75/秒	2	2	2
P95/秒	2	2	2
P99/秒	4	7	4

Spring Cloud Sleuth 在性能、扩展性上都不太理想；SkyWalking 虽然在压测上的表现略好于 OpenTelemetry，但是 OpenTelemetry 目前得到开源社区的支持，处于高速发展的阶段；OpenTelemetry 的扩展性最好，但对于陈旧系统来说，有些需要兼容的特性比较容易扩展支持。

第 5 章

指标系统实战

从计算机系统诞生开始，就有了指标监控，而构建完善的指标系统对于了解系统运行状态、保障系统健康运行具有至关重要的意义。本章通过指标数据模型对业界场景的指标监控产品进行实战分析，并对笔者在海量指标系统中所遇到的实际问题进行分析，以帮助读者搭建自己的指标系统。

5.1 指标采集模型的设计

指标采集模型的设计是整个指标系统中最重要的环节，是搭建指标系统的基础。只有合理地设计并应用指标模型，才能发挥指标系统的作用。本节将从不同的维度介绍指标数据的分类和语义规范。

5.1.1 指标数据的分类

广义上的指标是说明总体数量特征的概念及其数值的综合，故又称为综合指标。在实际的统计工作和理论研究中，往往直接将说明总体数量特征的概念称为指标。一个完整的指标一般由指标名称和指标数值两部分组成，体现了事物质的规定性和量的规定性两方面特点。

在可观测系统中，指标是必不可少的基础数据，是量化评估的标准。当前云原生架构的复杂度意味着系统中存在海量的指标数据。下面介绍云原生系统中的指标数据的分类。

云原生系统大致分为 5 层，这 5 层就是系统指标的来源。根据不同层次的业务形态可以将指标分为 5 个业务维度：云和基础设施指标、系统和容器指标、中间件指标、业务框架指标、业务指标。

（1）云和基础设施指标。云和基础设施包括硬件设备、网络设备和安全设备。硬件设备包括机房、供电设备和服务器等，网络设备包括路由器、网络交换机和负载均衡设备等，安全设备包括防火墙和病毒防护等。目前，大多数系统部署在云上，基础设施这些服务指标对于大多数应用系统来说都是不可见的，建立在云上的可观测系统也无法采集这部分数据，通常这部分设施的维护由云服务厂商提供。

（2）系统和容器指标。系统和容器指标包括应用运行的系统环境和容器环境。目前，大部分云上的应用都使用容器部署，容器化也是云原生的一个关键要素。容器化的主要优点就是部署方便，资源的利用率高，可移植性强。容器化的缺点是增加了系统的复杂度。对于使用者来说，容器是一个黑盒，当某些容器本身出现问题时，需要与容器相关的人员协助解决。随着集群规模的扩大，容器的数量越来越多，如何快速了解容器集群的运行状态和健康状态就成了一项挑战。在可观测系统中，通过了解容器的相关指标能快速了解容器集群的健康情况。

（3）中间件指标。中间件指标包括系统中所有使用到的中间件，如常见的数据库 MySQL 和 Redis，以及消息中间件 Kafka 和 RocketMQ 等。在大多数情况下，这些中间件由相应的团队进行维护，或者由云服务相关的团队进行维护。但是不同的业务有不同的使用场景，将中间件相关指标接入可观测系统中，有助于业务团队对其业务场景进行优化。

（4）业务框架指标。业务框架指标包括业务使用到的所有相关框架，如 Rpc 通信的监控包括 URL 请求量、请求耗时和请求错误率等，MySQL 客户端的监控包括 SQL 语句的性能监控。业务框架通常和业务应用结合在一起，需要在业务应用上对其进行监控，这部分监控和业务服务高度结合，业务团队的监控系统通常只包含这一层的部分指标。

（5）业务指标。业务指标是指具有业务含义的指标，这部分指标通常需要具体的业务研发人员进行埋点采集。例如，电商系统对订单量和支付情况的监控具有业务含义，需要根据业务量身定制。业务指标和其他指标息息相关，将业务指标接入可观测系统中，可以为业务分析、业务发展提供强有力的数据支持。

从系统状态的表现能力来看，指标可以分为延迟、流量、错误和饱和度 4 个类型，这 4 个类型的指标被称作四大黄金指标。

（1）延迟。延迟是指某个操作从发起到结束所花费的时间，既可以是用户的操作，又可以是系统自发的操作。例如，用户查询商品信息，从用户点击商品到页面展示出这个商品的信息所花费的这段时间就叫作延迟。如果延迟太大，就会造成用户点击商品后一直看不到商品信息，从而影响用户体验，导致用户没有看到信息可能就退出了这个页面，使商家失去了一次潜在的商机。

从点击商品到展示商品信息的流程大致如图 5-1 所示。可以看到，一个查看商品信息的操作至少经过了前端页面、网关服务器、业务服务器和数据库 4 种不同的组件，影响延迟的因素可能发生在任何一个组件上，所以除了对整体的延迟进行采集，还需要分别对操作中的每个组件进行采集，这样才能根据采集的延迟数据确认有问题的组件。

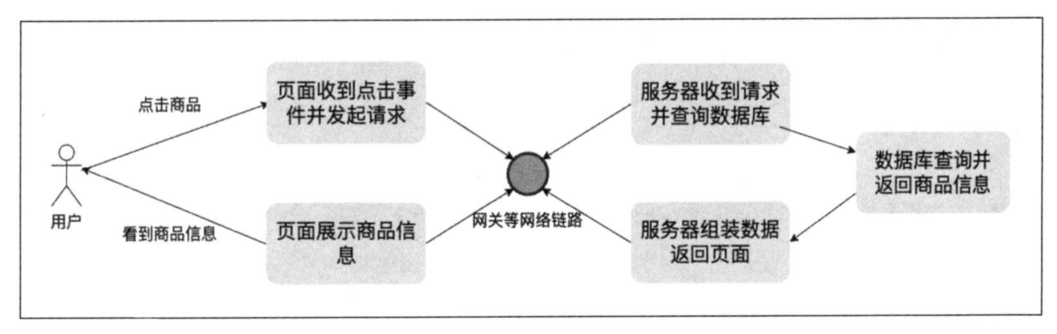

图 5-1

（2）流量。流量通常是指系统中的网络流量，包括应用服务的流量、数据库的流量和消息队列的流量等。流量通常可以用应用的 QPS 或 TPS 来体现。QPS 是指一个服务每秒能响应的请求数。TPS（Transactions Per Second，每秒事务数）是指系统每秒能处理的事务数。事务可以是一个或多个接口，每个接口可以经过不同数量的服务。

流量指标可以很好地展现当前系统面临的压力，尤其是 To C 的应用。流量具有很大的不确定性，一些突发因素可能会导致短时间内流量的极速增长，如在曝出热点新闻时，会导致微博的流量激增，甚至可能引起微博瘫痪。此外，在“双十一”等大型活动期间，流量也会有很大的变化，需要提前做好流量的预期和相应的方案来应对突发情况，才能保证系统的可用性。

流量指标可以对系统发展的预测提供有效的数据支撑。如图 5-2 所示，用户对服务 A 的使用越来越频繁，这就需要及时调整服务 A 的服务规格，也可以据此判断未来一段时间流量的增长趋势。

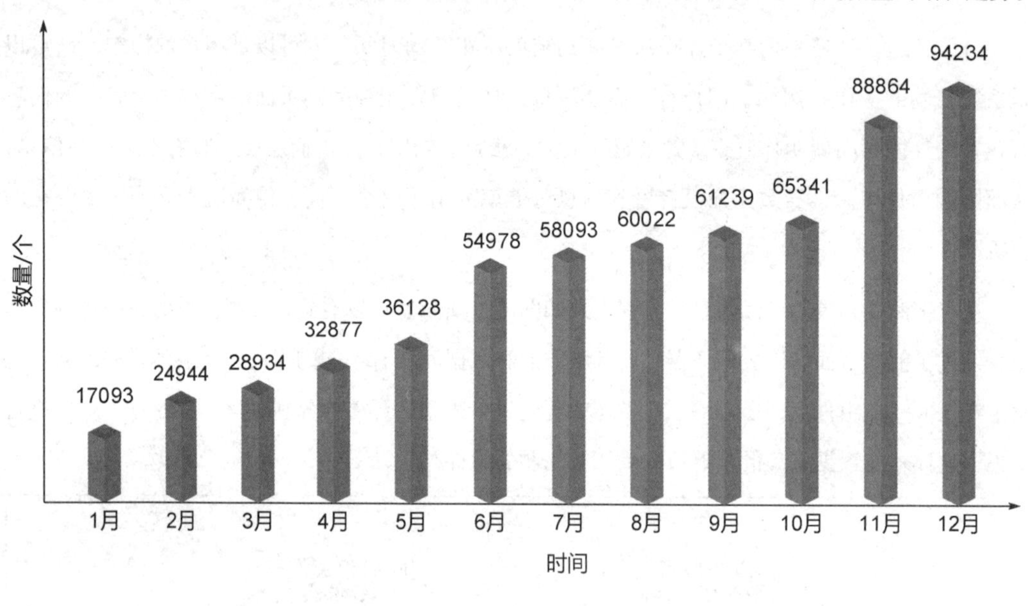

图 5-2

对于系统来说，流量是一个非常重要的指标。除了上述对于性能的重要意义，通过流量还可以了解用户的真实需求，以及用户对系统中功能的使用情况，如某项新出的功能是否得到了用户的喜爱，是否可以提高用户的留存率等。如图 5-2 所示，6 月和 11 月服务 A 的 QPS 明显提高，可能就是因为推出了某项新功能，所以用户对于服务 A 的使用大幅增加。

（3）错误。错误通常是指请求的错误情况，以及应用本身的一些错误，如一些定时任务的执行情况。追踪错误通常通过对操作执行返回结果的某个字段进行判断，如在网站请求中，对 HTTP 协议响应的状态码进行标记和统计。也可以根据业务日志进行统计分析，如在 Java 应用中对抛出异常的日志进行标记和统计，甚至可以对日志的错误等级进行标记和分析。

错误是表现系统出现问题的最直观的指标，同时会极大地影响用户的体验感。根据错误指标能直接找到错误发生的位置，进而定位产生错误的原因，以消除错误。但是错误可能是系统的其他问题导致的，因此可以通过一些措施来规避错误。例如，当请求流量达到高峰时，资源紧张可能会导致服务的响应变慢，这时可以通过服务降级策略来减少错误的发生，提高用户的体验感。

（4）饱和度。饱和度是指资源负载的情况，包括 CPU、内存、磁盘和带宽的使用情况等。系统中的资源都有自身的使用上限，这些资源负载如果饱和度太高，就会导致整个系统的性能下降，影响用户的使用，甚至导致整个系统瘫痪。上面提到的微博的案例就是突发流量导致系统饱和度太高，进而导致整个系统瘫痪。

图 5-3 所示为服务 A 和服务 B 在 1 月—5 月可承载的流量饱和度。服务 A 的流量逐月增加，5 月已经达到 88%，此时需要及时扩容以支撑日益增加的流量和用户需求，其实 4 月就已经需要及时扩容，否则极有可能在 5 月出现资源饱和度过高，进而导致整个系统的性能出现问题。服务 B 的流量一直没有太大的变化，最高峰值没有超过 40%，可以适当缩减对于服务 B 的资源投入，如减少服务 B 的实例数量或降低实例规格，以减少成本的支出。

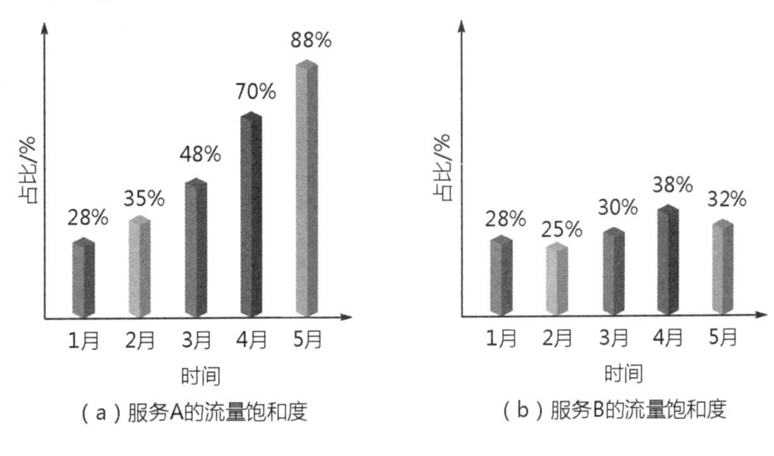

图 5-3

通过对指标在不同维度上进行分析，可以了解不同指标对不同系统的意义，并基于这些可观测性指标来了解系统运行的健康情况，同时及时发现系统存在的问题。

5.1.2 指标数据的语义规范

使用指标可以帮助用户清楚地了解系统的性能和资源的使用情况，由 5.1.1 节可知，系统的指标数据来源于不同的应用和组件，要体现可观测性数据的价值，需要将指标采集到一个平台中，从而进行统一分析和应用。因此，只有使用统一的指标数据语义规范才能实现所有数据之间的关联。

下面介绍建立指标数据语义规范的标准及如何建立指标数据的语义规范。

指标由维度、度量方式、度量值、度量时间和度量周期 5 个要素组成。维度，即指标的统计维度，代表指标的业务属性，如服务请求量，服务就是这个指标的维度；度量方式，即指标统计的计算方式，如请求量采用的是求和的计算方式；度量值，即指标根据维度和度量方式计算出来的结果；度量时间，即指标采集的时间；度量周期，即指标所计算的统计值的时间范围。

根据指标的定义，建立指标数据的语义规范需要包含如表 5-1 所示的字段。

表 5-1

字段	类型	字段含义
metrics_name	String	指标的名称
metrics_value	Double	指标的度量值
dimensions	List	指标的维度
timestamp	Long	时间戳
period	Integer	统计周期

很多团队对指标的命名都很混乱，如一个命名无法清楚地表示业务的含义，差不多的名称代表两个完全不同的业务，甚至可能出现指标重复命名的情况。因此，建立指标数据的语义规范的第一步就是指标命名，通过指标的名称表明指标的业务含义、统计方式，建立标准化的命名模式，以标识指标的唯一性和可读性。

常用的指标命名规则是“限定词+业务主题+统计对象+量化词”。限定词用来对指标进行限定约束，如当天、本月和平均等；业务主题用来描述业务处于哪个过程中；统计对象是指指标统计的对象，如用户数，用户就是统计对象；量化词就是指标值的单位，如请求数中的“数”就是量化词，请求率中的“率”也是量化词。例如，当天服务请求数，“当天”是限定词，“服务”是业务主题，“请求”是统计对象，“数”是量化词。在真实场景中可能没有限定词，如 CPU 使用率。

指标维度用来描述和限定指标的属性。可观测系统中的指标维度要具有唯一性和可读性，以避免歧义。对于指标维度来说，不同的指标可能会使用相同的维度，通过这些维度可以将不同的指标进行关联，从而打通数据之间的壁垒，对不同系统中的数据进行联动分析，了解系统真实的健康情况、潜在的问题，以及快速定位故障根因。

通过统计周期来表示指标计算的时间范围。统计周期越小，说明统计的数据时间范围越小，指标的波动情况越精确，但是需要采集的指标数据量会大幅增加。统计周期越大，说明统计的数据时间范围越大。一些异常波动的情况由于时间尺度的放大会被忽视。如图 5-4 所示，对于服务 A 的请求量，如果采用的统计周期为 1 小时，那么在 16:00 并没有发现问题，但是如果采用的统计周期为 1 分钟，如图 5-5 所示，那么在 16:04 出现一次流量激增。因此，需要根据业务的实际情况指定统计周期。

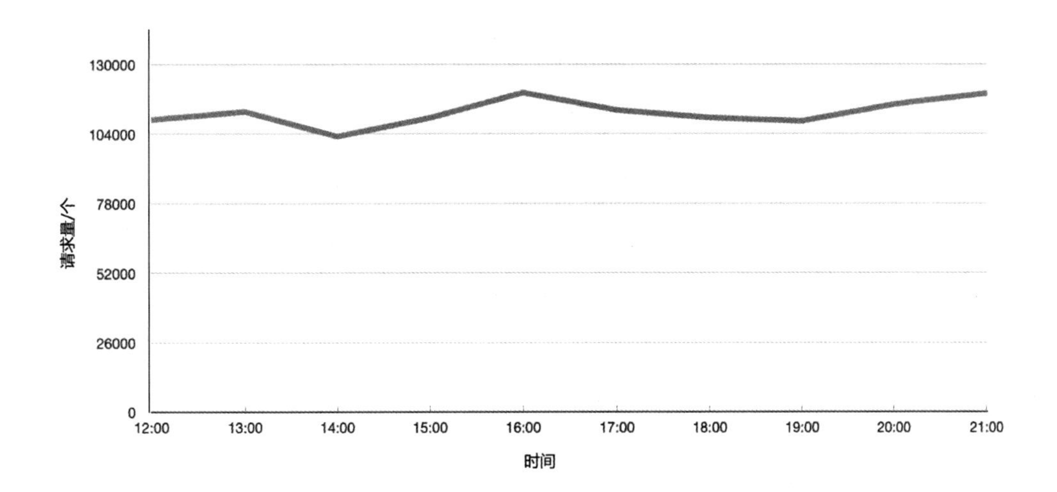

图 5-4

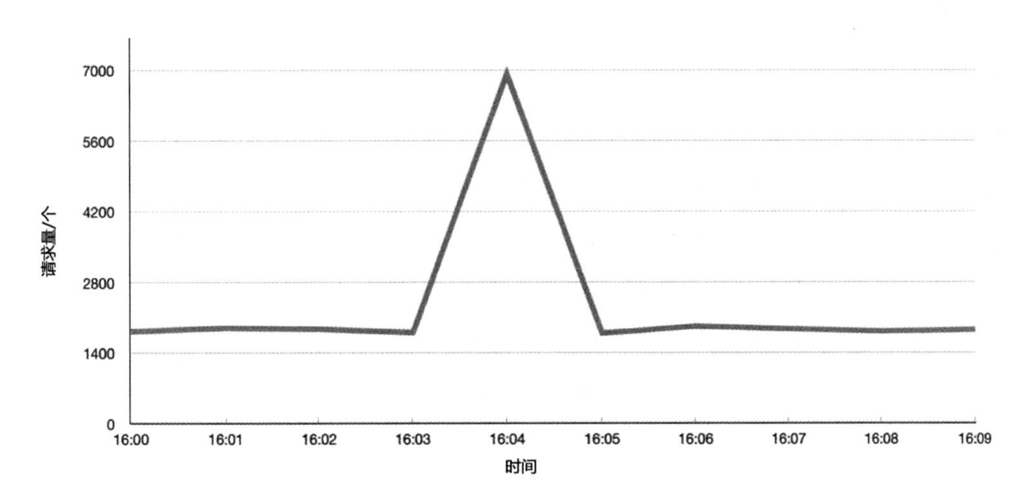

图 5-5

5.2 系统选型实战

开源社区在指标系统上有许多优秀的产品，如 OpenTelemetry、Spring 生态圈的 Spring Boot Actuator 和 eBPF。它们在指标监控领域都占有一席之地，并有各自独特的应用场景。下面进行实战分析，为读者根据自身业务场景进行系统选型提供参考。

5.2.1 OpenTelemetry 指标监控实战

OpenTelemetry 旨在提供统一的采集规范，包括概念、协议和 API，最终实现指标、链路和日志的融合。第 4 章只对 OpenTelemetry 在链路上的应用展开介绍，本节对 OpenTelemetry 在指标上的应用展开介绍，从指标的模型、采集计算的原理开始介绍，并通过实际案例带领读者使用 OpenTelemetry 采集指标数据，从而搭建指标采集系统。

OpenTelemetry 通过遥测信号对系统的各种情况进行观测和分析，其中包括遥测信号的三大数据类别，即指标、链路和日志，以及一个扩展类别 Baggage。其中，指标是可观测系统的重要组成部分，在 OpenTelemetry 中是指在服务运行时采集的指标。指标可以通过和 TraceID、SpanID 进行关联来实现与调用链之间的联动。

在 OpenTelemetry 中，用于记录原始指标的类主要是 Measure 和 Measurement。可以使用 OpenTelemetry 的 API 来记录这些指标。Measure 是描述单个值类型的库，定义了公开度量库和将这些度量值聚合为一个指标的应用之间的关系。Measure 通过名称、描述和一个值单位来标识。Measurement 的定义是 Measure 采集的单个值，是一个空的 API 接口，这个接口定义在 SDK 中。

OpenTelemetry 中指标的数据模型如图 5-6 所示，指标由指标名、指标描述、指标单位和指标数据组成。指标数据是定义的指标采集的数据，每个指标名在系统中都是唯一的，并且只统计一种指标类型的数据。指标类型包括仪表盘（Gauge）、总数（Sum）、直方图（Histogram）和摘要（Summary）等。在指标数据中，字段 points 中是具体的指标数据列表，每个具体的指标数据都有测量的指标数据值和数据维度。通常，数据维度是通过视图来配置的，可以表达这个指标数据实际的业务含义。

要了解 OpenTelemetry 指标的原理，需要先了解它的设计目标。由于当前指标采集已经有很多完善的方案，因此 OpenTelemetry 定义了 3 个工作目标。

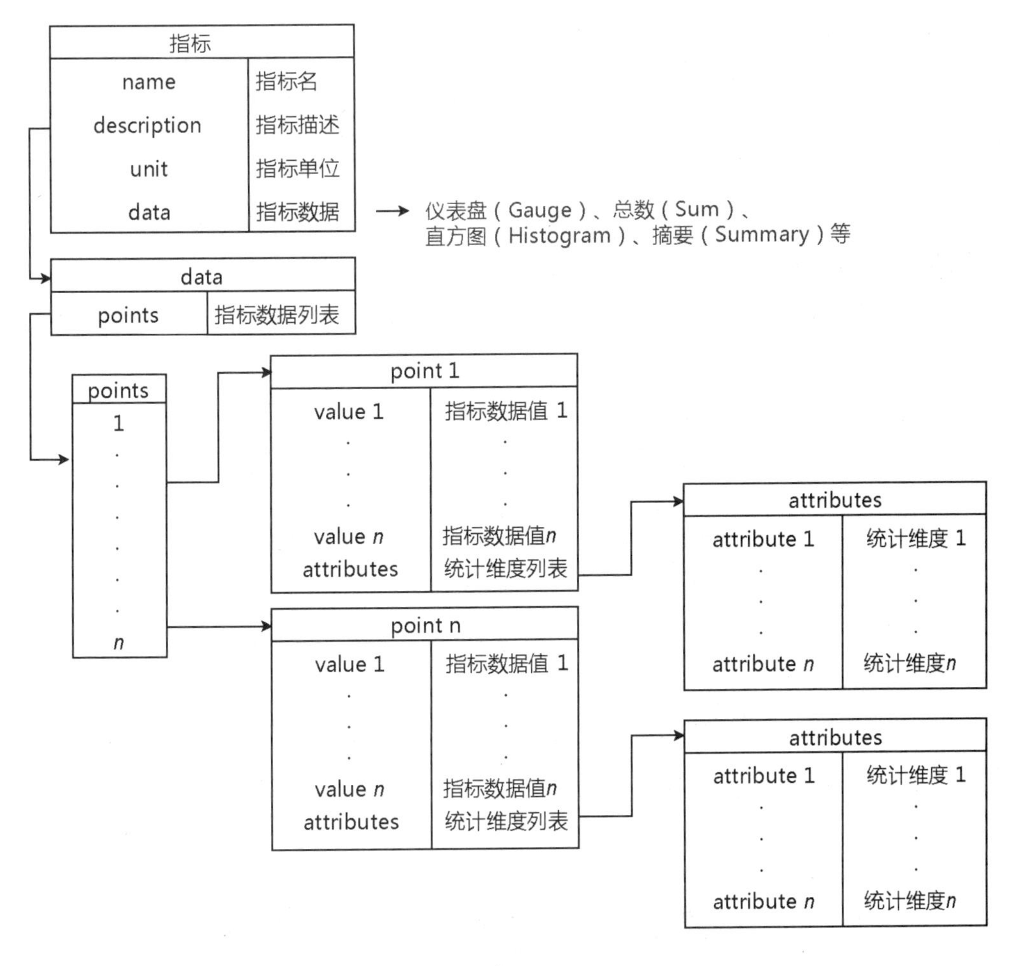

图 5-6

一是能够连接其他信号，如可以关联调用链。

二是为 OpenCensus 客户提供迁移到 OpenTelemetry 的途径，这是 OpenTelemetry 的最初目标——融合 OpenCensus 和 OpenTracing 应用接入实战。

三是使用现有的指标检测协议和标准。最低目标是为 Prometheus 和 StatsD 提供全面的支持——用户能够使用 OpenTelemetry 客户端和 Collector 采集与导出指标，同时能够实现与其原生客户端相同的功能。

OpenTelemetry 通过提供统一的 API 实现 SDK 和调用分离，如果应用中没有包含 SDK 或没有启用 SDK，就不会采集数据。指标的 API 主要由 MeterProvider、Meter 和 Instrument 三大部分组成。MeterProvider 是 API 的入口。MeterProvider 不仅可以创建 Meter，还可以将 Meter 和 Instrument 相关联。

如图 5-7 所示，OpenTelemetry 在 Instrument 中通过 Meter API 采集原始测量数据，这些原始测量数据为离散输入值，这些离散输入值先以数据流的形式进行存储，再通过视图聚合成指标的时间序列，并通过在 MeterProvider 上配置的 Exporter 或 Reader 将指标输出。这里的数据输出可以通过推送或拉取的方式进行。

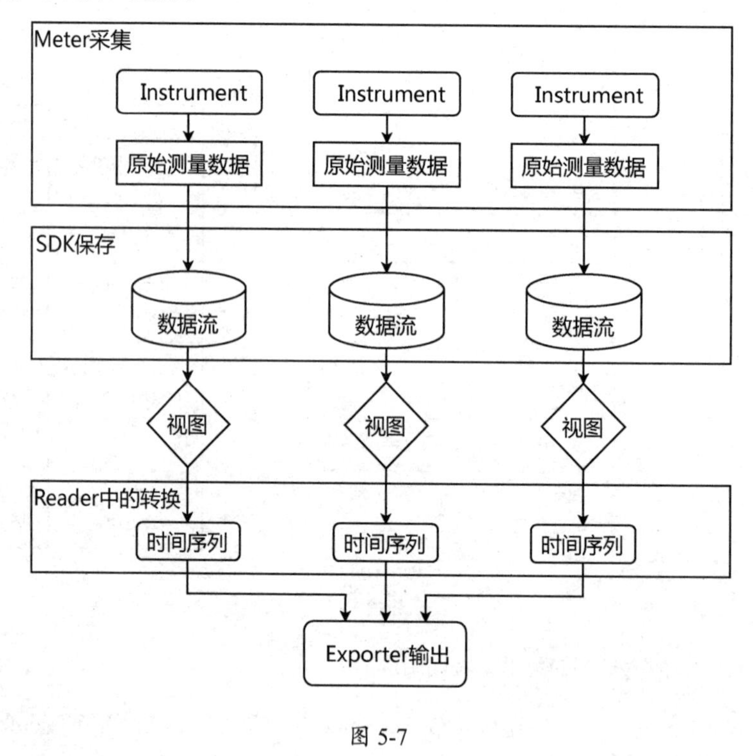

图 5-7

下面通过 3 个案例来介绍 OpenTelemetry 的指标监控。

1. 指标手动埋点实战

先通过 OpenTelemetryConfig 配置指标并输出到 OtlpGrpcMetricExporter 中，再通过使用类 ManualProviderController 手动生成指标，每次产生调用的时候都会使用 LongCounter 计算统计数据，使用 LongHistogram 计算直方图数据。通过这个案例，读者可以更直观地理解上述指标的原理。

配置类 OpenTelemetryConfig 的完整代码如下所示（配置的指标通过 OtlpGrpcMetricExporter 输出到 http://172.17.0.1:4317 中）：

```
@Slf4j
@Component
public class OpenTelemetryConfig {

   @Value("${spring.application.name}")
   private String serviceName;

   private OpenTelemetrySdk openTelemetrySdk;

   @PostConstruct
   public void init() {
      log.info("serviceName: {}", serviceName);
      Resource resource =
            Resource.getDefault()
                  .merge(Resource.builder().put(ResourceAttributes.SERVICE_NAME,
serviceName).build());
      SdkMeterProvider sdkMeterProvider = SdkMeterProvider.builder()
            .registerMetricReader(PeriodicMetricReader.builder(OtlpGrpcMetricExporter.
builder().setEndpoint("http://172.17.0.1:4317").build()).build())
            .setResource(resource)
            .build();

      openTelemetrySdk =
            OpenTelemetrySdk.builder()
                  .setMeterProvider(sdkMeterProvider)
                  .buildAndRegisterGlobal();
   }

   public OpenTelemetrySdk getOpenTelemetrySdk() {
      return openTelemetrySdk;
   }
}
```

使用类 ManualProviderController 的完整代码如下所示（配置每次调用/echo/{param}接口时，使用 counter.add 计算统计数据，使用 histogram.record 计算直方图数据）：

```
@Slf4j
```

```
@RestController
public class ManualProviderController {

    @Autowired
    private OpenTelemetryConfig openTelemetryConfig;

    private LongCounter counter;
    private LongHistogram histogram;
    private final AtomicBoolean atomicBoolean = new AtomicBoolean(false);

    private void init() {
        atomicBoolean.set(true);
        OpenTelemetry openTelemetry = openTelemetryConfig.getOpenTelemetrySdk();
        Meter meter = openTelemetry.getMeter("io.opentelemetry.demo");
        counter = meter.counterBuilder("demo_counter").build();
        histogram =
meter.histogramBuilder("demo_histogram").ofLongs().setUnit("ms").build();
        atomicBoolean.set(true);
    }

    @GetMapping(value = "/echo/{param}")
    public String echo(@PathVariable String param) {
        log.info("echo: {}", param);
        if (!atomicBoolean.get()) {
            this.init();
        }
        long startTime = System.currentTimeMillis();

        try {
            counter.add(1);
            Thread.sleep(2000);
        } catch (Exception e) {
            log.error("exception", e);
        } finally {
            histogram.record(System.currentTimeMillis() - startTime);
        }
        return param;
    }
}
```

2. 应用接入指标实战

该案例以 Java 应用接入来实现，Java 应用使用 OpenTelemetry 采集数据有两种接入模式。

（1）Java Agent 方式

这种方式对业务代码无入侵，可以友好地接入目前正在运行的项目，也可以用来快速启动新项目。但这种方式无法埋点自定义的场景，很多应用涉及自定义的 Tag 需要业务支持来注入。

（2）Java SDK 方式

这种方式需要在代码中引入 OpenTelemetry 的 SDK，对代码有入侵性，但可以埋点更多自定义的场景。

下面演示通过 Java Agent 方式来接入指标。先搭建 Prometheus 组件，用来存储并展示业务上报的指标数据。本次实战使用的是 Prometheus 2.37.0 的官方镜像，使用 Docker 部署，并且在配置文件中配置了抓取应用指标的地址。

可以在 Prometheus 官网中查阅配置文件中完整的配置选项。本次实战使用的完整的配置文件 prometheus.yaml 如下所示：

```
global:
  scrape_interval:    60s
  evaluation_interval: 60s
scrape_configs:
  - job_name: 'prometheus'
    scrape_interval: 5s
    static_configs:
      - targets: ['172.17.0.1:9464']
```

将配置文件 prometheus.yaml 保存到/opt/prometheus 目录下，并且通过如下命令启动 Prometheus：

```
docker run -d -p 9090:9090 -v
/opt/prometheus/prometheus.yaml:/etc/prometheus/prometheus.yaml --name=prometheus
prom/prometheus:v2.37.0 --web.enable-remote-write-receiver
--config.file=/etc/prometheus/prometheus.yaml
```

Prometheus 启动成功之后，在浏览器中输入地址部署 Prometheus 的服务 IP 地址，加上端口号 3000，即可打开 Prometheus 页面。如果显示如图 5-8 所示的页面，那么表示 Prometheus 搭建成功。

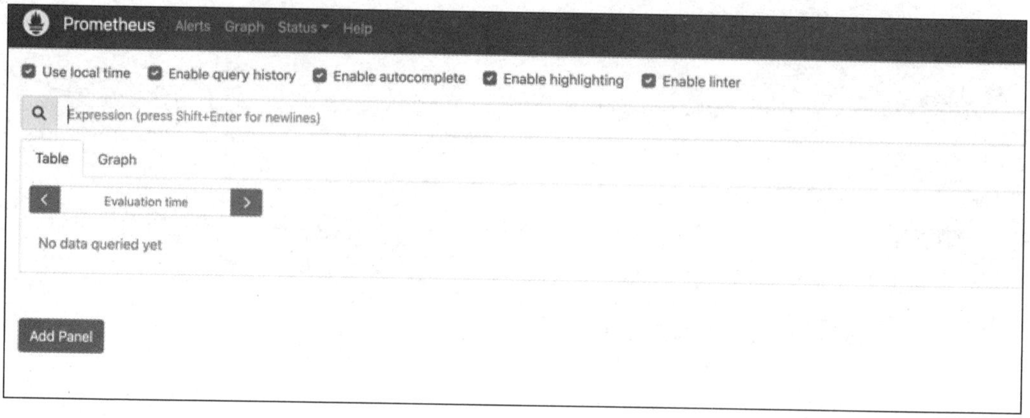

图 5-8

搭建好 Prometheus 之后，在 OpenTelemetry 的 GitHub 主页中找到 opentelemetry-java-instrumentation 项目，这是 OpenTelemetry 提供 Java Agent 的项目。下载最新版本的 opentelemetry-javaagent.jar，并保存到本地的/path 目录下。启动 Java 应用 provider.jar，通过 Java Agent 方式接入 OpenTelemetry，命令如下（禁止链路数据的输出，设置服务名为 otel-provider-demo，配置指标输出为 prometheus，这里的输出支持的是 Pull 模式，默认抓取 9464 端口）：

```
java -javaagent:/path/opentelemetry-javaagent.jar \
    -Dotel.resource.attributes=service.name=otel-provider-demo \
    -Dotel.traces.exporter=none \
    -Dotel.metrics.exporter=prometheus \
    -jar provider.jar
```

启动 provider.jar 之后，从控制台中可以看到一条打印信息，显示的是 opentelemetry-javaagent 的版本号，这就表示通过 Java Agent 方式成功接入 OpenTelemetry：

```
INFO io.opentelemetry.javaagent.tooling.VersionLogger - opentelemetry-javaagent -
version: 1.15.0-SNAPSHOT
```

成功启动 provider.jar 之后，用 curl 命令手动执行几条调用语句，在 Prometheus 页面中可以看到 otel-provider-demo 相关的指标数据的具体信息，如图 5-9 所示。

至此，完成通过 Java Agent 方式接入 OpenTelemetry，并在 Prometheus 页面中展示调用链的实战。除了上面使用到的两个配置项，OpenTelemetry 中还提供了很多配置项，可以通过这些配置项来配置 Agent，以满足实际的业务场景，完整的配置使用说明可以参考 OpenTelemetry 官网。

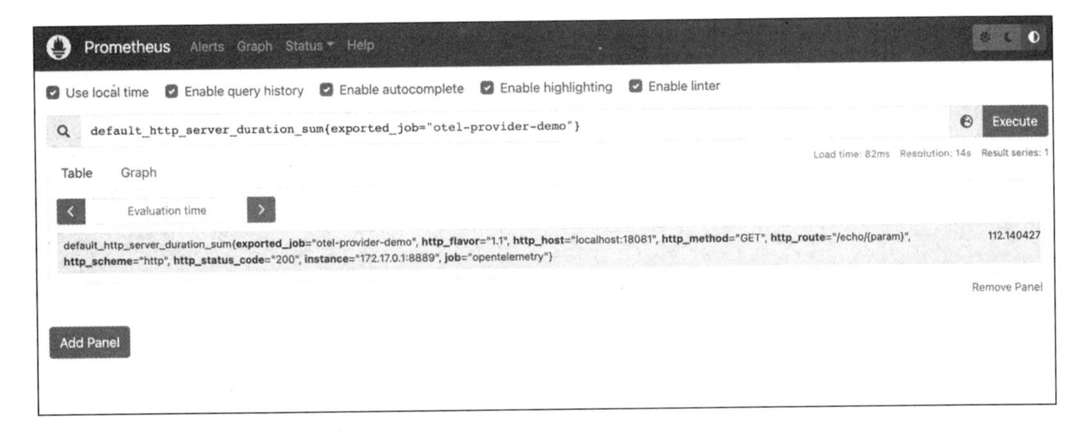

图 5-9

3. 自定义扩展实战

第 4 章在介绍 OpenTelemetry 的组件时提及 OpenTelemetry 提供了跨语言的规范，通过这个规范可以自行接入 Instrumentation，以实现对自定义组件的监测，或者一些业务的指标监测。同时，opentelemetry-java-instrumentation 项目提供了官方扩展点，为用户自定义扩展功能和特性提供了切入口。OpenTelemetry 的 GitHub 主页中提供了一部分自定义扩展的 Demo，详情可以参考 opentelemetry- java-instrumentation 项目的 extension 目录。

本次实战的需求是修改指标的数据格式以适配产品的内部协议，并输出到指定的文件中。

这个需求可以分成两个部分：第一部分是修改指标的数据格式，将 OpenTelemetry 的数据格式改成产品的内部协议格式；第二部分是将修改后的数据输出到指定的文件中。由于 OpenTelemetry 对日志只支持控制台输出，没有输出到文件的配置项中，因此这里也需要自定义扩展一个 Exporter 将数据输出到文件中。

第一部分通过编写转换格式代码，在最终生成的数据 map 中只留下内部协议需要的信息，并把配置的服务名放在 local.service.name 的值中，将时间戳转换成毫秒，保留采集组件的信息和版本号。

格式转换 DemoMetricsTransformer 类的完整代码如下：

```
public class DemoMetricsTransformer {

  public static final Logger logger =
```

```
Logger.getLogger(DemoMetricsTransformer.class.getName());

    public List<String> generateData(MetricData metricData) {


        Collection<?> pointDataList = metricData.getData().getPoints();
        if (null == pointDataList || pointDataList.isEmpty()) {
            return null;
        }
        List<String> result = new ArrayList<>(metricData.getData().getPoints().size());
        Iterator<?> iterator = pointDataList.iterator();

        while (iterator.hasNext()) {

            Object obj = iterator.next();
            if (obj instanceof ImmutableHistogramPointData) {
                try {

                    ImmutableHistogramPointData pointData = (ImmutableHistogramPointData)
obj;
                    Map<String, Object> map = new HashMap<>();

                    map.put("name", metricData.getName());
                    map.put("description", metricData.getDescription());
                    map.put("unit", metricData.getUnit());
                    map.put("timestamp", pointData.getEpochNanos() / 1000000);

                    map.put("max_ms", pointData.getMax());
                    map.put("min_ms", pointData.getMin());
                    map.put("sum_ms", pointData.getSum());
                    map.put("count", pointData.getCount());
                    if (pointData.getCount() > 0) {
                        BigDecimal c = BigDecimal.valueOf(pointData.getSum()).divide(new
BigDecimal(pointData.getCount()), 2, RoundingMode.HALF_UP);
                        map.put("avg_ms", c.doubleValue());
                    } else {
                        map.put("avg_ms", 0);
                    }
```

```
                Map<String, Object> attrMap = new HashMap<>();
                attrMap.put("local.service.name",
metricData.getResource().getAttributes().get(ResourceAttributes.SERVICE_NAME));
                attrMap.put("name",
metricData.getInstrumentationScopeInfo().getName());
                attrMap.put("version",
metricData.getInstrumentationScopeInfo().getVersion());

                pointData.getAttributes().forEach((k, v) -> {
                    attrMap.put(k.getKey(), v);
                });
                map.put("attributes", JsonUtil.getStringValue(attrMap));

                HashMap<String, Long> boundaries = new HashMap<>();
                String lastBoundary = "0.0";
                for (int i = 0; i < pointData.getBoundaries().size(); i++) {
                    boundaries.put(lastBoundary + "_" + pointData.getBoundaries().get(i),
pointData.getCounts().get(i));
                    lastBoundary = String.valueOf(pointData.getBoundaries().get(i));
                }
                boundaries.put(lastBoundary + "_",
pointData.getCounts().get(pointData.getBoundaries().size()));
                map.put("boundaries", JsonUtil.getStringValue(boundaries));
                result.add(JsonUtil.getStringValue(map));
            } catch (JsonProcessingException e) {
                logger.log(Level.WARNING, "generateData error {0}", e);
            }
        }
    }

    return result;
  }
}
```

通过上述代码可以完成本次实战的第一部分。第二部分是自定义输出，这部分先编写一个 DemoLoggingExporter 类，再对文件输出做文件滚动的设置。完整代码如下：

```
public class DemoLoggingExporter {

  public static final Logger logger =
```

```
Logger.getLogger(DemoLoggingExporter.class.getName());

    private final int HASH_MAIN_CLASS;
    private final String logPath;
    private final String logName;
    private final Integer logSize;
    private final Integer logCount;

    private int currentFileIndex = 0;
    private File currentFile = null;
    private String filePrefix = "";

    FileOutputStream logFileOutputStream;
    BufferedWriter logBufferedWriter;

    public DemoLoggingExporter(String logPath, String logName, Integer logSize, Integer
logCount) {
        this.logPath = logPath;
        this.logName = logName;
        this.logSize = logSize;
        this.logCount = logCount;
        Object mainClass = System.getProperties().get("sun.java.command");
        this.HASH_MAIN_CLASS = Math.abs(Objects.hash(mainClass));
        initJavaUtilLogger();

    }

    void initJavaUtilLogger() {
        try {
            File tracingDir = new File(this.logPath);
            if (!tracingDir.exists()) {
                boolean mkdirs = tracingDir.mkdirs();
                if (!mkdirs) {
                    logger.info("[LOG EXPORT]init java logger dir failed");
                    return;
                }
            }
```

```
            currentFileIndex = 0;
            filePrefix = this.logPath + File.separator + this.logName + "." +
this.HASH_MAIN_CLASS + System.currentTimeMillis();

            this.clearCurrentFile();
        } catch (Exception ex) {

            if (null != logBufferedWriter) {
                try {
                    logBufferedWriter.close();
                } catch (IOException e) {
                    e.printStackTrace();
                }
            }
        }
    }

    private void clearCurrentFile() throws IOException {
        currentFile = new File(filePrefix + "." + currentFileIndex + ".log");

        FileWriter fileWriter = new FileWriter(currentFile);
        fileWriter.write("");
        fileWriter.flush();
        fileWriter.close();
        logFileOutputStream = new FileOutputStream(currentFile);
        logBufferedWriter = new BufferedWriter(new
OutputStreamWriter(logFileOutputStream));
    }

    private void closeCurrentFile() throws IOException {
        logBufferedWriter.close();
        logFileOutputStream.close();
    }

    private void checkFileSizeAndRollover() throws IOException {
        if (currentFile.length() > this.logSize) {
            this.closeCurrentFile();
            if (currentFileIndex >= this.logCount) {
                currentFileIndex = 0;
```

```
            } else {
                currentFileIndex += 1;
            }
            this.clearCurrentFile();
        }
    }

    public void export(List<String> spanList) {
        if (null == spanList || spanList.isEmpty()) {
            return;
        }


        try {
            this.checkFileSizeAndRollover();
        } catch (IOException e) {
            e.printStackTrace();
        }

        spanList.forEach(s -> {
            if (null != s) {
                try {
                    logBufferedWriter.write(s);
                    logBufferedWriter.newLine();
                    logBufferedWriter.flush();
                } catch (IOException e) {
                    e.printStackTrace();
                }
            }

        });

    }

    public String getName() {
        return "logging";
    }
}
```

通过扩展 MetricExporter 类定义 DemoMetricsExporter 类，用来输出指标数据。指标数据会通过 DemoMetricsExporter 类的 export 方法输出。

DemoMetricsExporter 类的完整代码如下所示（在 export 方法中，调用之前设置的 DemoMetricsTransformer 类的 generateData 方法将数据转换成内部协议格式，调用 DemoLoggingExporter 类的 export 方法将转换后的数据输出到文件中）：

```
public class DemoMetricsExporter implements MetricExporter {

   private final AggregationTemporality aggregationTemporality;

   private final DemoMetricsTransformer demoMetricsTransformer = new
DemoMetricsTransformer();

   private final DemoLoggingExporter demoLoggingExporter = new
DemoLoggingExporter("/data", "metrics.log", 50000, 10);

   public static DemoMetricsExporter create() {
      return create(AggregationTemporality.CUMULATIVE);
   }

   public static DemoMetricsExporter create(AggregationTemporality
aggregationTemporality) {
      return new DemoMetricsExporter(aggregationTemporality);
   }

   @Deprecated
   public DemoMetricsExporter() {
      this(AggregationTemporality.CUMULATIVE);
   }

   private DemoMetricsExporter(AggregationTemporality aggregationTemporality) {
      this.aggregationTemporality = aggregationTemporality;
   }

   @Override
   public AggregationTemporality getAggregationTemporality(InstrumentType
instrumentType) {
```

```
        return aggregationTemporality;
    }

    @Override
    public CompletableResultCode export(Collection<MetricData> collection) {

        if (collection.size() > 0) {
            List<String> newDataList = new ArrayList<>();
            collection.forEach(metricData -> {
                try {
                    List<String> data = demoMetricsTransformer.generateData(metricData);
                    if (null != data && data.size() > 0) {
                        newDataList.addAll(data);
                    }
                } catch (Exception e) {
                    e.printStackTrace();
                }
            });
            if (newDataList.size() > 0) {
                demoLoggingExporter.export(newDataList);
            }
        }
        return CompletableResultCode.ofSuccess();
    }

    @Override
    public CompletableResultCode flush() {
        return CompletableResultCode.ofSuccess();
    }

    @Override
    public CompletableResultCode shutdown() {
        return CompletableResultCode.ofSuccess();
    }
}
```

上面的代码已经完成本次实战场景功能的实现。下面通过扩展 AutoConfigurationCustomizerProvider 类来定义 DemoSdkProviderConfigurer 类，从而使 DemoMetricsExporter 类生效。

DemoSdkProviderConfigurer 类的完整代码如下所示（在 customize 方法中创建了 DemoMetricsExporter 类）：

```
@AutoService(AutoConfigurationCustomizerProvider.class)
public class DemoSdkProviderConfigurer implements AutoConfigurationCustomizerProvider {

  @Override
  public void customize(AutoConfigurationCustomizer autoConfiguration) {
    autoConfiguration.addMetricExporterCustomizer(this::configureSdkMetricProvider);
  }

  private MetricExporter configureSdkMetricProvider(
        MetricExporter meterProviderBuilder, ConfigProperties config) {

    return DemoMetricsExporter.create();
  }}
```

将 extension 目录下的源代码通过 Maven 打包成一个 demo-extension.jar 包，使用下面的命令启动 Java 应用就可以看到数据输出到相应的文件中（-Dotel.javaagent.extensions= demo-extension.jar 就是加载这个扩展包的环境变量）：

```
java -javaagent:/path/opentelemetry-javaagent.jar \
    -Dotel.javaagent.extensions=demo-extension.jar \
    -Dotel.resource.attributes=service.name=otel-provider-demo \
    -Dotel.traces.exporter=none \
    -jar provider.jar
```

启动成功之后，使用 curl 命令执行调用语句，就可以在/log 目录下看到生成的指标数据文件。打开指标数据文件可以看到转换格式之后的指标数据（见图 5-10）。指标数据符合 JSON 格式，并且 attributes 中包含 local.service.name 为 otel-provider-demo 的信息。

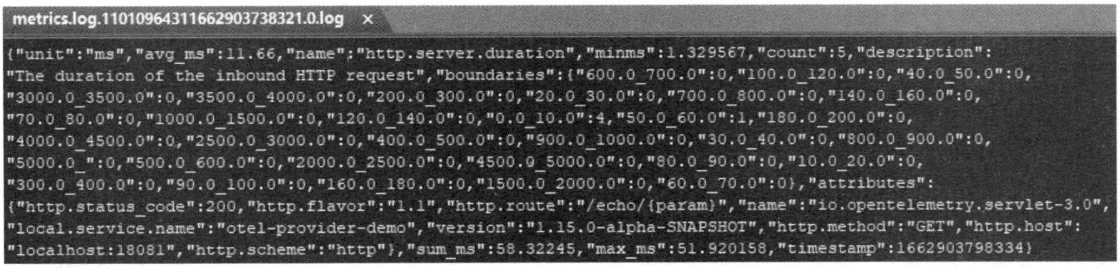

metrics.log.11010964311662903738321.0.log　×

{"unit":"ms","avg_ms":11.66,"name":"http.server.duration","minms":1.329567,"count":5,"description":
"The duration of the inbound HTTP request","boundaries":{"600.0_700.0":0,"100.0_120.0":0,"40.0_50.0":0,
"3000.0_3500.0":0,"3500.0_4000.0":0,"200.0_300.0":0,"20.0_30.0":0,"700.0_800.0":0,"140.0_160.0":0,
"70.0_80.0":0,"1000.0_1500.0":0,"120.0_140.0":0,"0.0_10.0":4,"50.0_60.0":1,"180.0_200.0":0,
"4000.0_4500.0":0,"2500.0_3000.0":0,"400.0_500.0":0,"900.0_1000.0":0,"30.0_40.0":0,"800.0_900.0":0,
"5000.0_":0,"500.0_600.0":0,"2000.0_2500.0":0,"4500.0_5000.0":0,"80.0_90.0":0,"10.0_20.0":0,
"300.0_400.0":0,"90.0_100.0":0,"160.0_180.0":0,"1500.0_2000.0":0,"60.0_70.0":0},"attributes":
{"http.status_code":200,"http.flavor":"1.1","http.route":"/echo/{param}","name":"io.opentelemetry.servlet-3.0",
"local.service.name":"otel-provider-demo","version":"1.15.0-alpha-SNAPSHOT","http.method":"GET","http.host":
"localhost:18081","http.scheme":"http"},"sum_ms":58.32245,"max_ms":51.920158,"timestamp":1662903798334}

图 5-10

至此，完成自定义扩展实战，将 OpenTelemetry 采集的指标数据转换成内部协议格式，并输出到指定的文件中。

整体的流程如下：通过 DemoSdkProviderConfigurer 类的 customize 方法将 DemoMetricsExporter 设置成指标的输出类，这样每次产生调用链时都会调用 DemoMetricsExporter 类的 export 方法输出数据；在 DemoMetricsExporter 类的 export 方法中调用 DemoMetricsTransformer 类的 generateData 方法转换数据，并且调用 DemoLoggingExporter 类的 export 方法将转换后的数据输出到文件中。

5.2.2 Spring Boot Actuator 监控实战

Spring 是基于 Java 的生态体系，包括 Spring Framework、Spring Boot 和 Spring Cloud 等。Spring Framework 是 Spring 生态体系中基于 Java 的一个开源应用框架，通过依赖注入和面向切面编程来简化 Java 应用开发，以及降低组件之间的耦合性，同时对常见的组件提供集成支持。但 Spring Framework 通过 XML 来配置应用，一个应用需要大量的配置及对大量应用依赖的管理，这些都阻碍了应用开发的进度。

Spring Boot 是一个基于 Spring Framework 提供开箱即用、没有代码生成、无须 XML 配置，并且可以通过修改默认值来满足特定需求的开源框架。另外，Spring Boot 提供了大型项目类通用的一系列非功能性特性，如内置服务器、安全性、指标监控、健康检查和外部化配置。Spring Boot 的指标监控就是通过 Spring Boot Actuator 项目提供的。

下面先介绍 Spring Boot Actuator 的原理，再通过该原理搭建基于 Spring Boot Actuator 的指标系统。

Spring Boot Actuator 是基于 Spring Boot 的采集应用内部信息暴露给外部的模块。它提供了很多附加特性，当应用程序在生产环境中运行时，可以帮助用户实时监控和管理。这些附加特性包括健康检查、审计、指标采集、HTTP 追踪等，这些特性可以帮助用户监控与管理 Spring Boot 应用。这些附加特性可以通过 HTTP 和 JMX 来监控与管理应用程序。在 POM 文件中引入 Spring Boot Actuator 之后，这些数据便可以自动应用到应用程序中。

Spring Boot Actuator 也支持和一些外部的监控系统进行集成，如 Prometheus、Elastic 和 Datadog 等。将数据上报到这些外部的监控系统中，通过这些系统提供的仪表盘、数据分析、告警等功能，快速完成监控系统的搭建。

Spring Boot Actuator 中提供了许多端点，以便获取监控数据和监控管理，其中包含许多内置端点，这些内置端点可以单独启用或禁用，只有在启用时才会自动配置。另外，Spring Boot Actuator 允许添加自定义的端点。

在默认情况下，所有 Web 端点都可用在/actuator 路径下，URL 形式为/actuator/{id}。/actuator 路径可以通过 management.endpoint.web 配置。Spring Boot Actuator 提供的部分 HTTP 端点的 ID 如表 5-2 所示。

表 5-2

ID	说明
auditevents	显示当前应用程序的审计事件信息
beans	显示应用程序中所有 Spring Bean 的完整列表
caches	显示可用的缓存
env	显示 Spring 中配置的环境信息
health	显示应用的健康信息
info	显示应用程序的一般信息
loggers	显示应用程序关于日志配置的信息
metrics	显示应用程序的指标名列表
prometheus	显示应用程序的指标数据，提供 Prometheus 服务抓取指标所需的格式
shutdown	提供应用程序关闭的接口
sessions	显示当前 HTTP 协议的会话信息
threaddump	显示 JVM 的线程信息

由表 5-2 可知，Spring Boot Actuator 可以通过 metrics 端点来获取应用程序的指标列表，通过 metrics/{{指标名}}的接口可以获取到具体指标数值（这里的结果是 JSON 格式的）。Prometheus 的服务端通过 prometheus 端点获取 prometheus 格式的数据。如果需要接入其他监控系统，那么可以使用其他协议格式对应的端点。Spring Boot Actuator 支持常见的监控系统，如 Atlas、Elastic、Datadog、Dynatrace、Ganglia 和 Graphite 等（可以通过 Spring Boot Actuator 对应版本的官方文档查阅 Spring Boot Actuator 支持的所有监控系统列表）。

下面是本节的实战部分，实战部分的代码基于 Spring Boot 2.7.4 和 Spring Cloud 2021.0.4。

本节有 3 个实战案例，分别是使用 Spring Boot Actuator 接入指标实战、Spring Boot Actuator 与 Prometheus 集成实战、 Spring Boot Actuator 自定义指标接入实战。

1. 使用 Spring Boot Actuator 接入指标实战

本次实战搭建了两个 Spring Cloud 项目，一个作为客户端，一个作为服务端。第一，配置实战项目的 POM 文件，完整的内容如下所示：

```
<?xml version="1.0" encoding="UTF-8"?>
<project xmlns="http://maven.apache.org/POM/4.0.0"
      xmlns:xsi="http://www.w3.org/2001/XMLSchema-instance"
      xsi:schemaLocation="http://maven.apache.org/POM/4.0.0
http://maven.apache.org/xsd/maven-4.0.0.xsd">
   <modelVersion>4.0.0</modelVersion>

   <groupId>org.example</groupId>
   <artifactId>spring-boot-actuator-demo</artifactId>
   <packaging>pom</packaging>
   <version>1.0-SNAPSHOT</version>
   <modules>
      <module>spring-boot-actuator-client</module>
      <module>spring-boot-actuator-server</module>
   </modules>

   <parent>
      <groupId>org.springframework.boot</groupId>
      <artifactId>spring-boot-starter-parent</artifactId>
      <version>2.7.4</version>
      <relativePath/>
   </parent>

   <properties>
      <java.version>1.8</java.version>
      <spring-cloud.version>2021.0.4</spring-cloud.version>
   </properties>

   <dependencyManagement>
      <dependencies>
         <dependency>
```

```
            <groupId>org.springframework.cloud</groupId>
            <artifactId>spring-cloud-dependencies</artifactId>
            <version>${spring-cloud.version}</version>
            <type>pom</type>
            <scope>import</scope>
         </dependency>
      </dependencies>
   </dependencyManagement>
   <build>
      <plugins>
         <plugin>
            <groupId>org.springframework.boot</groupId>
            <artifactId>spring-boot-maven-plugin</artifactId>
         </plugin>
      </plugins>
   </build>
</project>
```

第二，新建客户端和服务端的模块，在模块的 POM 文件中引入 Spring Boot Actuator 的包，具体内容如下所示（客户端和服务端的模块的 POM 文件中的内容是一样的）：

```
<?xml version="1.0" encoding="UTF-8"?>
<project xmlns="http://maven.apache.org/POM/4.0.0"
       xmlns:xsi="http://www.w3.org/2001/XMLSchema-instance"
       xsi:schemaLocation="http://maven.apache.org/POM/4.0.0
http://maven.apache.org/xsd/maven-4.0.0.xsd">
   <parent>
      <artifactId>spring-boot-actuator-demo</artifactId>
      <groupId>org.example</groupId>
      <version>1.0-SNAPSHOT</version>
   </parent>
   <modelVersion>4.0.0</modelVersion>

   <artifactId>spring-boot-actuator-server</artifactId>

   <dependencies>
      <dependency>
         <groupId>org.springframework.boot</groupId>
         <artifactId>spring-boot-starter-web</artifactId>
      </dependency>
```

```
        <dependency>
            <groupId>org.projectlombok</groupId>
            <artifactId>lombok</artifactId>
        </dependency>
        <dependency>
            <groupId>org.springframework.cloud</groupId>
            <artifactId>spring-cloud-starter-consul-discovery</artifactId>
        </dependency>
        <dependency>
            <groupId>org.springframework.cloud</groupId>
            <artifactId>spring-cloud-starter-openfeign</artifactId>
        </dependency>
        <dependency>
            <groupId>org.springframework.boot</groupId>
            <artifactId>spring-boot-starter-actuator</artifactId>
        </dependency>
    </dependencies>

</project>
```

第三，在配置文件中指定需要暴露的端点。客户端完整的 application.yaml 文件中的内容如下所示（已将 metrics 暴露）：

```
spring:
  application:
    name: actuator-server
  cloud:
    consul:
      discovery:
        register-health-check: false

server:
  port: 10020
management:
  endpoints:
    web:
      exposure:
        include: health,info,metrics
```

直接通过开发工具启动项目的主类，通过浏览器或 Postman 等工具请求 http://localhost:10020/

actuator/metrics 接口，如图 5-11 所示，可以看到当前应用所有的指标名信息。

```
localhost:10020/actuator/metrics

{"names":["application.ready.time","application.started.time","disk.free","disk.total","executor.active","executor.completed",
"executorpool.core","executor.pool.max","executor.pool.size","executor.queue.remaining","executor.queued","http.server.requests",
"jvm.buffer.count","jvm.buffer.memory.used","jvm.buffer.total.capacity","jvm.classes.loaded","jvm.classes.unloaded",
"jvm.gc.live.data.size","jvm.gc.max.data.size","jvm.gc.memory.allocated","jvm.gc.memory.promoted","jvm.gc.overhead","jvm.gc.pause",
"jvm.memory.committed","jvm.memory.max","jvm.memory.usage.after.gc","jvm.memory.used","jvm.threads.daemon","jvm.threads.live",
"jvm.threads.peak","jvm.threads.states","logback.events","process.cpu.usage","process.files.max","process.files.open",
"process.start.time","process.uptime","system.cpu.count","system.cpu.usage","system.load.average.1m","tomcat.sessions.active.current",
"tomcat.sessions.active.max","tomcat.sessions.alive.max","tomcat.sessions.created","tomcat.sessions.expired","tomcat.sessions.rejected"]}
```

图 5-11

先通过具体的指标接口进行访问，如查看 JVM 的线程信息，再通过浏览器或 Postman 等工具请求 http://localhost:10020/actuator/metrics/jvm.threads.states 接口，如图 5-12 所示，可以看到当前应用的线程信息。

```
localhost:10020/actuator/metrics/jvm.threads.states

{"name":"jvm.threads.states","description":"The current number of threads","baseUnit":"threads","measurements":
[{"statistic":"VALUE","value":26.0}],"availableTags":[{"tag":"state","values":["timed-
waiting","new","runnable","blocked","waiting","terminated"]}]}
```

图 5-12

至此，完成将 Spring Boot Actuator 接入应用服务，可以通过相关接口获取到 Spring Boot Actuator 采集的指标信息。但是这样还不够方便，需要自行开发监控进行数据采集和展示（通常直接使用 Prometheus 和 Elastic 等常见的监控平台）。

2. Spring Boot Actuator 与 Prometheus 集成实战

本次实战中搭建 Prometheus 的过程可以参考 2.2.1 节中 Prometheus 的搭建，这里不再赘述。另外，本次实战还使用了 Pushgateway 组件，该组件是 Prometheus 生态中非常重要的工具。因为 Prometheus 默认采用拉取数据的模式，而在云原生部署的实际环境中，Prometheus 通常无法直接访问服务实例，所以无法直接拉取服务实例上的数据。使用 Pushgateway 组件可以使服务实例直接将数据上报给 Pushgateway，而 Prometheus 只拉取 Pushgateway 组件中的数据即可。

本次实战使用的是 Pushgateway 1.4.3，并且使用 docker 命令部署到服务器上（本次部署映射 9091 端口，用于服务实例上报数据）：

```
docker run -d --name pushgateway -p 9091:9091 --restart=always prom/pushgateway:v1.4.3
```

部署完服务端组件后，对前面已经接入 Spring Boot Actuator 的应用进行配置。

在 POM 文件中加入 Prometheus 的依赖，如下所示：

```
<dependency>
   <groupId>io.micrometer</groupId>
   <artifactId>micrometer-registry-prometheus</artifactId>
</dependency>
<dependency>
   <groupId>io.prometheus</groupId>
   <artifactId>simpleclient_pushgateway</artifactId>
</dependency>
```

本次集成实战使用向 Prometheus 推送数据的方式。也可以不引入 Pushgateway 组件，而是在 Prometheus 服务端配置向应用服务拉取数据的方式。

在配置文件中加入 Prometheus 的配置，如下所示（配置文件中的 base-url 配置的是 Prometheus Pushgateway 服务的地址，并且在暴露的端点中将 prometheus 端点打开）：

```
management:
 metrics:
  export:
   prometheus:
    pushgateway:
     enabled: true
     base-url: http://127.0.0.1:9091
 endpoints:
  web:
   exposure:
    include: prometheus,health,info,metric
```

启动服务端和客户端两个应用，并发送调用请求。首先通过本地服务的端点查看 prometheus 端点的情况，通过请求 http://localhost:10020/actuator/prometheus 可以看到有相关的数据（见图 5-13）。

然后打开 Prometheus 页面，通过查询 http_server_requests_seconds_count 指标（见图 5-14）可以看到本次实战中使用的服务名为 actuator-client 和 actuator-server 的实例上报的数据。

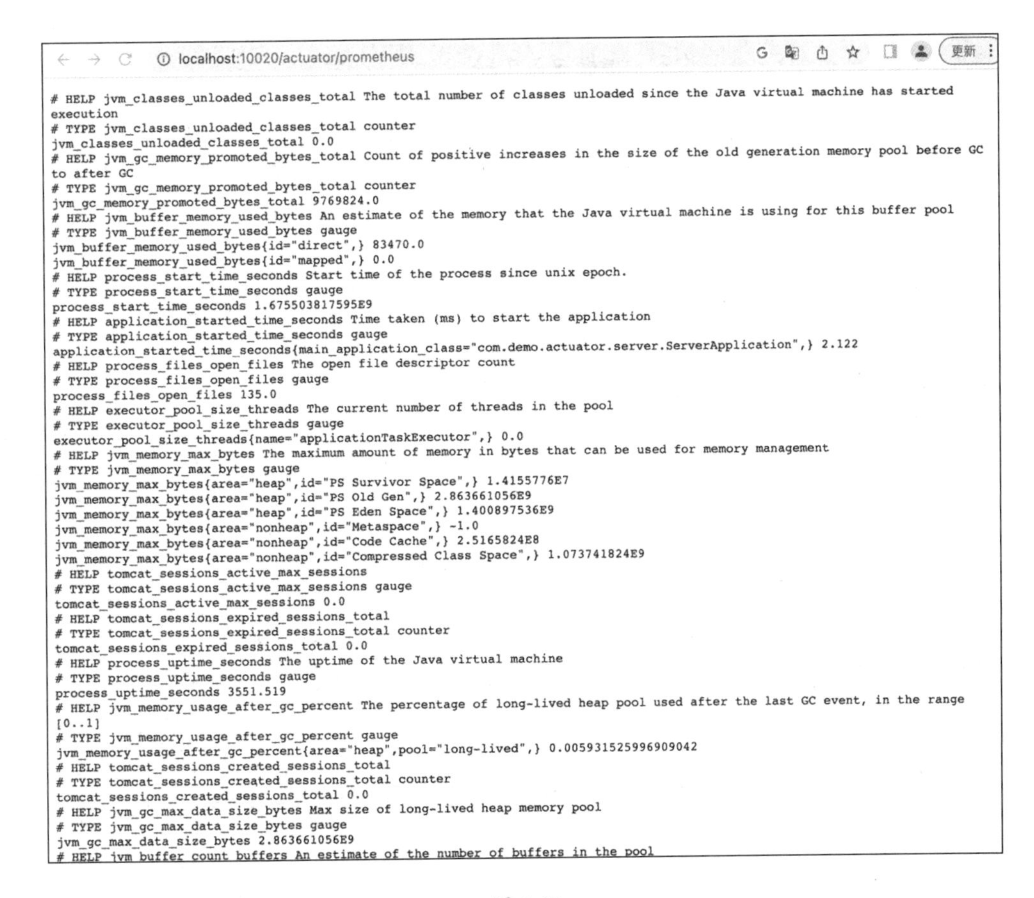
localhost:10020/actuator/prometheus
更新
HELP jvm_classes_unloaded_classes_total The total number of classes unloaded since the Java virtual machine has started execution
TYPE jvm_classes_unloaded_classes_total counter
jvm_classes_unloaded_classes_total 0.0
HELP jvm_gc_memory_promoted_bytes_total Count of positive increases in the size of the old generation memory pool before GC to after GC
TYPE jvm_gc_memory_promoted_bytes_total counter
jvm_gc_memory_promoted_bytes_total 9769824.0
HELP jvm_buffer_memory_used_bytes An estimate of the memory that the Java virtual machine is using for this buffer pool
TYPE jvm_buffer_memory_used_bytes gauge
jvm_buffer_memory_used_bytes{id="direct",} 83470.0
jvm_buffer_memory_used_bytes{id="mapped",} 0.0
HELP process_start_time_seconds Start time of the process since unix epoch.
TYPE process_start_time_seconds gauge
process_start_time_seconds 1.675503817595E9
HELP application_started_time_seconds Time taken (ms) to start the application
TYPE application_started_time_seconds gauge
application_started_time_seconds{main_application_class="com.demo.actuator.server.ServerApplication",} 2.122
HELP process_files_open_files The open file descriptor count
TYPE process_files_open_files gauge
process_files_open_files 135.0
HELP executor_pool_size_threads The current number of threads in the pool
TYPE executor_pool_size_threads gauge
executor_pool_size_threads{name="applicationTaskExecutor",} 0.0
HELP jvm_memory_max_bytes The maximum amount of memory in bytes that can be used for memory management
TYPE jvm_memory_max_bytes gauge
jvm_memory_max_bytes{area="heap",id="PS Survivor Space",} 1.4155776E7
jvm_memory_max_bytes{area="heap",id="PS Old Gen",} 2.863661056E9
jvm_memory_max_bytes{area="heap",id="PS Eden Space",} 1.400897536E9
jvm_memory_max_bytes{area="nonheap",id="Metaspace",} -1.0
jvm_memory_max_bytes{area="nonheap",id="Code Cache",} 2.5165824E8
jvm_memory_max_bytes{area="nonheap",id="Compressed Class Space",} 1.073741824E9
HELP tomcat_sessions_active_max_sessions
TYPE tomcat_sessions_active_max_sessions gauge
tomcat_sessions_active_max_sessions 0.0
HELP tomcat_sessions_expired_sessions_total
TYPE tomcat_sessions_expired_sessions_total counter
tomcat_sessions_expired_sessions_total 0.0
HELP process_uptime_seconds The uptime of the Java virtual machine
TYPE process_uptime_seconds gauge
process_uptime_seconds 3551.519
HELP jvm_memory_usage_after_gc_percent The percentage of long-lived heap pool used after the last GC event, in the range [0..1]
TYPE jvm_memory_usage_after_gc_percent gauge
jvm_memory_usage_after_gc_percent{area="heap",pool="long-lived",} 0.005931525996909042
HELP tomcat_sessions_created_sessions_total
TYPE tomcat_sessions_created_sessions_total counter
tomcat_sessions_created_sessions_total 0.0
HELP jvm_gc_max_data_size_bytes Max size of long-lived heap memory pool
TYPE jvm_gc_max_data_size_bytes gauge
jvm_gc_max_data_size_bytes 2.863661056E9
HELP jvm_buffer_count_buffers An estimate of the number of buffers in the pool

图 5-13

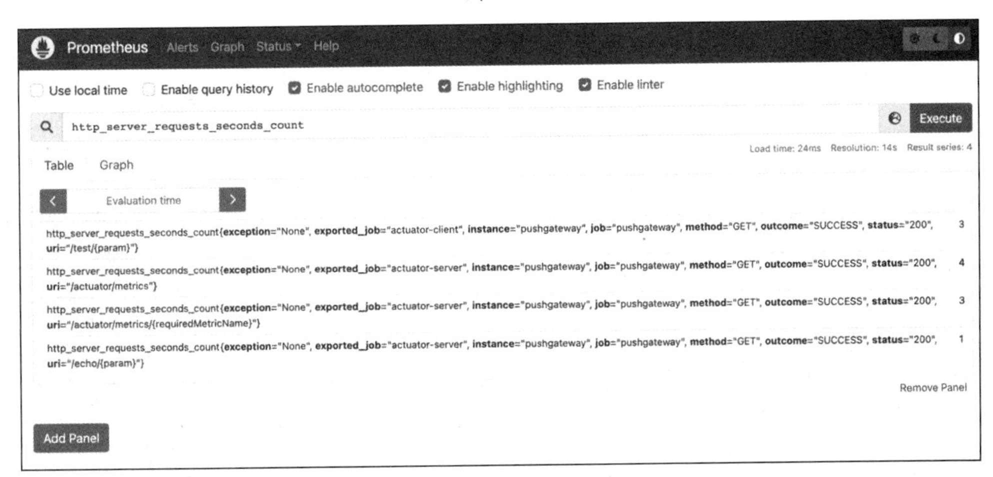
Prometheus
Alerts
Graph
Status
Help
Use local time
Enable query history
Enable autocomplete
Enable highlighting
Enable linter
http_server_requests_seconds_count
Execute
Load time: 24ms　Resolution: 14s　Result series: 4
Table
Graph
Evaluation time
http_server_requests_seconds_count{exception="None", exported_job="actuator-client", instance="pushgateway", job="pushgateway", method="GET", outcome="SUCCESS", status="200", uri="/test/{param}"} 3
http_server_requests_seconds_count{exception="None", exported_job="actuator-server", instance="pushgateway", job="pushgateway", method="GET", outcome="SUCCESS", status="200", uri="/actuator/metrics"} 4
http_server_requests_seconds_count{exception="None", exported_job="actuator-server", instance="pushgateway", job="pushgateway", method="GET", outcome="SUCCESS", status="200", uri="/actuator/metrics/{requiredMetricName}"} 3
http_server_requests_seconds_count{exception="None", exported_job="actuator-server", instance="pushgateway", job="pushgateway", method="GET", outcome="SUCCESS", status="200", uri="/echo/{param}"} 1
Remove Panel
Add Panel

图 5-14

3. Spring Boot Actuator 自定义指标接入实战

在使用 Spring Boot Actuator 进行指标采集时，默认的指标无法完全满足业务上的需求，所以需要接入业务自定义的指标。

定义一个 CustomMetrics 组件，完整的代码如下所示：

```
@Component
public class CustomMetrics {

   private final Counter counter;

   public CustomMetrics(MeterRegistry registry) {
      counter = Counter.builder("custom.metrics")
            .tag("custom", "1")
            .register(registry);
   }

   public void add() {
      counter.increment();
   }
}
```

在 CustomMetrics 组件的构造方法中，定义了一个计数指标，该指标为 custom.metrics，并且设置了一个 key 为 custom、value 为 1 的 Tag。之后设置了一个 add 方法，每次调用计数器都加 1。

在 controller 方法中，每次调用/echo/{param}接口时都调用 CustomMetrics 的 add 方法，使计数器加 1：

```
@Slf4j
@RestController
public class DemoController {

   @Autowired
   private CustomMetrics customMetrics;

   @GetMapping("/echo/{param}")
   public String echo(@PathVariable String param) {
      customMetrics.add();
```

```
        log.info("echo: {}", param);
        return param;
    }
}
```

配置完成后启动应用，通过 metrics 端点可以看到已经有了 custom.metrics 指标，如图 5-15 所示。

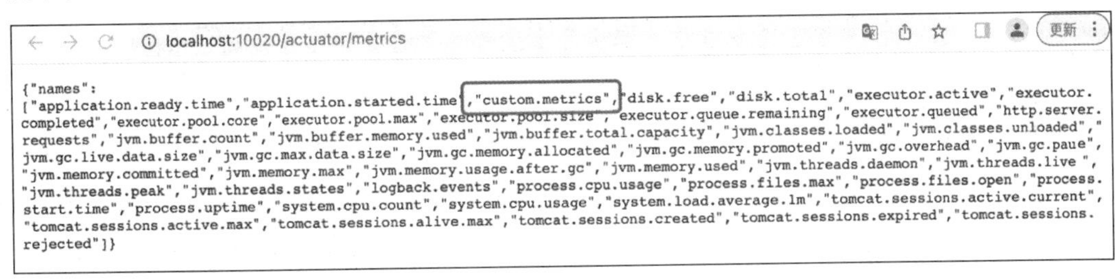

图 5-15

通过 http://localhost:10020/actuator/metrics/custom.metrics 接口可以发现，custom.metrics 指标的值为 0，调用一次/echo/{param}接口之后再查看该指标，发现其值为 1，如图 5-16 所示。

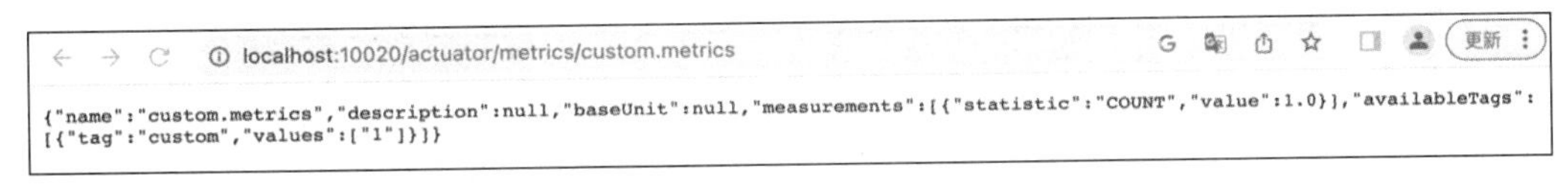

图 5-16

通过 Prometheus 页面查询 custom.metrics 指标，在 Prometheus 上报转换时，指标名转换成 custom_metrics_total，如图 5-17 所示，可以查询到该指标，值也为 1。

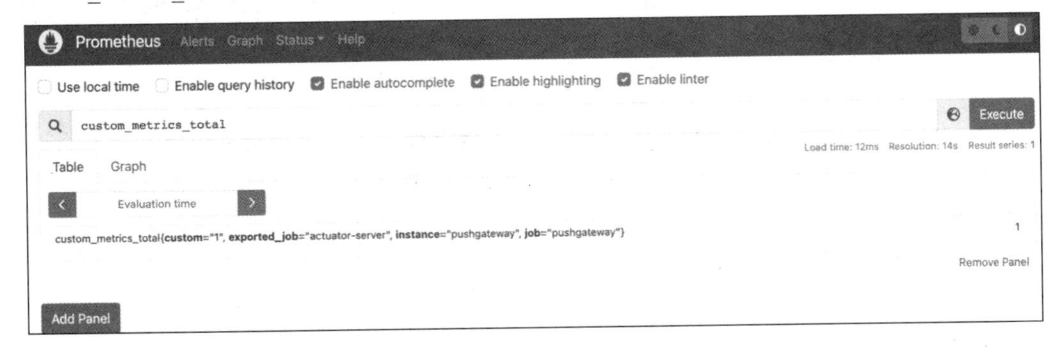

图 5-17

本节只针对 Spring Boot Actuator 组件的指标接入进行了实战分析和使用。但是，除了指标监控，Spring Boot Actuator 还有很多功能，如通过 shutdown 端点可以关闭接口，通过 threaddump 接口可以查看 JVM 的线程信息。如果系统采用 Spring Cloud 作为基础框架，那么可以考虑直接使用该组件提供的功能，使项目快速集成一套简单实用的监控系统。另外，由于 Spring Boot Actuator 支持其他常见的监控系统，因此可以很方便地和已有的监控系统做集成。

5.2.3 自研指标监控实战

并不是采集的指标越多越好。指标是有意义的统计数据，是对具体的业务目标、服务质量进行量化后的度量值。指标体系包含十分丰富的指标数据，但每个指标都有其特有的业务含义，每个指标采集的维度在不同的业务系统中都存在差异。使用开源框架采集虽然使开发可以开箱即用，并且减少了研发人员的工作量，但是使用开源框架采集的指标通常是通用的指标和通用的一些维度。在实际业务中，不仅需要将指标和业务紧密结合，还需要在开源框架的基础上进行定制，甚至需要自行开发某些指标。

下面从如何设计指标体系开始分析，并通过实战案例实现自研指标系统的搭建。

指标系统是将一个完整系统的各个层次和各个组件中的数据统一输入、分析。不同的业务类型、不同的业务组件有不同的指标和维度。搭建指标体系需要对指标进行真实的需求分析，确定指标及指标的维度，以及指标与相关数据的关联关系。

搭建指标体系的步骤如图 5-18 所示。

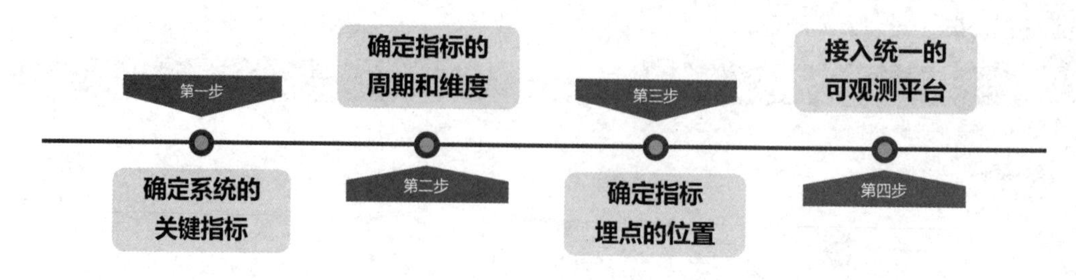

图 5-18

第一步：确定系统的关键指标。搭建指标体系需要明确系统中的关键指标，这种关键指标也叫作北极星指标，是指当前系统中当前阶段与业务相关的绝对核心指标。确立北极星指标能够明确表达系统的核心状态，如请求的错误率可以直接表达当前系统的健康情况。根据北极星指标可以扩展出其他二级指标。由于二级指标是由北极星指标衍生而来的，因此可以更深入地展示系统深层次的状态。例如，在 Java 虚拟机中，虽然 Full GC 是垃圾回收的一种机制，并不会直接导致系统发生故障，但是过于频繁的 Full GC 有可能导致系统响应缓慢，并逐步崩溃。通过二级指标也可以衍生出三级指标。通常，三级指标不仅能反映问题发生的根因，还能反映每个系统的关键动作。

第二步：确定指标的周期和维度。根据不同指标的特性确定指标的统计周期，周期越短数据越准确，但产生的原始数据也就越多。指标的维度需要尽可能完整，能对不同的指标或其他可观测性数据进行关联。这个步骤会确定指标之间的关联关系，而指标的维度语义需要统一设计。

第三步：确定指标埋点的位置。通常会根据指标的分层结构，在不同层次由对应系统的研发人员协助进行埋点，或者直接接入已有埋点的数据。对于云原生应用来说，基础设施甚至云上中间件的监控指标都由云厂商的团队负责，普通业务侧不需要进行埋点，可以直接接入其指标数据。需要关注的通常是业务框架和业务数据的埋点，如 RPC 调用中 HTTP 框架的埋点、电商业务中订单数据的埋点。

第四步：将指标数据接入统一的可观测平台。需要验证接入的指标数据的正确性和完整性，从而使指标数据能够正确有效地展示系统的状态。在统一的可观测平台上对接入的可观测性数据进行统一处理、统一分析和统一展示，使数据的价值最大化。

下面基于上面的理论对自研指标监控进行埋点实战。

本次实战主要基于 Java 的业务框架的指标监控。但自研指标监控并不意味着指标监控的所有环节、所有技术都是自研的。本次实战将完全自研通过埋点采集数据进行计算。

本次实战选择的指标是常见应用服务接收到的 HTTP 请求数，埋点的位置选择的是 javax.servlet.Filter，所有的请求都会通过 javax.servlet.Filter。

（1）新建一个 Spring Boot 的应用，本次实战使用的是 Spring Boot 2.7.4。完整的 POM 文件如下所示：

```
<?xml version="1.0" encoding="UTF-8"?>
<project xmlns="http://maven.apache.org/POM/4.0.0"
      xmlns:xsi="http://www.w3.org/2001/XMLSchema-instance"
```

```xml
      xsi:schemaLocation="http://maven.apache.org/POM/4.0.0
http://maven.apache.org/xsd/maven-4.0.0.xsd">
    <modelVersion>4.0.0</modelVersion>

    <groupId>org.example</groupId>
    <artifactId>spring-boot-custom-metrics-demo</artifactId>
    <version>1.0-SNAPSHOT</version>

    <parent>
        <groupId>org.springframework.boot</groupId>
        <artifactId>spring-boot-starter-parent</artifactId>
        <version>2.7.4</version>
        <relativePath/>
    </parent>

    <properties>
        <java.version>1.8</java.version>
    </properties>


    <dependencies>
        <dependency>
            <groupId>org.springframework.boot</groupId>
            <artifactId>spring-boot-starter-web</artifactId>
        </dependency>
        <dependency>
            <groupId>org.projectlombok</groupId>
            <artifactId>lombok</artifactId>
        </dependency>
    </dependencies>
    <build>
        <plugins>
            <plugin>
                <groupId>org.springframework.boot</groupId>
                <artifactId>spring-boot-maven-plugin</artifactId>
            </plugin>
        </plugins>
    </build>
</project>
```

（2）在配置文件中指定应用服务的端口和服务名，完整的配置如下所示：

```
spring:
 application:
  name: custom-metrics
server:
 port: 10030
```

（3）新建 HTTP 指标的计算统计类 HttpServerRequestCounter。在 addCount 方法中对相同 URL 的请求数进行累积计算，getCountMap 方法用于获取当前应用程序中的监控信息（这里只使用最简单的计算，当涉及比较复杂的计算时最好将数据缓存起来，通过异步方式进行计算，最大限度地降低对业务服务性能的影响）：

```
@Slf4j
@Component
public class HttpServerRequestCounter {

   private final Map<String, AtomicInteger> countMap = new HashMap<>();

   public void addCount(String url) {

      countMap.putIfAbsent(url, new AtomicInteger());
      if (countMap.containsKey(url)) {
         int count = countMap.get(url).incrementAndGet();
      }
   }

   public Map<String, AtomicInteger> getCountMap(){
      return countMap;
   }
}
```

（4）新建 CustomWebFilter 类，该类实现了 Filter 类的接口（所有对应用服务的请求都会通过 CustomWebFilter 类），在 doFilter 方法中调用 HttpServerRequestCounter 类的 addCount 方法对请求进行计数：

```
@Slf4j
@Component
public class CustomWebFilter implements Filter {
```

```
    @Autowired
    private HttpServerRequestCounter httpServerRequestCounter;

    @Override
    public void init(FilterConfig filterConfig) throws ServletException {
        Filter.super.init(filterConfig);
    }

    @Override
    public void doFilter(ServletRequest servletRequest, ServletResponse servletResponse,
FilterChain filterChain) throws IOException, ServletException {
        HttpServletRequest request = (HttpServletRequest) servletRequest;
        httpServerRequestCounter.addCount(request.getRequestURI());
        filterChain.doFilter(servletRequest, servletResponse);
    }

    @Override
    public void destroy() {
        Filter.super.destroy();
    }
}
```

（5）新建应用接口类 DemoController，如下所示（每次调用接口完毕都会返回当前的监控信息）：

```
@Slf4j
@RestController
public class DemoController {

    @Autowired
    private HttpServerRequestCounter httpServerRequestCounter;


    @GetMapping("/echo/{param}")
    public Map<String, AtomicInteger> echo(@PathVariable String param) {
        log.info("echo: {}", param);

        return httpServerRequestCounter.getCountMap();
    }
}
```

（6）启动应用服务验证该监控是否生效。启动应用服务之后，通过 Postman 请求 http://localhost:10030/echo/a 接口，如图 5-19 所示，可以看到当前应用监控中已经有/echo/a 接口的请求数。

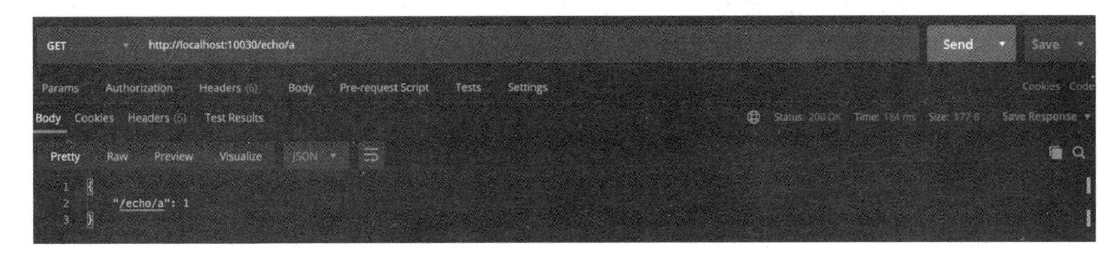

图 5-19

本节介绍了自研指标监控实战。对一个系统而言，由于使用的组件多种多样，如果需要研发团队针对每种组件进行自研开发，那么工作量会非常大。对于大部分常见组件的埋点插件，开源社区中已经有十分成熟和优秀的组件可供选择，如 OpenTelemetry 和 Spring Boot Actuator 等。如果能直接使用开源社区的成果，只把研发资源投入那些开源社区中没有的埋点组件，就能帮助研发团队快速搭建一套可观测系统。如果在此基础上能将成果反馈给开源社区，那么对整个可观测开源生态都是非常积极且有利的。

5.2.4　内核监控之 eBPF 实战

通常，指标监控都在应用侧，对系统内核的关注极少，主要是因为需要对内核源代码进行修改或加载内核模块，这些操作可能会引发很多未知的问题。但是在出现 eBPF 技术之后，无须修改内核源代码或加载内核模块就可以在 Linux 内核中运行沙盒程序。

下面介绍 eBPF 技术的原理，并分析 eBPF 技术在可观测场景下的应用。

BPF（Berkeley Packet Filter，伯克利包过滤器）首次出现在由 Steven MaCanne 和 Van Jacobson 发表的 *The BSD Packet Filter: A New Architecture for User-level Packet Capture* 中，是一种基于 BSD UNIX 内核的包过滤器。

BPF 的原理如图 5-20 所示，当网络数据到达网卡驱动时，先复制一份数据发送给 BPF 的数据接收点，再根据用户应用定义的包过滤器对这些数据进行过滤，最后将过滤后的数据发送给用户。网卡驱动将复制的数据发送给 BPF 之后继续将数据发送给上层的协议栈。网络数据在内核中完成读取和过滤，这样就可以大幅度减少复制到用户空间的信息量，从而提升性能。常用的抓包软件 tcpdump 就是基于 BPF 的应用。

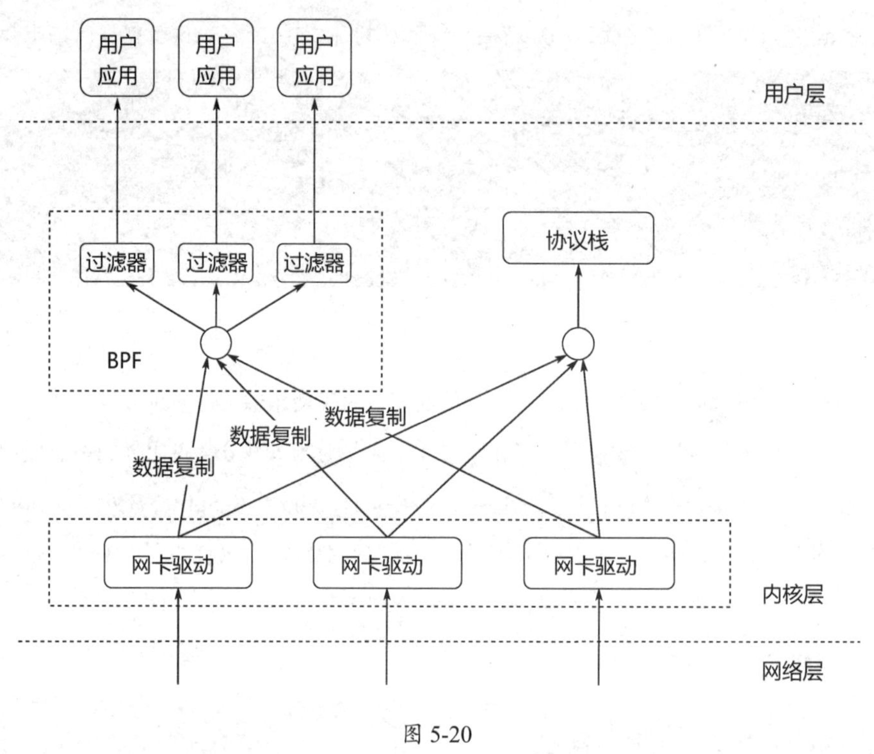

图 5-20

eBPF（extended Berkeley Packet Filter）源于 BPF，是基于 BPF 的扩展。eBPF 在 2014 年首次加入 Linux 内核，这为 BPF 带来了一次革命性的变革。目前，Linux 内核只运行 eBPF，并且将加载的 BPF 字节码透明地转换成 eBPF 之后再执行。

相对于 BPF，eBPF 已经进化为一个通用的执行引擎，从本质上来看类似于内核中的一个虚拟机功能模块。eBPF 将原有的 2 个 32 位寄存器增加到 10 个 64 位寄存器，并且通过新的设计进行了有针对性的优化，使性能提升了 4 倍。对于普通应用的开发人员来说，eBPF 技术还有如下两个改进之处。

一是 eBPF 技术的使用场景更加丰富，不再局限于网络栈，已经成为内核顶级的子系统，在报文过滤的基础上加入了性能测试、应用轨迹追踪等使用场景。目前，eBPF 技术已被广泛应用于可观测性、网络安全等领域。

二是 eBPF 技术易于开发和使用。在 BPF 中，内核接收的是裸虚拟机机器码，虽然 tcpdump

这样的程序会借助 libpcap 将过滤表达式翻译为机器码，但仅限于 tcpdump。绝大部分机器码需要用户自己提供。如果使用 eBPF 技术，用户就可以用 C 语言编写最后需要在内核空间中运行的代码，Clang 编译器会将需要输入内核中的代码编译成.o 文件，之后用户可以通过编写用户空间程序载入.o 文件，完成内核空间程序的灌注。同时，对于用户空间程序与内核 BPF 字节码程序，eBPF 可以使用 map 结构实现双向通信，这为内核中运行的 BPF 字节码程序提供了更加灵活的控制。

为了保证内核的安全性，实际使用 eBPF 技术时有许多限制，主要包括如下两点。

- eBPF 技术只能使用内核模块中列举的 BPF Helper 函数。
- 在 eBPF 程序中默认不能使用循环语句，如果使用循环语句，就需要通过编译选项“#pragma clang loop unroll(full)”让编译器在编译过程中将循环展开。

目前，eBPF 技术广泛用于可观测场景中。对于可观测场景，尤其是云原生架构，使用 eBPF 技术进行数据采集有如下优点。

- 由于使用云服务器及大规模的容器集群，因此基于服务器和系统的差异产生的影响可以降到最低，为使用 eBPF 技术进行埋点采集数据提供了前提条件。
- 在上层应用中，由于业务应用形态各异，业务场景种类繁多，因此使用的组件和协议也各不相同。如果需要针对不同的组件和协议进行埋点，那么工作量一定非常大。使用 eBPF 技术进行埋点可以统一在内核中采集所需要的数据，并根据协议和数据进行分析，以减轻埋点的工作量。
- eBPF 技术直接在内核中埋点、处理和过滤数据，尤其是指标数据，可以直接在内核中聚合和计算，将计算的最终结果返回监控应用，而不需要原始数据，可以提高监控组件的性能。

下面介绍基于 eBPF 技术的项目。

BCC 是一个基于 eBPF 技术的高效内核追踪、运行程序的工具包。BCC 中有许多有用的命令行工具和示例程序。BCC 中包含一个 LLVM 之上的包裹层及前端，前端使用 Python 和 Lua 语言编写，因此减轻了开发人员使用 C 语言编写 eBPF 程序的难度。另外，BCC 提供了一个高级库，用于直接整合到应用中。BCC 的使用场景包括性能分析和网络流量控制。

bpftrace 是基于 Linux eBPF 的高级编程语言。bpftrace 语言是基于 awk、C、DTrace 和 SystemTap 等以前的一些追踪程序设计的。bpftrace 使用 LLVM 作为后端。而 LLVM 将脚本编译成 eBPF 字节码，利用 BCC 作为库和 Linux eBPF 子系统、已有的监测功能、eBPF 附着点进行交互。

Cilium 是一个开源项目，提供了借助 eBPF 技术增强网络、安全和监测的功能。Cilium 被专门设计成将 eBPF 技术融入 Kubernetes 生态圈中，并且旨在满足容器负责的可伸缩性、安全性和可见性需求。

Falco 是一个行为监测器，用来监测应用中的异常活动。在 eBPF 技术的帮助下，Falco 在 Linux 内核中审核系统。Falco 将采集到的数据和其他输入聚合，如容器运行时的评价标准和 Kubernetes 的评价标准与采集到的数据聚合，允许持续对容器、应用、主机和网络进行监测。

Katran 是一个 C++库和 eBPF 程序，可以用来建立高性能的第四层的负载均衡转发平面。Katran 利用 Linux 内核中的 XDP 基础构件来提供一个内核内部的快速包处理功能。Katran 的性能随着网卡接收队列数量的增加而线性提高，也可以使用 RSS 作为 L7 的负载均衡。

下面介绍 eBPF 技术的埋点实战应用。

本次实战使用的操作系统是 Ubuntu 22.04，内核版本是 5.15.0-56-generic。

本次实战编写一个简单的 eBPF 程序，用来监控系统中所有的 TCP 连接，并将获取到的连接的信息上报客户端。

eBPF 程序包括以下两个部分。

- 用 C 语言编写的 eBPF 程序本身。
- 用 Python 编写的使用 eBPF 的应用程序，即客户端。

下面搭建 eBPF 程序的开发环境。由于 eBPF 技术正在快速发展，Linux 内核对 eBPF 特性的支持也在逐步增加中，因此建议使用 5.*x* 版本的内核来搭建开发环境。另外，开发环境的系统内核需要开启 CONFIG_DEBUG_INFO_BTF=y 和 CONFIG_DEBUG_INFO=y 两个编译选项。

开发环境的操作系统推荐直接使用 Ubuntu 20.10 及以上版本、Debian 11 及以上版本、RHEL 8.2 及以上版本或 Fedora 31 及以上版本。

开发所需要的工具包如下所示。

- LLVM：可以将 eBPF 程序编写成 BPF bytecode。
- make：C 语言编译工具。

- BCC：BPF 工具集和它所依赖的头文件。
- libbpf：与内核代码仓库实时同步。
- pbftool：内核代码提供的 eBPF 程序管理工具。

在 Ubuntu 操作系统中安装这些软件的命令如下所示：

```
sudo apt-get install -y make clang llvm libelf-dev libbpf-dev bpfcc-tools libbpfcc-dev
linux-tools-$(uname -r) linux-headers-$(uname -r)
```

Ubuntu 22.04 使用 apt-get 工具安装的 BCC 工具集在编译 BPF 模块时会抛出异常，需要手动编译 0.25 版本的 BCC 工具集。安装 BCC 工具集的指令如下所示：

```
apt purge bpfcc-tools libbpfcc python3-bpfcc
wget
https://github.com/iovisor/bcc/releases/download/v0.25.0/bcc-src-with-submodule.tar.gz
tar xf bcc-src-with-submodule.tar.gz
cd bcc/
apt install -y python-is-python3
apt install -y bison build-essential cmake flex git libedit-dev  libllvm11 llvm-11-dev
libclang-11-dev zlib1g-dev libelf-dev libfl-dev python3-distutils
apt install -y checkinstall
mkdir build
cd build/
cmake -DCMAKE_INSTALL_PREFIX=/usr -DPYTHON_CMD=python3 ..
make
checkinstall
```

首先编写 demo.c 文件。

使用 C 语言编写的 eBPF 程序，通过声明 BPF_PERF_OUTPUT 来传递数据，通过 ipv4_data_t 结构体来定义传出数据的结构：

```
#include <uapi/linux/ptrace.h>
#include <net/sock.h>
#include <net/tcp_states.h>
#include <bcc/proto.h>

struct ipv4_data_t {
    u32 pid;
    u32 saddr;
```

```
    u32 daddr;
    u64 ip;
    u16 dport;
    char task[TASK_COMM_LEN];
};
BPF_PERF_OUTPUT(ipv4_events);

int trace_tcp_connect(struct pt_regs *ctx, struct sock *sk)
{
    u32 pid = bpf_get_current_pid_tgid() >> 32;

    u16 family = 0, dport = 0;
    family = sk->__sk_common.skc_family;
    dport = sk->__sk_common.skc_dport;

    if (family == AF_INET) {
        struct ipv4_data_t data4 = {.pid = pid, .ip = 4};
        data4.saddr = sk->__sk_common.skc_rcv_saddr;
        data4.daddr = sk->__sk_common.skc_daddr;
        data4.dport = ntohs(dport);

        #if __BCC_ipaddr
        #if __BCC_port
        if (data4.daddr != __BCC_ipaddr && data4.dport != __BCC_port) {
            return 0;
        }
        #endif
        #endif

        bpf_get_current_comm(&data4.task, sizeof(data4.task));
        ipv4_events.perf_submit(ctx, &data4, sizeof(data4));
    }

    return 0;
};
```

然后编写 monitor.py 文件。通过 BPF 对象的 attach_kprobe 方法挂载到埋点上，通过 open_perf_buffer 方法获取 eBPF 程序返回的数据：

```
from bcc import BPF
```

```
from socket import inet_ntop, inet_aton, AF_INET, AF_INET6
from struct import pack, unpack

bpf_text = open(r"demo.c", "r").read()
b = BPF(text=bpf_text)

b.attach_kprobe(event="tcp_connect", fn_name="trace_tcp_connect")

def print_ipv4_event(cpu, data, size):
    event = b["ipv4_events"].event(data)
    print("%-6d %-12.12s %-2d %-16s %-16s %-5d" % (event.pid,
                                                    event.task.decode('utf-8', 'replace'),
event.ip,
                                                    inet_ntop(AF_INET, pack("I", event.saddr)),
                                                    inet_ntop(AF_INET, pack("I", event.daddr)),
event.dport))

print("%-6s %-12s %-2s %-16s %-16s %-5s" % ("PID", "COMM", "IP", "SADDR", "DADDR", "DPORT"))

b["ipv4_events"].open_perf_buffer(print_ipv4_event)
while 1:
    try:
        b.perf_buffer_poll()
    except KeyboardInterrupt:
        exit()
```

使用如下命令启动 Python 脚本：

```
python monitor.py
```

图 5-21 所示为当前系统的 TCP 连接情况。

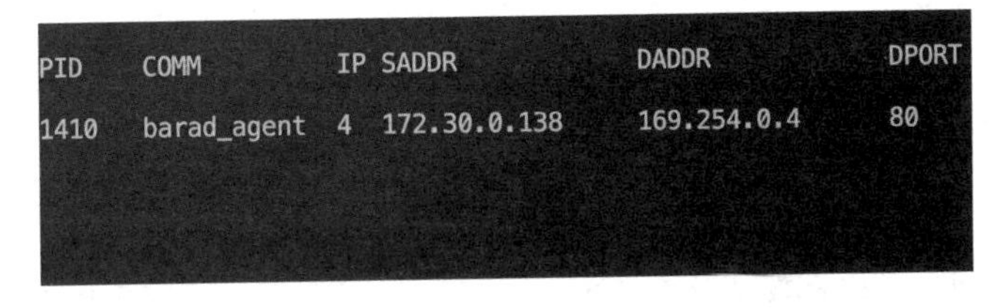

图 5-21

eBPF 技术的出现使得可以在内核上下文中运行沙盒程序，可以安全有效地扩展内核功能，无须加载内核模块或修改内核代码。但是目前仍然存在不少局限性，如在调用链领域，虽然可以通过 eBPF 技术从内核层面进行链路追踪，但是无法对链路进行标记，所以需要通过其他手段来识别链路的一致性。另外，使用 eBPF 技术在内核层面采集可观测性数据会导致可观测性数据的数据量大幅增加，虽然完善系统和内核级别的监控可以更快捷地查询问题，但是提高了系统的复杂度，以及系统传输、计算和存储的成本，因此在使用时需要根据实际需求进行取舍。

5.3 指标系统实战场景

指标系统涉及的场景繁多，尤其是在当前云原生场景下，系统日趋复杂，这些都使指标系统面临巨大的挑战。本节将结合笔者在指标系统方面的实战经验展开介绍。

5.3.1 实战一：如何保证海量数据上报的实时性和完整性

随着业务的不断发展，系统会变得越来越复杂，上报的数据量也会越来越大。想要及时了解整个系统的健康情况，以及对系统中出现的异常和潜在的风险做出及时的响应，需要将数据完整、及时地上报到平台上。

下面介绍在海量数据的场景下，对于常规流量和流量洪峰，线上系统是如何保证数据上报的实时性和完整性的。

线上可观测平台每天的数据量平均为百万级，当遇到突发情况（如电商大促等）时，可能还会突然暴涨几倍。在这种场景下，普通服务会采取服务降级、部分服务熔断等手段来提高整体服务和核心功能的可用性，最大限度地保证用户使用。但是，可观测性本身属于旁路系统，需要最大限度地降低对业务本身性能的影响，那么在资源有限的情况下，应该如何保证数据上报的实时性和完整性呢？

数据上报的形式通常有两种：第一种是通过接口直接上报；第二种是先将数据写入文件中，再通过文件采集组件进行上报。这两种形式的区别非常明显：采用第一种形式可以保证数据的实时性，并且架构简单，不需要额外的组件支持。采用第二种形式可以保证数据的完整性，当遇到服务异常中断时，不必担心当前数据是否已完整上报，只要将数据写入文件中，最终一定会全部上报。但是这样会增加一个额外的采集组件，提高系统的复杂度和维护成本。

通过对数据上报的形式进行分析可知，如果要保证数据上报的完整性，那么最好先将数据写入文件中，再通过文件采集组件将数据上报到可观测平台上。那么在海量数据的场景下，应该如何保证数据上报的实时性呢？

在云原生场景下，服务都部署在容器集群上，通常以一个服务实例就是一个容器的方式来运行。在这种背景下，可以将采集组件和业务服务分开，分别部署到两个容器中，将服务的可观测性数据写入一个挂载的目录下，这样即使业务服务的容器遇到异常中断，也不会导致文件无法使用。

由于采集组件部署在另外一个容器中，因此采集组件带来的额外的性能压力完全不影响业务服务的运行。数据上报的实时性由采集组件决定，并且和采集组件本身的性能及其所在容器的配置有关。

如图 5-22 所示，为了解决海量数据场景下数据上报实时性和完整性的问题，业务容器可以先将指标数据写入宿主机的指标文件中，再由采集组件通过采集指标文件上报到可观测平台上。

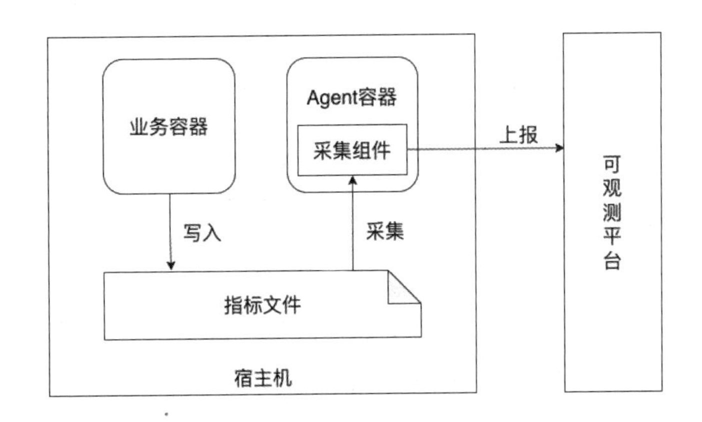

图 5-22

其中，采集组件选择的是 Filebeat。Filebeat 是目前可观测性领域使用率比较高的组件，是基于 Golang 开发的一款轻量级采集器。作为 Elastic 家族中的重要成员，Filebeat 以性能稳定、配置简单、使用方便受到广大开发人员的欢迎。Filebeat 提供了许多高级配置，可以根据实际的业务情况进行调整和配置。4.2.4 节已经详细介绍了 Filebeat 的采集方案和工作原理，这里不再赘述。

为了保证完整性，这里主要依赖 Filebeat 投递机制中的 at-least-once，可以保证数据至少成功上报一次。通过在 Agent 容器中使用脚本来运行 Filebeat，以及监听 Filebeat 的运行状态，可以在 Filebeat 异常中断之后及时重新启动。

对于上报超时的问题，在服务端需要对上报超时的数据进行检测，及时发现 Filebeat 上报的异常，如容器配置过低导致的无法及时上报等。通过异常检测及时调整 Agent 容器的配置或 Filebeat 组件的配置，可以解决上报超时的问题。

本节针对海量数据的上报，采用的是先将数据写入文件中再通过 Filebeat 上报数据的形式。因此，对于使用虚拟机部署的用户来说，Filebeat 会占用一部分资源，导致业务服务可以使用的资源减少。最好的部署模式还是使用容器将业务服务和 Filebeat 分开。

5.3.2 实战二：当陷入告警风暴时应该如何实现告警降噪

通常，可观测平台中接入的指标越完整，就越能准确地观测当前系统的健康情况。对于所接入的指标，通常会对其数值设置一些阈值或其他的异常条件，以使其在达到阈值或满足异常条件时能够及时准确地发出告警信息，通知相关人员介入处理，以保证系统的稳定运行。

开发人员和运维人员对常见的告警（如服务离线、CPU 飙升和磁盘容量不足等）都一定不会陌生。但是在当前云原生的场景下，一个系统可能同时运行上万个甚至几百万个实例，一个问题可能会引发非常多的连锁异常指标，导致运维人员或研发人员在问题发生时收到海量的告警。这种现象就是所谓的告警风暴。

本节通过分析告警风暴产生的原因来研究如何建立告警治理的机制，以及如何实现告警降噪。

产生大量告警的原因一般包括以下几个。

（1）存在大量重复告警

由于发生故障之后，告警系统会及时准确地将告警信息推送给相关人员，而故障又不能立刻修复，因此在一段时间内，该异常情况会被告警系统监测到，从而产生大量重复告警。

（2）存在大量无效告警

由于一个系统可能由不同的团队负责不同的组成部分，告警可能由不同的团队设置，也可能是同一个团队中不同职能的人员设置的，甚至这些团队会重组，因此团队会面临人员迭代和技术迭代。在这种场景下，交接的问题可能会导致配置无效，告警没有被回收。

（3）存在大量连锁告警

当前云原生架构和微服务框架的应用非常广泛，因此一个异常往往会引起很多连锁反应。例如，一个服务的接口如果响应缓慢，就会影响这个服务处理其他业务逻辑的性能，以及这个服务的上游服务的响应情况，最终会导致很多服务和接口受到不同程度的影响，从而产生告警。

解决告警风暴的第一种方法就是对系统中设置的告警建立相应的治理机制，保证系统中的告警都是正确有效的。

如图 5-23 所示，如果没有告警治理机制，就会使告警本身失去意义，采集的指标越多，配置的告警就越多，最终导致相关人员和系统不堪重负。

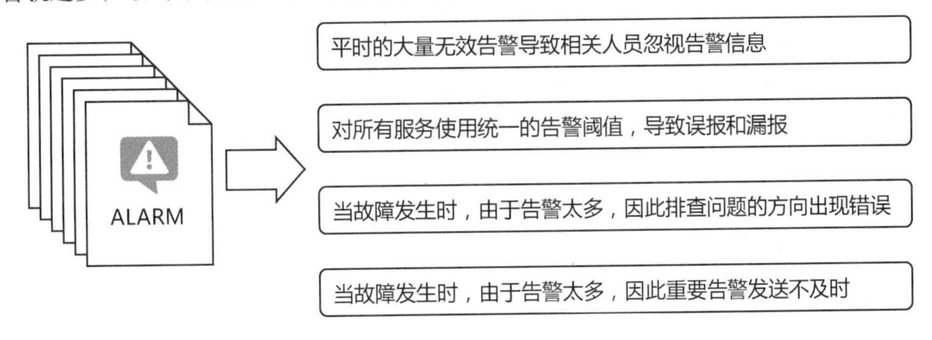
ALARM
平时的大量无效告警导致相关人员忽视告警信息
对所有服务使用统一的告警阈值，导致误报和漏报
当故障发生时，由于告警太多，因此排查问题的方向出现错误
当故障发生时，由于告警太多，因此重要告警发送不及时

图 5-23

告警治理机制可以通过制定告警等级规则、及时回收无效告警、根据实际业务场景设置告警阈值来制定。

（1）制定告警等级规则

《SRE：Google 运维解密》中提到，在运维实践中，Google 将监控系统的输出分为 3 类：告警、工单和日志。告警意味着收到警报的用户需要立即执行某种操作，目标是解决某种已经发生的问题，或者避免即将发生的问题；工单则意味着收到工单的用户应该执行某种操作，但并非立即执行；日志则以备日后调试和分析时使用。

在可观测平台中，面对告警也应该区分等级。对于不同业务不同指标的告警，应根据实际的业务场景制定告警等级：需要立即处理的告警、需要关注但不必立即处理的告警。对于不同等级的告警，需要根据通知到的相关人员和通知方式进行配置及调整，如需要立即处理的，可以使用电话方式确保告警信息通知到位，不需要立即处理的可以通过邮件或短信甚至微信的方式通知相关人员。

（2）及时回收无效告警

在配置的众多告警中，随着系统的发展和人员的变更，一些告警会变成无效的，但是由于没有及时回收，因此告警一直处于生效的状态，时常还会被触发，这会导致一些不相干的人员收到告警，或者收到告警的人员无法处理该信息。因此，在告警系统中应该将长期无人使用或经常产生，以及长时间触发的告警进行回收或停止告警。

（3）根据实际业务场景设置告警阈值

对于不同的业务服务，同一个指标也会设置不同的阈值，尤其是在当前云原生架构体系下，每个服务负责单一的业务场景，而业务场景之间的差别非常大。例如，请求耗时指标，对于普通服务来说，通常要求达到秒级的响应，但对于下载服务或上传服务，秒级的耗时指标显然是不适用的，或者一些涉及复杂业务逻辑的接口也可能存在自身业务逻辑的耗时问题。

对于不同的业务服务，根据自身的业务场景进行指标阈值的设置时，除了依据测试数据和历史数据，还可以引入算法来检测设置的指标阈值是否合理。在上线运行之后，要及时发现指标阈值的设置问题，并及时调整。

进行告警治理可以减少一些告警方面的问题，包括无效告警，因为设置的阈值不合理会导致误报、漏报等。但是，当实际问题发生时，很容易产生告警风暴。告警降噪通常可以使用告警去重和设置告警降噪规则的方式。

（1）告警去重

通常，从问题发生到解决是需要一定的时间的，可以设置在这段时间内不再重复告警。当告警系统监测到异常情况时，就会触发告警并通知相关人员，相关人员在设置的时间范围内不再收到重复告警。

告警去重最重要的就是如何识别同一条告警信息，在对同一条告警信息的识别上，最常见的是对告警对象的定义，如某台服务器的 IP 地址、域名、MAC 信息等。但是，对于大型系统来说，单一的标识可能是毫无意义的，需要将告警维度中的部分甚至所有维度进行结合来标识这条告警信息。

聚合告警可以通过告警时设置的告警对象来标识，也可以通过用户后期指定告警标识的方式将不同的告警标识成同一告警，从而减少告警的数量。

（2）设置告警降噪规则

告警降噪规则的设置可以采用人工的方式，也可以采用算法的方式。通常可以采用以下 3 种方式设置告警降噪规则。

- 用户自定义降噪规则。

系统中的多条告警之间往往存在相互关联的关系。相关人员根据自身对业务的理解和使用，可以根据同一维度对不同指标进行关联。由于同一维度在可观测平台中具有唯一性，因此在不同的指标上，使用同一维度和同一维度值可以将不同的指标进行关联。

例如，实例 A 的 QPS 的最大值是 10 000，当 QPS 超过 10 000 时，实例 A 将无法正常提供服务。将实例 A 的错误请求率和其请求的 QPS 进行关联，当实例 A 的 QPS 超过 10 000 时进行告警，同时忽略发生的错误请求告警，这样此时大量请求实例 A 的错误请求告警会被降噪，当实例 A 的 QPS 降到正常水平之后，错误请求自然也就不再存在。

- 根据业务逻辑进行智能降噪。

在可观测平台中，多个指标之间往往具有业务关联性。

有些指标之间本身具有业务含义的关联，可以通过业务规则来设置智能降噪。

例如，服务 A 运行在容器 B 中，当容器 B 发生网络中断时，服务 A 会产生离线告警，可以将服务 A 的离线告警进行降噪，只发出容器 B 的网络告警。当解决了容器 B 的网络问题时，也就解决了服务 A 的离线问题。

又如，服务告警和接口告警，当一个服务处于离线状态时，这个服务所有的接口必然也是请求不到的，所以当产生服务离线告警时，将这个服务的接口告警进行降噪，否则会产生大量的接口告警，这样会干扰相关人员。

- 通过算法进行智能降噪。

除了用户自定义降噪规则和根据业务逻辑进行智能降噪，还可以通过算法进行智能降噪。通过算法进行智能降噪的原理是根据历史数据通过算法模型来降噪，用于降噪的经典模型包括相似度模型、分类模型、预测模型和机器学习回归模型等。

告警降噪从本质上来看和故障根因分析紧密结合。降噪可以实现在故障发生时排除杂音，使相关人员专注于故障根因的解决，所以降噪的本质还是找出故障根因。如果降噪规则设置失误，就可能导致故障根因无法在第一时间暴露。如果降噪被忽略，就会大大增加相关人员排查问题的难度。

告警降噪和治理机制也需要在业务实践过程中不断完善。随着业务的不断发展，当前有效的配置和机制也需要变更，不可以一直不变。

5.3.3 实战三：使用 Filebeat 采集指标数据，如何在服务端去重

采集指标有两种方案：一种是通过服务端提供的上报接口将指标数据实时上报；另一种是先将指标数据保存到本地文件中，再通过采集组件上报服务端。两种方案各有优劣，因此适用于不同的业务场景中。5.3.1 节已经介绍了这两种方案，本节不再赘述。对于第二种方案，将指标数据保存到本地文件中之后，需要使用采集组件上报，其中最常见的采集组件是 Filebeat。

4.2.4 节已经介绍了 Filebeat 的采集方案，本节不再赘述。本节主要对 Filebeat 在采集指标数据时如何去除重复数据进行分析。

下面对 Filebeat 上报重复数据的原因进行分析。

Filebeat 通过 at-least-once 机制确保上报的数据不会丢失。采用这种机制可以保证数据上报 Elasticsearch、Kafka、Logstash 等后端至少成功一次。

at-least-once 机制的原理是当数据成功发送到服务端时，通过 registry 文件将每个 Harvester 组件读取到的文件最后偏移量的 offset 记录下来，当发送失败时，不断重复发送，直到发送成功为止。offset 文件的内容如图 5-24 所示，通常位于 Filebeat 的 data 目录下，也可以通过 filebeat.yaml 配置文件指定。

```
[root@VM-0-111-centos data]# cat registry_elasticsearch
[{"source":"/root/tsf-agent/agent/log/agent.log","offset":193236,"FileStateOS":{"inode":526688,
"device":64769},"timestamp":"2023-01-12T11:15:03.634461394+08:00","ttl":-1},{"source":"/data/
tsf_apm/monitor/jvm-metrics/gclog.log.0.current","offset":1218,"FileStateOS":{"inode":917519,"/
device":64769},"timestamp":"2023-01-12T11:15:05.653533073+08:00","ttl":-1},{"source":"/var/log/tsf
stdout","offset":35873,"FileStateOS":{"inode":526071,"device":64769},"timestamp":"2023-01-12T1
1:15:07.646337787+08:00","ttl":-1}]
[root@VM-0-111-centos data]# 
```

图 5-24

Filebeat 正在运行时需要关闭或遭遇异常中断的场景，不会等待服务端接收完毕，而是直接关闭进程。下次启动时继续从 offset 的位置进行数据上报，这样可以保证数据至少成功交付一次，但是会导致数据重复发送。

除此之外，为了防止 registry 文件变得越来越大和 inode 重用，还会设置 clean_removed 和 clean_inactive 两个选项。

- clean_removed 选项在默认情况下是打开的，此时默认清除已经被删除的文件的 registry 信息。
- clean_inactive 选项在默认情况下是关闭的，此时会清除超过配置时间没有更新的文件的 registry 信息。

使用 clean_inactive 选项清除 registry 文件可能会导致数据重复发送。所以，clean_inactive 选项需要和 ignore_older 选项搭配使用，ignore_older 选项用于指定需要忽略多久没有更新的文件。这样即使删除了该文件在 registry 文件中的记录，也不会重新采集。除非出现采集的文件在超过 clean_inactive 选项配置的时间之后又出现新的写入的情况，这种情况在线上系统中通常不会发生。

由此可知，Filebeat 重复发送数据主要是因为 at-least-once 机制。在 Filebeat 确保至少发送成功一次的基础上，可能有重复数据。

Filebeat 中的 shutdown_timeout 选项用来设置 Filebeat 关闭时的延迟时间，这样在关闭一段时间内的数据可以成功发送，在一定程度上可以减少重复发送的现象。

从 7.6 版本开始，Filebeat 提供了一个名为 add_id 的 processor。这个 processor 会为每个数据生成唯一的 ID，而这个 ID 会直接被 Elasticsearch 当作文档 ID 来使用，这样即使一个数据多次上报也不会在 Elasticsearch 中生成重复数据。

下面通过一个实战来验证这个场景。

在官网中下载 Filebeat 组件。本次实战选用的是 Filebeat 8.4.1，运行环境是 x86 架构的 CentOS 7.5，下载的组件包为 filebeat-8.4.1-linux-x86_64.tar.gz。

在当前文件夹中解压缩，进入解压缩之后的目录，修改配置文件 filebeat.yaml。完整的配置文件 filebeat.yaml 如下所示：

```
filebeat.inputs:
```

```yaml
- type: log
  enabled: true
  paths:
    - /root/filebeat/log/test.log

setup.template.settings:
  index.number_of_shards: 1

output.elasticsearch:
  hosts: ["172.17.0.1:9200"]
  username: elastic
  password: abc@1234
```

配置文件 filebeat.yaml 指定了采集文件/root/filebeat/log/test.log，上报给地址为 172.17.0.1:9200 的 Elasticsearch 服务端。

手动在 test.log 文件中写入数据之后，通过如下命令启动 Filebeat：

```
./filebeat -e
```

如图 5-25 所示，通过 Kibana 页面可以看到数据已经写入 Elasticsearch 中。


```
"hits":[
    {
        "index":".ds-filebeat-8.4.1-2022-08-25-000001",
        "_id":"T8ss44UB2psB5Ajm4P83",
        "_score":1,
        "_source":{
            "@timestamp":"2022-08-25T19:48:45.138Z",
            "host":{
                "name":"VM-16-123-centos"
            },
            "agent":{
                "id":"e05a3f10-686a-45b2-b852-9e88214a1cd7",
                "name":"VM-16-123-centos",
                "type":"filebeat",
                "version":"8.4.1",
                "ephemeral_id":"77dd8f83-2bdb-4a09-a595-8213fbf1ce77"
            },
            "log":{
                "offset":0,
                "file":{
                    "path":"/root/filebeat/log/test.log"
                },
                "message":"""{"aa";1}""",
                "input":{
                    "type":"log"
                },
                "ecs":{
                    "version":"8.0.0"
                }
            }
        }
    }
]
```


图 5-25

为了验证 ID 是由 Elasticsearch 生成的，通过抓包工具抓取了本次上报数据的网络包，具体的网络包数据如图 5-26 所示，可以看到上报的数据中并不包含该数据的 ID。

```
POST /_bulk HTTP/1.1
Host: 172.17.0.1:9200
User-Agent: Elastic-filebeat/8.4.1 (linux; amd64;
fe210d46ebc339459e363ac313b07d4a9ba78fc7; 2022-08-25 19:48:45 +0000 UTC)
Content-Length: 424
Accept: application/json
Authorization: Basic ZWxhc3RpYzphYmNAMaIzNA==
Content-Type: application/json; charset=UTF-8
X-Elastic-Product-Origin: beats
Accept-Encoding: gzip

{"create":{"_index":"filebeat-8.4.1"}}

{"@timestamp":"2022-08-25T19:48:45.138Z","host":{"name":"VM-16-123-centos"},"agent":{t",
"id":"e05a3f10-686a-45b2-b852-9e88214a1cd7","name":"VM-16-123-centos","type":"filebea
"version":"8.4.1","ephemeral_id":"77dd8f83-2bdb-4a09-a595-8213fbf1ce77"},"log":
{"offset":0,"file":{"path":"/root/filebeat/log/test.log"}},"message":"{\"aa\":
1}","input":{"type":"log"},"ecs":{"version":"8.0.0"}}
HTTP/1.1 200 OK
X-elastic-product: Elasticsearch
content-type: application/json
content-encoding: gzip
content-length: 216


{"took":9,"errors":false,"items":[{"create":{"_index":".ds-filebeat-8.4.1-2022-08-25-
000001","_id":"T8ss44UB2psB5Ajm4P83","_version":1,"result":"created","_shards":
{"total":2,"successful":1,"failed":0},"_seq_no":11,"_primary_term":1,"status":201}}]}
```

图 5-26

将 Filebeat 重新解压缩到另一个文件夹中，并将前一个 Filebeat 的配置文件 filebeat.yaml 复制到这个新的目录下，同时在末尾加入如下配置：

```
processors:
  - add_id: ~
```

通过如下命令启动 Filebeat：

```
./filebeat -e
```

通过 Kibana 进行查询，可以看到新的数据，如图 5-27 所示。

通过抓包工具抓取了本次数据上报的网络包，如图 5-28 所示。查看本次上报的报文，发现报文中多了"_id":"xk8L44UB8PugdVSSMvPK"，这个 ID 和最终 Elasticsearch 中存储的 ID 一致，可以确认这个 ID 是由 Filebeat 生成的。

通过 ID 在 Filebeat 侧生成在一定程度上可以避免重复的数据，但是如果将 registry 文件删除，那么在 Filebeat 重新抓取数据的场景下依然无法避免数据的重复上报，新抓取的数据会生成不同的 ID 进行上报。这种情况需要通过数据中可以表示唯一性的某些字段来设置。

```
{
  "_index": ".ds-filebeat-8.4.1-2022-08-25-000001",
  "_id": "xk8L44UB8PugdVSSMvPK",
  "_score": 1,
  "_source": {
    "@timestamp": "2022-08-25T19:48:45.074Z",
    "log": {
      "offset": 0,
      "file": {
        "path": "/root/filebeat/log/test.log"
      }
    },
    "message": """{"aa": 1}""",
    "input": {
      "type": "filestream"
    },
    "ecs": {
      "version": "8.0.0"
    },
    "host": {
      "name": "VM-16-123-centos"
    },
    "agent": {
      "version": "8.4.1",
      "ephemeral_id": "1a96299d-711d-4cf3-bbef-61e23da4d995",
      "id": "e05a3f10-686a-45b2-b852-9e88214a1cd7",
      "name": "VM-16-123-centos",
      "type": "filebeat"
    }
  }
},
```

图 5-27

```
POST /_bulk HTTP/1.1
Host: 172.17.0.1:9200
User-Agent: Elastic-filebeat/8.4.1 (linux; amd64;
fe210d46ebc339459e363ac313b07d4a9ba78fc7; 2022-08-25 19:48:45 +0000 UTC)
Content-Length: 460
Accept: application/json
Authorization: Basic ZWxhc3RpYzphYmNAMaIzNA==
Content-Type: application/json; charset=UTF-8
X-Elastic-Product-Origin: beats
Accept-Encoding: gzip

{"create":{"_index":"filebeat-8.4.1","_id":"xk8L44UB8PugdVSSMvPK"}}

{"@timestamp":"2022-08-25T19:48:45.074Z","log":{"offset":0,"file":{"path":"/root/
filebeat/log/test.log"}},"message":"{\"aa\":
1}","input":{"type":"filestream"},"ecs":{"version":"8.0.0"},"host":{"name":"VM-16-123
-centos"},"agent":{"version":"8.4.1","ephemeral_id":"1a96299d-711d-4cf3-bbef-61e23da4
d995","id":"e05a3f10-686a-45b2-b852-9e88214a1cd7","name":"VM-16-123-centos","type":
"filebeat"}}
HTTP/1.1 200 OK
X-elastic-product: Elasticsearch
content-type: application/json
content-encoding: gzip
content-length: 218


{"took":4,"errors":false,"items":[{"create":{"_index":".ds-filebeat-8.4.1-2022-08-25-
000001","_id":"xk8L44UB8PugdVSSMvPK","_version":1,"result":"created","_shards":
{"total":2,"successful":1,"failed":0},"_seq_no":8,"_primary_term":1,"status":201}}]}
```

图 5-28

修改 Filebeat 的配置文件，将 processors 部分替换成如下配置：

```
processors:
```

```
- decode_json_fields:
    fields: ['message']
    target: ''
    overwrite_keys: true
- fingerprint:
    fields: ["id", "aa"]
    target_field: "@metadata._id"
```

将输出的数据添加到 test.log 文件中，如下所示：

```
{"aa": 1,"id": "asdfghjkl"}
```

重新启动 Filebeat，通过 Kibana 查询数据，如图 5-29 所示，可以看到数据上报成功。

```
{
  "_index": ".ds-filebeat-8.4.1-2022-08-25-000001",
  "_id": "bae1ec3af0f3e286e2d5ad7d585667f72d0d09df08a8237d2f1087ee406d05d6",
  "_score": 1,
  "_source": {
    "@timestamp": "2022-08-25T20:37:00.645Z",
    "input": {
      "type": "log"
    },
    "ecs": {
      "version": "8.0.0"
    },
    "host": {
      "name": "VM-16-123-centos"
    },
    "agent": {
      "name": "VM-16-123-centos",
      "type": "filebeat",
      "version": "8.4.1",
      "ephemeral_id": "ca9f407e-dda3-4563-bac8-578040db061b",
      "id": "e05a3f10-686a-45b2-b852-9e88214a1cd7"
    },
    "aa": 1,
    "id": "asdfghjkl",
    "log": {
      "file": {
        "path": "/root/filebeat/log/test.log"
      },
      "offset": 0
    },
    "message": """{"aa": 1,"id": "asdfghjkl"}"""
  }
},
```


图 5-29

查看抓取的网络包数据，如图 5-30 所示，可以看到上报的数据中已经生成 ID，并且这个 ID 和最终 Elasticsearch 中存储的 ID 一致，可以确认这个 ID 是由 Filebeat 生成的。

停止 Filebeat 进程之后，删除 registry 文件后重启 Filebeat，通过 Kibana 无法查到新增的数据。抓取上报的网络包数据，如图 5-31 所示，可以看到将数据上报给 Elasticsearch 之后返回这个文档已存在的错误，本次数据上报的 ID 和前面一次上报的一样，可以保证数据上报没有重复的情况。

```
POST /_bulk HTTP/1.1
Host: 172.17.0.1:9200
User-Agent: Elastic-filebeat/8.4.1 (linux; amd64;
fe210d46ebc339459e363ac313b07d4a9ba78fc7; 2022-08-25 19:48:45 +0000 UTC)
Content-Length: 543
Accept: application/json
Authorization: Basic ZWxhc3RpYzphYmNAMaIzNA==
Content-Type: application/json; charset=UTF-8
X-Elastic-Product-Origin: beats
Accept-Encoding: gzip


{"create":{"_index":"filebeat-8.4.1","_id":"bae1ec3af0f3e286e2d5ad7d585667f72d0d09df0
8a8237d2f1087ee406d05d6"}}

{"@timestamp":"2022-08-25T20:37:00.645Z","input":{"type":"log"},"ecs":{"version":
"8.0 .0"},"host":{"name":"VM-16-123-centos"},"agent":{"name":"VM-16-123-centos","type"
"filebeat","version":"8.4.1","ephemeral_id":"ca9f407e-dda3-4563-bac8-578040db061b","id":
"e05a3f10-686a-45b2-b852-9e88214a1cd7"},"aa":1,"id":"asdfghjkl","log":{"file":{"path":
"/root/filebeat/log/test.log"},"offset":0},"message":"{\"aa\": 1,\"id\":
\"asdfghjkl\"}"}
HTTP/1.1 200 OK
X-elastic-product: Elasticsearch
content-type: application/json
content-encoding: gzip
content-length: 238


{"took":6,"errors":false,"items":[{"create":{"_index":".ds-filebeat-8.4.1-2022-08-25-
000001","_id":"bae1ec3af0f3e286e2d5ad7d585667f72d0d09df08a8237d2f1087ee406d05d6",
"_version":1,"result":"created","_shards":{"total":2,"successful":1,"failed":0},"_seq_no"
:14,"_primary_term":1,"status":201}}]}
```

图 5-30

```
POST /_bulk HTTP/1.1
Host: 172.17.0.1:9200
User-Agent: Elastic-filebeat/8.4.1 (linux; amd64;
fe210d46ebc339459e363ac313b07d4a9ba78fc7; 2022-08-25 19:48:45 +0000 UTC)
Content-Length: 543
Accept: application/json
Authorization: Basic ZWxhc3RpYzphYmNAMaIzNA==
Content-Type: application/json; charset=UTF-8
X-Elastic-Product-Origin: beats
Accept-Encoding: gzip


{"create":{"_index":"filebeat-8.4.1","_id":"bae1ec3af0f3e286e2d5ad7d585667f72d0d09df0
8a8237d2f1087ee406d05d6"}}

{"@timestamp":"2022-08-25T20:37:18.756Z","host":{"name":"VM-16-123-centos"},"agent":{
"type":"filebeat","version":"8.4.1","ephemeral_id":"13a18fd9-a6a8-4120-81fc-f0fb91ba7
1ae","id":"e05a3f10-686a-45b2-b852-9e88214a1cd7","name":"VM-16-123-centos"},"id":"asd
fghjkl","aa":1,"log":{"offset":0,"file":{"path":"/root/filebeat/log/test.log"}},
"message":"{\"aa\": 1,\"id\":
\"asdfghjkl\"}","input":{"type":"log"},"ecs":{"version":"8.0.0"}}
HTTP/1.1 200 OK
X-elastic-product: Elasticsearch
content-type: application/json
content-encoding: gzip
content-length: 304


{"took":0,"errors":true,"items":[{"create":{"_index":".ds-filebeat-8.4.1-2022-08-25-0
00001","_id":"bae1ec3af0f3e286e2d5ad7d585667f72d0d09df08a8237d2f1087ee406d05d6",
"status":409,"error":{"type":"version_conflict_engine_exception","reason":"[bae1ec3af0f3e2
86e2d5ad7d585667f72d0d09df08a8237d2f1087ee406d05d6]: version conflict, document
already exists (current version
[1])","index_uuid":"Tyeuuw0ISUinAb6Ow6epCQ","shard":"0","index":".ds-filebeat-8.4.1-2
022-08-25-000001"}}}]}
```

图 5-31

本节使用 Filebeat 去重的方案适用于 Filebeat 7.6 及其更高版本，如果低于该版本，那么可以考虑在服务端使用数据时处理，但这样会使系统产生许多额外的成本，因此建议使用最新版本的 Filebeat。

第 6 章 事件中心实战

对于任何系统来说，事件作为信息的载体，都是系统中不可忽视的重要数据。尤其是对于可观测系统天然契合事件驱动架构，当可观测系统观测到系统中的某些事件时，可以通过预设的动作进行相应的处理。本章先介绍事件驱动架构，再介绍如何设计事件中心，并针对笔者在大规模事件场景中遇到的实际问题展开分析，以帮助读者搭建自己的事件中心。

6.1 事件中心的设计

事件中心的设计基于事件驱动架构。事件驱动架构是 2003 年由 Gartner 公司引入的一个术语，主要用于描述一种基于事件的范例。下面先介绍事件驱动架构，再介绍事件模型的设计，最后对事件中心的设计进行详细分析和实战。

6.1.1 事件驱动架构概述

在可观测系统中，事件数据是非常关键的数据类型。在大型系统中，每时每刻都在产生事件，服务上线是一个事件，服务离线也是一个事件。通过对事件进行采集、分析和处理，可以了解系统的实时状态和运行情况。下面详细介绍事件、事件驱动和事件驱动架构。

从广义上来说，事件就是发生在某个时间和地点的事情。在物理学中，事件是由它的时间和空间所指定的时空中的一点。

在计算机领域，事件是系统内部发生的动作或事情。事件通常通过以下几种场景发生。

- 第一种场景：事件是用户主动触发的一个动作所产生的。例如，单击页面中部署服务的按钮就会触发服务部署的事件。
- 第二种场景：事件是由于系统在运行过程中发生自然变更所产生的。例如，服务日志的大小随着使用时间的增加而逐渐增加，当服务日志的大小达到一定的值时会触发自动删除事件，从而删除日志。
- 第三种场景：事件是由于系统在运行过程中遇到突发状况而产生的。例如，服务突然停止向注册中心上报心跳，此时会触发服务离线事件。

在这些事件中，触发事件的对象称为事件发送者，接收事件的对象称为事件接收者。在一个系统中，所有的组件都可能是事件发送者。为了最大限度地发挥事件的作用，通常用事件中心来接收系统中上报的所有事件，作为系统中的事件接收者。事件最终也会发送给订阅了事件的所有服务。

事件驱动是指在持续事务管理过程中进行决策，即跟随当前时间点上出现的事件调动可用的资源、执行相关任务，解决不断出现的问题，防止事务堆积。

在事件驱动中，事件发送者并不需要关心事件接收者及事件在接收之后的操作。发送事件的逻辑和接收事件的逻辑应该是隔离的。事件发送者产生这个事件可能是用户主动触发的，也可能是某些故障导致事件被动触发的，如主动单击某个按钮触发某个事件，那么这个操作在单击完按钮发出事件之后就结束。后续操作是由事件接收者通过订阅这个事件接收到这个事件之后触发相应的逻辑完成处理。

事件驱动有一个显著的特点，就是事件发送者不需要关心事件接收者及其对接收到的事件的处理。基于这个特点，如果事件发送者希望事件接收者对事件做出相应的动作，并获得相应的结果，那么应该采用请求调用的模式。

事件驱动架构是一种系统架构模型。事件驱动架构采用分布式异步架构模式。事件驱动架构是一种松耦合、分布式的驱动架构，采集到某应用产生的事件后实时对事件采取必要的处理后路由到下游系统中，无须等待系统响应。事件驱动架构既适合小型应用、复杂应用，又适合规模比较大的应用。

事件驱动架构的核心功能在于能够对发现的系统中的事件根据用户设置的动作来实时或近实

时地响应。如图 6-1 所示，在传统的请求调用模式中，服务必须等待回复才能进入下一个逻辑，需要知道接收请求方才能发出一个请求。

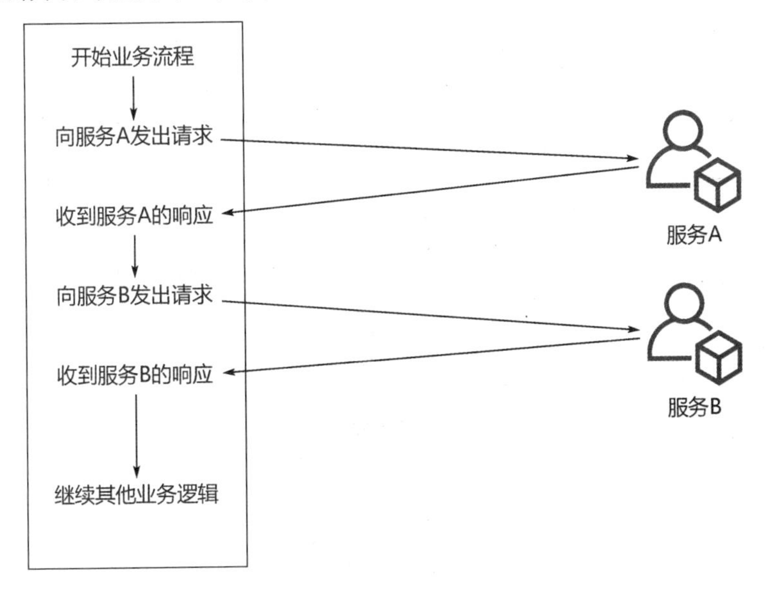

图 6-1

事件驱动架构是由一系列高度解耦的、异步接收和处理事件的单一职责的组件组成的，如图 6-2 所示。事件驱动架构主要包括事件接收器、事件处理管道、事件分发器及事件存储组件。事件发送者在发送完事件后就结束任务。由事件接收器接收的事件进入用户设置的事件处理管道中进行数据清洗和处理，最终通过事件分发器发送给订阅事件的监听者。事件分发也可能只是一个消息队列，让监听者通过订阅该事件来监听和消费。

事件驱动架构具有低耦合性、高扩展性和异步处理等优点。

低耦合性是指事件发送者不需要关注事件是如何处理的，也不需要知道事件接收者是谁，事件处理的流程并不会对事件发送者的流程造成影响，即使新增或修改事件处理的逻辑也不需要对事件发送者进行修改和变更。

高扩展性是指事件发送者和事件监听者都可以很方便地进行扩展，不会影响已有事件的发送和接收，同一事件也可以增加发送者和接收者。

事件的发送和接收是异步的。采用异步处理能显著提高整个系统的高可用性，不会因为某个小问题而阻塞整个流程。

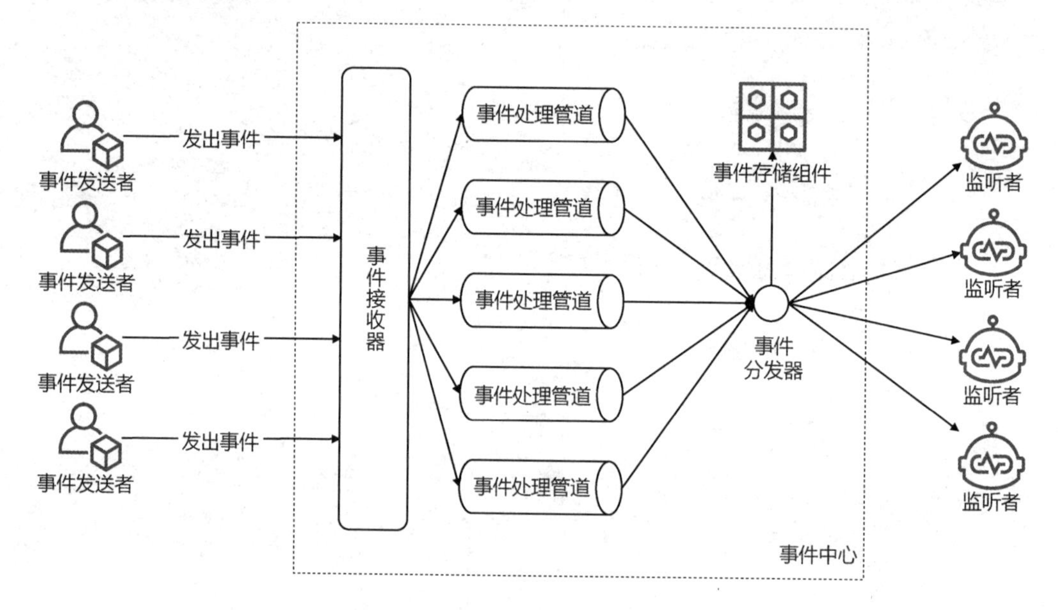

图 6-2

对于可观测系统来说，事件驱动架构具有天然的契合度。事件本身就是可观测性数据中一个重要的组成部分，系统的异常情况可以通过事件表现出来。可观测系统可以根据事件设置处理逻辑来应对突发的各种异常，也可以根据系统故障的事件进行自动化恢复。

6.1.2 事件模型的设计

在可观测系统中，事件被看成一类特殊的日志。通常的日志是非结构化的，不同系统所产生的日志对应该系统的日志结构和业务含义。事件是结构化的日志，通过结构化的事件模型设计，搭配事件驱动架构才能最大限度地发挥其价值。

1. 事件的关键属性

对于一个事件来说，事件名称需要具有唯一性及可读性（能够简单清晰地表明该事件的含义）。在命名事件时，通常使用一个或多个字段的组合，以便在结构上标识事件。另外，事件名称应具有低基数，因此不要使用标识事件实例而不是标识事件类的字段。

事件具有重要的时间特性，表现的是当下所发生的事情。除了时间，一个事件还需要有发生的地点，也就是事件所发生的系统。

事件也有对应的等级分类。根据事件的紧急程度和对系统的影响程度，通常将事件分为高、中、低 3 个等级。例如，服务异常离线对于线上系统来说是严重的事件，需要立刻引起关注，所以属于等级高的事件。

事件也可分为有状态事件和无状态事件。有状态事件是指事件发生的这个状态会持续一段时间，如服务离线事件在服务离线期间一直存在，直到服务上线或相关人员手动对事件进行处理为止。无状态事件（如服务发布）并不是一个持续的状态，只是一个动作或一个操作。

2. 事件模型

在 OpenTelemetry 中，事件作为一种特殊的日志类型，主要属性有两个，分别是 event.name 和 event.domain。

- event.name：事件名称，用来标识作用域下的事件。具有相同域名和名称的事件在结构上彼此相似。不同的作用域可能有相同的事件名称，但这两个事件完全没有关联。
- event.domain：事件的作用域，用于从逻辑上分隔不同系统的事件。例如，要在浏览器应用程序、移动应用程序和 Kubernetes 中记录事件，可以使用浏览器、设备和 k8s 作为它们的事件的域。这为每个域中的事件提供了清晰的语义分离。

相对于 OpenTelemetry 的设计，通用的事件模型包含事件名称、事件发生的时间戳、事件的状态、事件严重程度的等级、事件发生的源系统、事件作用的对象、事件的维度及事件的附加信息，如表 6-1 所示。

表 6-1

字段	类型	字段含义
event	String	事件名称
timestamp	Long	事件发生的时间戳
status	String	事件的状态
level	String	事件严重程度的等级
source	String	事件发生的源系统
object	String	事件作用的对象
dimensions	List	事件的维度
attributes	List	事件的附加信息

事件的维度和事件作用的对象共同为事件实例做了限定。在实际的业务系统中，事件根据作用范围等业务含义定义事件类型的属性。例如，在微服务中，有服务类型的事件，也有实例类型的事件。用户根据实际的事件可以配置事件处理的逻辑及订阅相关的事件。

6.1.3 事件中心的设计及实战

在事件驱动架构的实现中，主要有两种拓扑结构，分别是协调者拓扑结构和中间件拓扑结构。协调者拓扑结构就是 Mediator 拓扑，中间件拓扑就是 Broker 拓扑。事件中心就是基于事件驱动架构的系统。

下面基于这两种拓扑结构介绍如何设计事件中心。

Mediator 拓扑的核心是 Event Mediator 组件，这个组件也被称作协调者，用于将原始事件拆分成多个独立的子事件。Mediator 拓扑的架构图如图 6-3 所示，事件上报 Event Queue 组件，Event Queue 组件通常会使用消息队列并通过 Event Mediator 组件消费这些事件，将原始事件拆分成子事件，子事件通过 Event Channel 组件推送到对应的 Event Processor 组件上。Event Channel 组件也可以是消息队列，这样 Event Processor 组件就可以通过消费方式接收子事件。Event Processor 组件负责对最后的子事件进行相应的处理。

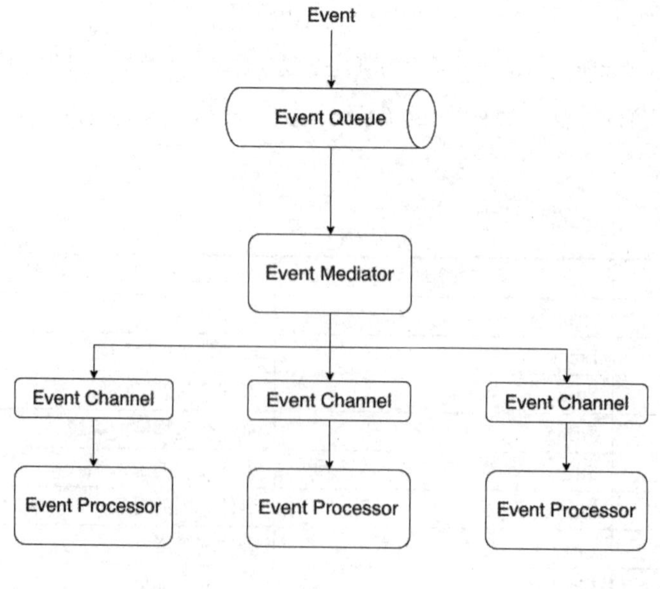

图 6-3

Mediator 拓扑的事件一般是复合的复杂事件，这种架构适用于有多个层次、需要进行拆分的场景。

Broker 拓扑是一种简洁的架构。与 Mediator 拓扑相比，最大的不同就是 Broker 拓扑没有 Event Mediator 组件。如图 6-4 所示，Broker 拓扑只包含两种组件，即 Event Channel 组件和 Event Processor 组件。在这种模式下，事件可能是相互关联的，并且前一个 Event Processor 组件处理的结果是后一个 Event Processor 组件的输入事件。

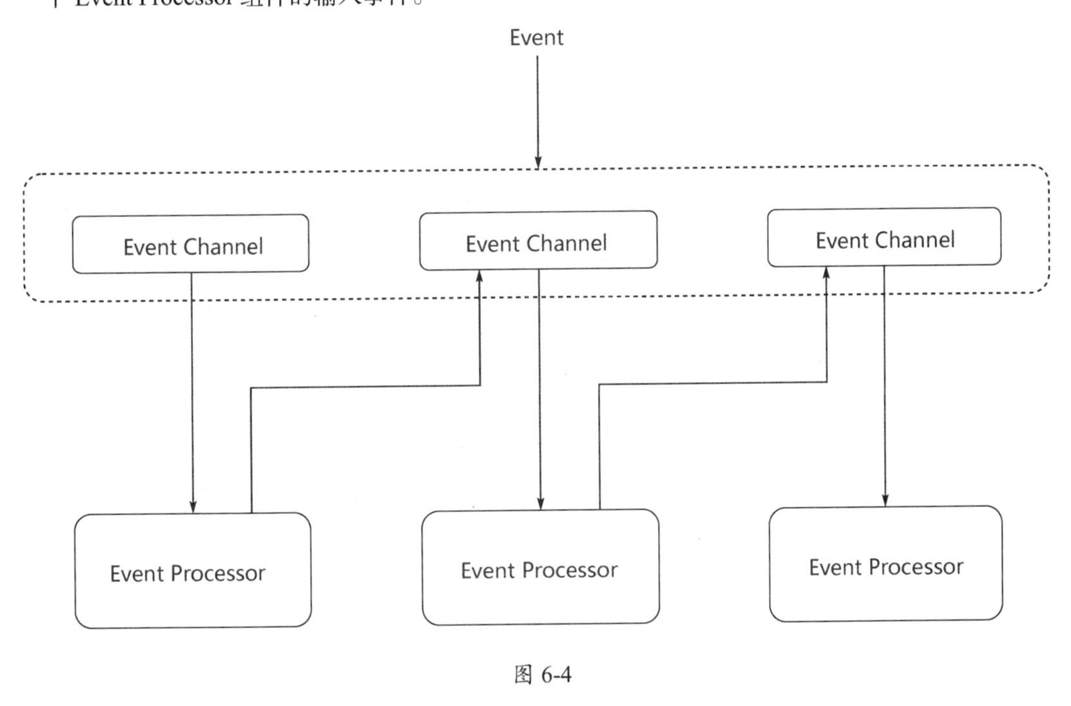

图 6-4

Broker 拓扑没有中心的 Event Mediator 组件，也就没有集中的事件编排。Event Processor 组件之间通过 Event Channel 组件进行串联，而这种串联对于消息流很有用。

在实际的业务系统中，有些事件可能比较复杂，需要使用事件编排功能，而有些事件并不需要经过太多的事件处理流程就可以直接推送给事件消费者。在设计事件处理管道时，可以将 Event Mediator 组件当作一个 Event Processor 组件来设计，接收需要通过 Event Mediator 组件进行编排的事件。

在事件中心的组件中，通常包含事件接收组件、事件处理组件和事件分发组件。事件处理组件是核心功能部分，可以是一个组件或一个服务。最简单的事件驱动架构可以没有事件处理管道，仅包含一个消息队列，通过消息队列接收事件和推送事件给消费者。

如图 6-5 所示，内部事件通常可以通过直接生产消息推送到事件队列中，而外部事件需要通过事件接收服务先接收再推送到事件队列中。事件队列中的事件根据配置的事件处理器进行处理，内部事件消费者可以直接通过订阅相关的消息来消费该事件，事件分发服务则将相应的消息放入事件存储组件中存储，并根据配置的告警将相关事件推送给告警系统及外部订阅该事件的消费者。

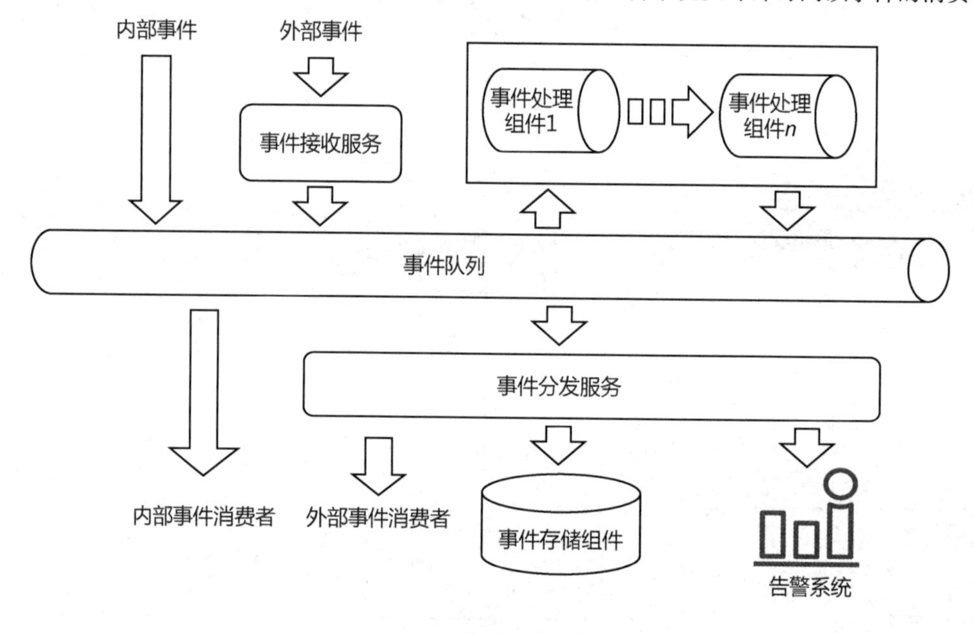

图 6-5

事件中心基于事件驱动架构，具备高度解耦、异步调用和灵活扩展等特点，对于当前云原生来说是必不可少的组成部分。对于可观测系统来说，事件是非常重要的数据，需要通过观测到的事件来触发相应的业务逻辑，如发生故障之后的自动恢复。

6.2 高可用事件中心实战

事件中心是云服务中常见的组件。对可观测系统而言，一旦遇到问题，就会产生大量事件上报，这对于事件中心来说是一个巨大的挑战。本节将结合笔者在事件中心方面的实战经验，分析如何在触发大规模事件时保证事件中心的稳定性。

在一个系统中，当事件的定义和设置越来越完善时，事件就会越来越多，尤其是当出现故障、变更等场景时，会瞬时触发大量的事件。如何在触发大规模事件的情况下保证事件中心的稳定性，就成了一个必须提前考虑和处理的问题。

当发生异常时，可能会瞬时触发大量的事件，如某个区域的网络发生异常，可能会引起大面积的服务离线事件。当突然触发大规模事件时，上报到事件中心的数据量会极速飙升，对于事件中心的稳定性来说是一个巨大的挑战。应该如何应对这种场景呢？

从整体来看，事件中心的组件主要包括事件接收组件、事件队列组件、事件处理组件、事件分发组件和事件存储组件。因此，当触发大规模事件时，应根据事件中心的各个组件来确定该组件面临的情况。

当触发大规模事件时，流量的压力会打到事件接收组件上。如果事件来源于内部，那么流量的压力可能直接打到事件队列组件上；如果事件来源于外部或内外部都有，那么流量的压力会同时打到事件接收组件和事件队列组件上。

由于流量进入事件中心之后，超量的事件会导致事件处理组件无法及时处理事件，因此事件队列会持续堆积事件。

对于消费者来说，不管是内部消费者接收的事件，还是通过消息分发服务分发的事件，都可能由于流量过大来不及处理事件，因此事件会在事件队列中持续堆积。

所以，此时事件中心各个组件的压力会越积越大，最终导致整个事件中心不可用。

上面分析了事件中心各个组件的情况，下面介绍在实战场景中应该如何应对。

事件驱动架构本身具有高度解耦、异步调用、灵活扩展等特点，对于处理高并发场景具有很大的优势。对于事件中心的各个组件来说，组件与组件之间通常是异步调用的关系，不存在一个组件处理缓慢直接阻塞另一个组件的问题。另外，由于大部分都是通过消息队列进行通信的，因此组件服务可以灵活扩容。当面临大量事件触发的场景时，事件接收组件、事件处理组件和事件分发组件都能水平扩容，以提高系统整体的处理能力。

组件扩容机制在目前容器化的场景下已经有了多种实现方案。例如，目前广泛应用的 Kubernetes 容器编排系统本身就具备动态扩容/缩容的能力，可以通过组件的指标情况设置自动扩容/缩容的阈值。当组件压力过大时扩容，当组件压力过小时缩容，这样既可以保证资源得到合理使用，又可以保证系统的高可用。

大规模事件可以分为两种情况：一种是事件都是毫无关联的，另一种是大量关联事件的上报。通过自动扩容，无论这些事件是否有关联，都可以在一定程度上解决大规模事件上报的问题。但是这只能在全局资源充足的范畴内有一定程度的缓解，没有实际降低需要处理的数据量。对于突发的大规模事件上报的场景，这些海量事件都不是毫无关联的，在上报大量关联的事件时，最好能够根据事件的某些特征消除大量相似事件，这样能够在事件上报入口极大地降低事件数量，以及降低实际需要处理的数据量。对于事件中心的其他组件来说，不存在海量数据的压力问题。

如果某个区域的网络存在问题，就会导致大量实例离线，这时会产生大量网络异常事件、实例离线事件、调用失败事件和服务离线事件。而出现这个问题的根本原因是某个区域的网络存在异常情况，如果可以将事件进行关联分析，直接定位到网络异常事件，将其他事件降低优先级或进行一定程度的屏蔽，就会减少大量的事件，同时为排查问题的人员减少大量的信息干扰。

本节介绍了触发大规模事件的原因，以及解决问题的思路。事件相似的关联除了可以根据当前事件的某些 Tag 设置策略，还可以通过智能算法进行匹配，并针对相似事件形成事件解决报告，记录解决方案等。

第 7 章

Profile 诊断实战

日志、链路追踪、指标和事件是云原生系统可观测性的重要组成部分，在大多数场景下通过对上述组成部分进行观测，并结合业务代码即可快速定位问题所在。但在企业级的复杂场景下，一些异常需要结合 Profile 采集更细粒度及实时数据以定位问题。7.1 节介绍线上分析工具，包括 JDK 原生工具、Java 结上诊断工具及网络请求分析工具 Wireshark；7.2 节介绍在内存、CPU、I/O 和响应时间等指标出现异常时如何定位与解决问题；7.3 节介绍线上问题处理流程，以保证云原生系统长期稳定运行。

7.1 线上分析工具

对于正在编写或正处于测试阶段的服务，开发人员可以通过 debug 命令或在合适的位置增加日志来显示重要的变量值或业务执行状态。但对于已经上线的服务，需要以无侵入的方式进行 Profile 观测。JDK 提供的一些原生工具可以对 Java 程序进行 Profile 分析，阿里巴巴开源的 Arthas 工具提供了更简单易用的 Profile 方法。对线上最常见的网络请求等问题进行分析，Wireshark 是最好的选择。

7.1.1 JDK 原生工具

在 JDK 的 bin 目录下有大量 JDK 原生工具，其中常用的是 java 命令和 javac 命令。表 7-1 中列举了 bin 目录下一些常用的 JDK 原生工具。

表 7-1

命令	主要功能
jps	JVM 进程状态工具，用于显示系统中所有的 JVM
jinfo	Java 配置信息工具，用于显示指定的 JVM 的配置信息
jstat	JVM 统计监测工具，用于显示 JVM 的各项性能监测数据
jstack	Java 堆栈追踪工具，用于显示指定 JVM 进程的堆栈追踪信息
jmap	Java 内存映射工具，用于生成 JVM 内存转储快照（即 heapdump 文件）
jhat	Java 堆分析工具，用于分析 heapdump 文件
jconsole	Java 监视与管理控制台，用于可视化监视和管理 Java 程序
jcmd	用于向 JVM 发送诊断命令请求
jdeps	Java 类依赖分析器，用于显示类文件中包级别或类级别的依赖关系
jdeprscan	Java deprecated 的 API 扫描程序工具，用于扫描指定 jar 或类的 deprecated API
jshell	Java 交互式编程环境，可以直接输入表达式并查看结果
jhsdb	集成式的工具，用于分析 JVM 的各项信息

随着 JDK 新版本的不断发布，一些新的命令会逐渐添加到 JDK 的 bin 目录下。表 7-1 中列举的 jdeprscan、jshell 和 jhsdb 均为从 JDK 9 开始提供的命令；有的命令也会被废除，如从 JDK 9 开始废除了 jhat 命令。开发人员在使用前需要查看当前正在使用的 JDK 版本包含哪些可用的命令。下面介绍一些在线上分析中常用的 JDK 原生工具。

jps 命令与 Linux 操作系统中的 ps 命令的功能类似，ps 命令展示的是 Linux 操作系统中的进程，但是 jps 命令展示的是正在运行的 JVM 进程。jps 命令的使用方式是“jps [-q] [-mlv] [hostid]”，各个参数的含义如表 7-2 所示。

表 7-2

参数	含义
hostid	表示远程连接的主机名，格式是[protocol:][[//]hostname][:port][/servername]
-q	只输出本地虚拟机唯一的 ID，在本地主机上使用时也就是操作系统的进程 ID
-m	展示传入 main 方法的参数
-l	展示 main 方法所在类的全名或 jar 包的路径
-v	展示启动 JVM 时的参数

jps-mlv 执行示例如下所示（“5442”是进程 ID，sun.tools.jps.Jps 是参数-l 显示的方法全名，

-mlv 是参数-m 显示的传入 main 方法的参数，剩余部分是参数-v 显示的启动 JVM 时的参数）：

```
5442 sun.tools.jps.Jps -mlv -Denv.class.path=/usr/lib/jvm/TencentKona-8.0.6-292//lib
-Dapplication.home=/usr/lib/jvm/TencentKona-8.0.6-292 -Xms8m
```

jps 命令的参数-v 只能展示启动 JVM 时显式指定的参数，无法展示其他未被指定的参数值。jinfo 命令可展示完整的 JVM 的参数与参数值。jinfo 命令的使用方式是 jinfo [option] pid，其中的 pid 可以通过 jps 命令获得。jinfo 命令支持的参数如表 7-3 所示。

表 7-3

参数	含义
-flag name	用来展示指定 name 的参数与参数值
-flag [+|-]name	用来启用或禁用指定 name 的 Boolean 类型的参数
-flag name=value	用来动态修改指定 name 的参数值为 value
-flags	用来展示 JVM 的所有参数配置
-sysprops	用来展示 Java 的所有系统属性

如果没有配置任何参数执行 jinfo 命令，那么同时显示 JVM 的所有参数配置和 Java 的所有系统属性。jinfo -flags 27951 命令的执行结果如下：

```
Attaching to process ID 27951, please wait...
Debugger attached successfully.
Server compiler detected.
JVM version is 25.252-b1
Non-default VM flags: -XX:CICompilerCount=2 -XX:CompressedClassSpaceSize=528482304
-XX:GCLogFileSize=52428800 -XX:InitialHeapSize=134217728 -XX:MaxHeapSize=536870912
-XX:MaxMetaspaceSize=536870912 -XX:MaxNewSize=178782208 -XX:MetaspaceSize=134217728
-XX:MinHeapDeltaBytes=524288 -XX:NewSize=44564480 -XX:NumberOfGCLogFiles=8
-XX:OldSize=89653248 -XX:+PrintGC -XX:+PrintGCDateStamps -XX:+PrintGCDetails
-XX:+PrintGCTimeStamps -XX:-RequireSharedSpaces -XX:+UseCompressedClassPointers
-XX:+UseCompressedOops -XX:+UseGCLogFileRotation -XX:+UseParallelGC -XX:-UseSharedSpaces
Command line:  -Xshare:off -XX:+PrintGCDateStamps -XX:+PrintGCDetails -verbose:gc
-XX:+UseGCLogFileRotation -XX:NumberOfGCLogFiles=8 -XX:GCLogFileSize=50M -Xms128m
-Xmx512m -XX:MetaspaceSize=128m -XX:MaxMetaspaceSize=512m
```

jstat 命令用于统计 JVM 的运行情况。在分析 Java 程序的性能问题时，jstat 命令是最常用的工具之一。jstat 命令使用方式是 jstat -option [-t] [-hlines] vmid [interval [count]]。vmid 可以通过 jps 命令获取；-t 表示在输出结果的第一列显示 JVM 自启动至今的时间，单位为秒；-h 表示每隔多少行数据展示一次列头，默认取值为 0；interval 表示采样的时间周期，默认单位为毫秒；count 表示采样的次数，默认为无限次。表 7-4 中列举了 option 字段可选的取值（option 字段是必需的）。

表 7-4

参数	含义
-class	展示类装载、类卸载的数量和占用的空间，以及类装载花费的时间
-compiler	展示 JIT 编译器编译过的方法和花费的时间，包括编译成功、失败及不符合规范的任务
-gc	展示 Java 堆中各个区域的使用情况，包括 survivor、eden、old、metaspace 及 compressed class space 等的容量和使用率，Young GC 和 Full GC 的次数与花费的时间，以及 GC 花费的总时间。时间单位均为秒
-gccapacity	展示 Java 堆中各个区域当前使用容量，以及最大使用容量和最小使用容量
-gcutil	展示 Java 堆中各个区域当前使用容量与总容量的百分比
-gccause	相比-gcutil，额外展示了上一次 GC 产生的原因
-gcnew	-gc 中 new generations 的相关信息
-gcnewcapacity	-gccapacity 中 new generations 的相关信息
-gcold	-gc 中 old generations 的相关信息
-gcoldcapacity	-gccapacity 中 old generations 的相关信息
-gcmetacapacity	-gccapacity 中 metaspace 的相关信息
-printcompilation	显示被 JIT 编译器编译过的方法信息

对一个基于 Spring Cloud 的微服务进程执行 jstat-gcutil-t-h2 74583 1000 2 命令后的结果如下［服务运行 2997.6 秒后，已触发了 2 次 Full GC 和 9 次 Young GC（分别对应“FGC”和“YGC”两列），总的 GC 花费的时间为 0.082 秒］：

```
Timestamp  S0     S1     E      O      M      CCS    YGC    YGCT   FGC
           FGCT   CGC    CGCT   GCT
2997.6     0.00   99.93  39.09  10.40  95.61  92.74  9      0.045  2
           0.038  -      -      0.082
2998.6     0.00   99.93  39.09  10.40  95.61  92.74  9      0.045  2
           0.038  -      -      0.082
```

jstack 命令用于显示指定进程的线程快照，在排查线程的状态时非常有用。在复杂的业务场景下，因为代码存在 Bug，经常出现线程死锁或长时间挂起的情况，使用 jstack 命令能找到出现此类问题的根因。笔者在真实业务场景下曾遇到请求下游微服务的线程假死，最终通过 jstack 命令发现下游服务未正常返回 HTTP 响应，并且当前服务未合理设置请求超时时间，导致线程假死、程序异常。

jstack 命令的使用方式是 jstack [options] pid，其中的 pid 可以通过 jps 命令获取。jstack 命令可用的 options 如表 7-5 所示。

表 7-5

参数	含义
-l	额外显示线程的锁的相关信息
-F	强制输出线程堆栈，适用于正常请求无法响应的场景
-m	显示本地方法的 C/C++堆栈

jmap 命令用于生成 Java 内存转储快照，这在分析内存相关问题时非常有效。除此之外，jmap 命令还可以用来查询 finalize 队列、堆中对象的统计信息等。jmap 命令的使用方式是 jmap [options] pid，其中的 pid 可以通过 jps 命令获得，可用的 options 如表 7-6 所示。

表 7-6

参数	含义
-dump	生成 JVM 内存转储快照，使用方式是-dump:[live] format=b file=filename，参数 live 表示只输出存活对象，format=b 表示以 hprof 二进制格式删除，file 表示输出文件的路径
-finalizerinfo	显示在 F-Queue 中等待执行 finalize 方法的对象
-histo[:live]	显示内存中对象的统计情况，包括类、实例的数量及总量
-F	强制输出，适用于正常请求无法响应的场景

jmap 命令输出的转储快照是二进制文件，无法直接查询分析，需要结合 jhat 命令一起使用。jhat 命令用于分析内存转储快照，内置的 Web 服务器用于查询分析结果。但 jhat 命令的使用较为烦琐，并且展示方式不够直观。JDK 9 及其之后的版本已移除 jhat 命令。

jhsdb 命令是从 JDK 9 开始提供的一个集成式的 JDK 工具。jhsdb 命令有 jstack、jmap、jinfo、jsnap 等模式，其中前 3 种分别与上面介绍的 JDK 原生工具 jstack、jmap 和 jinfo 相对应，jsnap 则用于显示性能计数器信息。jhsdb 命令还有 clhsdb、hsdb 和 debugd 3 种调试模式，分别是基于命令行的调试工具、基于图形界面的调试工具和远程调试服务器。jhsdb 是集成式的命令工具。在诊断多数场景下的 Java 程序的异常时，jhsdb 命令已经能满足开发人员的需求。

7.1.2 Java 线上诊断工具

Arthas 是阿里巴巴开源的一款 Java 线上诊断工具，提供了丰富的 Java 排除故障功能。在实际的生产环境中，相比直接使用 JDK 原生工具，使用 Arthas 分析过程更直观，排除故障的效率更高。

下载 Arthas 的方法非常简单，命令如下：

```
curl -O https://arthas.aliyun.com/arthas-boot.jar
```

通过执行 java -jar arthas-boot.jar 命令即可启动 Arthas。启动 Arthas 之后会显示当前系统中正在运行的 Java 进程，输入进程前的数字即可连接目标进程。执行 dashboard 命令将显示当前进程的实时数据面板。Dashboard 由 3 个部分组成，分别是线程的详细信息、内存与 GC 信息、运行时信息。开发人员可以在该界面中获取当前 Java 进程的基本运行状态。Arthas 默认以 5000 毫秒一次的频率刷新实时数据，开发人员可以通过参数-i 配置刷新的时间间隔，通过参数-n 配置刷新的次数。

使用 Arthas 可以非常便捷地查看 JVM 的信息。输入“jvm”即可查看当前进程的运行时的信息，包括类加载、编译、内存、GC、线程、操作系统及文件描述符等，因此开发人员可以立即获知当前进程的 JVM 状态。

使用 memory 命令可以查看当前进程的内存使用情况，执行结果如下（开发人员可以清晰地查看当前进程在堆内存和非堆内存上的内存使用状态）：

```
[arthas@53951]$ memory
Memory                    used      total     max       usage
heap                      77M       468M      7282M     1.07%
ps_eden_space             29M       250M      2679M     1.09%
ps_survivor_space         20M       21M       21M       99.99%
ps_old_gen                27M       196M      5461M     0.50%
nonheap                   69M       73M       -1        94.32%
code_cache                9M        9M        128M      7.48%
metaspace                 52M       55M       -1        93.70%
compressed_class_space    7M        7M        1024M     0.70%
direct                    80K       80K       -         100.00%
mapped                    0K        0K        -         0.00%
```

结合 vmtool 命令，开发人员可以快速获取内存中的对象信息，在必要时可以通过 vmtool

--action forceGc 命令强制执行 GC。使用 vmoption 命令可以查看所有的 option，必要时可以通过 vmoption PrintGC true 命令修改指定的 option。通常，使用 Arthas 的目的是观察程序的状态，非必要场景应该避免直接操作 JVM 或获取大量内存信息。

使用 thread 命令可以快速查看当前进程的线程信息。当没有参数时，将默认按照 CPU 增量时间降序排列，并且只显示第一页数据。thread 命令可用的参数如表 7-7 所示。

表 7-7

参数	含义
-n N	显示当前最忙碌的前 N 个线程及其堆栈信息，该参数在进程 CPU 利用率非常高时有助于快速定位忙碌线程
id	显示指定线程 ID 的线程及其堆栈信息
-i interval	按照指定的事件间隔采样，单位为毫秒
--state	显示指定状态的线程，如--state WAITING
-b	显示当前阻塞其他线程的线程

参数-b 在排查锁相关问题时非常有效，下面的输出显示了锁的位置与其阻塞的线程数量（目前仅支持 synchronized 关键字阻塞的线程）：

```
"http-nio-8002-exec-2" Id=30 TIMED_WAITING
   at java.lang.Thread.sleep(Native Method)
   at com.nativedemo.consul.provider.Application.ping(Application.java:20)
   -  locked java.lang.Class@7960847b <---- but blocks 1 other threads!
   at sun.reflect.NativeMethodAccessorImpl.invoke0(Native Method)
   at sun.reflect.NativeMethodAccessorImpl.invoke(NativeMethodAccessorImpl.java:62)
   at sun.reflect.DelegatingMethodAccessorImpl.invoke(DelegatingMethodAccessorImpl.
java:43)
   at java.lang.reflect.Method.invoke(Method.java:498)
```

使用命令 sysenv 和 sysprop 可以分别查看 JVM 的环境变量和系统属性，展示的结果均为键值对。使用 logger 命令可以查看当前所有的 logger 信息，使用 logger --name ROOT --level debug 命令可以快速修改 logger 的级别，实现打印 debug 级别的日志信息，在排查生产环境问题时可以避免重新部署服务。命令 heapdump 与 jmap 的功能类似，可以实现将 Java 堆内存转储到快照中。

在比较复杂的 Java 服务中，开发人员常常需要确认 JVM 实际加载了哪些类或目标类是否生效。在 Arthas 中，使用 sc 命令可以快速查找 JVM 记载的类。sc 命令支持通配符查询，下面查找当前 JVM 加载的类中满足通配符"*provider.App*"的类：

```
[arthas@55681]$ sc *provider.App*
com.nativedemo.consul.provider.AppName
com.nativedemo.consul.provider.Application
com.nativedemo.consul.provider.Application$$EnhancerBySpringCGLIB$$88683a9
Affect(row-cnt:3) cost in 36 ms.
```

对于具体的某个类，可以使用 jad 命令快速反编译指定的类，使用方法为 jad java.lang.String。也可以指定反编译类的某个具体方法，使用方法为 jad java.lang.String toString。在依赖复杂或有 Jar hell（是指由 Java 类加载机制的特性引发的一系列问题）的场景下，使用 jad 命令能快速定位依赖相关的问题；对于一些类加载顺序导致的加载类不符合预期产生的问题，jad 命令更是一把利器。

Arthas 强大的功能不仅体现在上述快速命令，还体现在能对方法的调用进行观测。monitor 命令能够监控方法的调用，下面的命令与执行结果显示了对 Application 类的 ping 方法的调用监控，监控周期是 10 秒（在第一个监控周期中发生了一次调用，平均响应时间是 5003.69 毫秒；结果中还显示了请求成功数和失败率等重要指标）：

```
[arthas@61337]$ monitor -c 10 com.nativedemo.consul.provider.Application ping
Press Q or Ctrl+C to abort.
Affect(class count: 2 , method count: 1) cost in 72 ms, listenerId: 4
 timestamp              class                                    method
total       success     fail        avg-rt(ms)  fail-rate
---------------------------------------------------------------------------------------
---------------------------------------------------------------------------------------
------
 2022-11-07 21:06:04       com.nativedemo.consul.provider.Application  ping
1           1           0           5003.69     0.00%
```

monitor 命令可以用来显示方法被调用的一些监控指标。对于具体调用方法的入参、返回值和异常，Arthas 提供的 watch 命令可以用来监控。对 Application 类的 printInfo 方法执行两次 watch 命令的结果如下（watch 命令以数组形式返回方法调用中的入参、返回值和异常。参数-x 指定了输出结果属性的遍历深度，这在入参是复杂类型时能显示对象的完整属性值）：

```
[arthas@13283]$ watch com.nativedemo.consul.provider.Application printInfo
'{params,returnObj,throwExp}' -n 2 -x 3
Press Q or Ctrl+C to abort.
```

```
Affect(class count: 2 , method count: 1) cost in 77 ms, listenerId: 1
method=com.nativedemo.consul.provider.Application.printInfo location=AtExit
ts=2022-11-08 19:41:16; [cost=0.654791ms] result=@ArrayList[
    @Object[][
        @Integer[0],
    ],
    null,
    null,
]
method=com.nativedemo.consul.provider.Application.printInfo location=AtExit
ts=2022-11-08 19:41:16; [cost=0.042542ms] result=@ArrayList[
    @Object[][
        @Integer[1],
    ],
    null,
    null,
]
Command execution times exceed limit: 2, so command will exit. You can set it with -n option.
```

命令 tt 与 watch 类似，可以用来显示方法调用的参数和返回值等信息。二者的不同之处在于，tt 命令可以用来记录每次方法调用的环境信息，从而在多次不同的请求中对比方法执行的差异。下面的命令和执行结果显示对 Application 类的 printInfo 方法执行了 5 次 tt 命令：

```
[arthas@83647]$ tt -t com.nativedemo.consul.provider.Application printInfo -n 5
Press Q or Ctrl+C to abort.
Affect(class count: 2 , method count: 1) cost in 54 ms, listenerId: 1
 INDEX    TIMESTAMP                COST(ms)    IS-RET    IS-EXP    OBJECT         CLASS
METHOD
-----------------------------------------------------------------------------------------
-------------------------------------------------------------------------------
 1000     2022-11-20 16:14:06      0.52375     true      false     0xa0fc1e7
Application                       printInfo
 1001     2022-11-20 16:14:06      0.044875    true      false     0xa0fc1e7
Application                       printInfo
 1002     2022-11-20 16:14:06      0.026125    true      false     0xa0fc1e7
Application                       printInfo
 1003     2022-11-20 16:14:06      0.025458    true      false     0xa0fc1e7
Application                       printInfo
 1004     2022-11-20 16:14:06      0.025959    true      false     0xa0fc1e7
```

```
Application                       printInfo
Command execution times exceed limit: 5, so command will exit. You can set it with -n option.
```

tt 命令的执行结果的第一列是观察的调用编号，对应每次调用。可以使用 tt -i 命令显示具体的调用信息，如 tt -i 1000 的执行结果如下所示（tt 命令可重做一次调用，如 tt -i 1000 -p，由 Arthas 内部线程对目标方法发起一次相同的调用）：

```
[arthas@83647]$ tt -i 1000
 INDEX          1000
 GMT-CREATE      2022-11-20 16:14:06
 COST(ms)        0.52375
 OBJECT         0xa0fc1e7
 CLASS          com.nativedemo.consul.provider.Application
 METHOD         printInfo
 IS-RETURN       true
 IS-EXCEPTION    false
 PARAMETERS[0]  @Integer[0]
 RETURN-OBJ      null
Affect(row-cnt:1) cost in 6 ms.
```

stack 命令展示了目标方法被调用的路径。在非常复杂的业务中获得是哪里调用了目标方法，对问题排查有非常大的帮助。下面的代码展示了监测 Application 类的 printInfo 方法被调用一次的结果（清晰地展示了整个方法调用的堆栈信息）：

```
[arthas@62364]$ stack com.nativedemo.consul.provider.Application printInfo -n 1
Press Q or Ctrl+C to abort.
Affect(class count: 2 , method count: 1) cost in 66 ms, listenerId: 2
ts=2022-11-07
21:11:06;thread_name=http-nio-8002-exec-3;id=1e;is_daemon=true;priority=5;TCCL=org.spr
ingframework.boot.web.embedded.tomcat.TomcatEmbeddedWebappClassLoader@64bfd6fd
    @com.nativedemo.consul.provider.Application.printInfo()
        at com.nativedemo.consul.provider.Application.ping(Application.java:17)
    …………
```

对方法内部调用路径的监测，Arthas 提供了 trace 命令。下面对 Application 类的 ping 方法执行一次内部调用路径的监测，同时输出了路径中各个方法的调用耗时（调用 AppName 类的 name 方法占用了 99.99%的请求时间，当发现此类问题时，说明对应方法需要被优化，以减少当前方法的响应时间）：

```
[arthas@62364]$ trace com.nativedemo.consul.provider.Application ping  -n 1
--skipJDKMethod false
Press Q or Ctrl+C to abort.
Affect(class count: 2 , method count: 1) cost in 67 ms, listenerId: 3
`---ts=2022-11-07
21:14:02;thread_name=http-nio-8002-exec-4;id=1f;is_daemon=true;priority=5;TCCL=org.spr
ingframework.boot.web.embedded.tomcat.TomcatEmbeddedWebappClassLoader@64bfd6fd
    `---[5008.67425ms] com.nativedemo.consul.provider.Application:ping()
        +---[0.00% 0.061584ms ] com.nativedemo.consul.provider.Application:printInfo() #17
        +---[0.00% 0.009375ms ] java.lang.StringBuilder:<init>() #18
        +---[0.00% min=0.011042ms,max=0.014292ms,total=0.038043ms,count=3]
java.lang.StringBuilder:append() #18
        +---[99.99% 5008.246ms ] com.nativedemo.consul.provider.AppName:name() #18
        `---[0.00% 0.050459ms ] java.lang.StringBuilder:toString() #18
```

Arthas 支持基于 async-profiler 生成火焰图，常用的命令如表 7-8 所示。

表 7-8

命令	含义
profiler start	启动 profiler，在默认情况下针对 CPU 进行观测。参数--event 用来指定观测对象；参数--duration 用来指定执行多长时间，单位为秒
profiler status	显示 profiler 的状态，可以查看当前 profiler 在采样哪种 event 和采样时间
profiler stop --format html	停止 profiler 并以 HTML 格式生成火焰图
profiler list	显示当前平台支持的事件
profiler resume	保留上次关闭时的采样数据，继续采样
profiler getSamples	显示已采集的样本数量

Arthas 有功能非常强大的观测命令，但需要开发人员准确地输入目标观测类或方法的路径等各种基本信息，这在排查具体问题时是一个非常耗时且易错的过程。建议开发人员使用一款名为 arthas idea 的 IntelliJ IDEA 插件，该插件可以针对指定的观测目标快速生成 Arthas 的各种命令，从而加速问题排查进度。

需要注意的是，Arthas 虽然功能强大，但是在执行相关命令时会使程序产生额外的负担。如果指定的命令消耗 CPU 或内存巨大，那么对于不健康的程序会是雪上加霜，甚至会导致正常服务无法响应。

7.1.3 网络请求分析工具 Wireshark

Wireshark 是一款用于网络请求分析的工具。在线上环境中，因为网络不稳定或下游服务故障等，当前观测服务可能会出现各种各样的异常。当通过常见的日志或指标等无法判定问题根因时，开发人员可以尝试通过分析网络请求找到问题根因。

在使用 Wireshark 之前，开发人员需要先掌握 tcpdump 命令。tcpdump 命令是 Linux 操作系统中的抓包工具，即嗅探器工具。tcpdump 命令可以用来显示所有经过网络接口的数据包的头信息，并且可以将数据包保存在文件中进行分析。

tcpdump 命令常用的方法是 tcpdump -i any port xxx host xxx -s 0 -w target.cap，-i any 表示要监听的网络接口，port xxx 表示要监听的网络端口，-s 0 用来避免包被截断，-w target.cap 用来将数据包保存在指定的文件中。如果是在嗅探 HTTP 协议的网络数据，那么可以使用-A 或-X 以文本形式展示数据包的内容。

下面以一个线上环境的抓包流程为例，介绍 Wireshark 的使用方法。在一台部署了 Filebeat 的 Linux 机器上，执行 tcpdump -i any port 9200 -s 0 -w target1.cap 命令监听 9200 端口的数据包，Filebeat 连接 Elasticsearch 集群，后者的端口号为 9200。在抓取数据包时，使用 Wireshark 打开 target1.cap 文件，可以看到嗅探的结果，如图 7-1 所示。

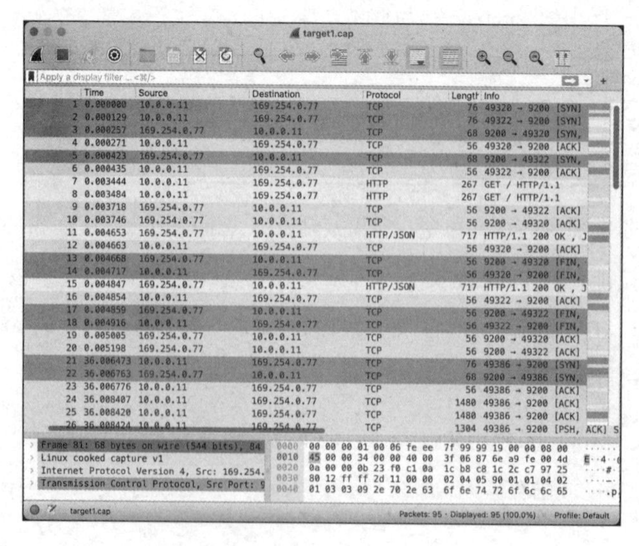

图 7-1

第二列的“Time”为距离嗅探开始的时间，如“0.003484”。这对观测者而言是不友好的显示方式，在菜单栏中选择“View”→“Time Display Format”命令，选择合适的时间格式，显示的结果如图 7-2 所示。此时第二列的“Time”显示为“2022-11-10 17:57:01.395222”，这种显示格式更容易分析。第三列至第七列分别显示了源 IP 地址、目的地 IP 地址、协议名、数据包长度和数据包内容。

```
target1.cap
Apply a display filter ... <⌘/>
    Time                        Source         Destination    Protocol   Length Info
 1  2022-11-10 17:57:01.391738  10.0.0.11      169.254.0.77   TCP        76  49320 → 9200 [SYN]
 2  2022-11-10 17:57:01.391867  10.0.0.11      169.254.0.77   TCP        76  49322 → 9200 [SYN]
 3  2022-11-10 17:57:01.391995  169.254.0.77   10.0.0.11      TCP        68  9200 → 49320 [SYN,
 4  2022-11-10 17:57:01.392009  10.0.0.11      169.254.0.77   TCP        56  49320 → 9200 [ACK]
 5  2022-11-10 17:57:01.392161  169.254.0.77   10.0.0.11      TCP        68  9200 → 49322 [SYN,
 6  2022-11-10 17:57:01.392173  10.0.0.11      169.254.0.77   TCP        56  49322 → 9200 [ACK]
 7  2022-11-10 17:57:01.395182  10.0.0.11      169.254.0.77   HTTP       267 GET / HTTP/1.1
 8  2022-11-10 17:57:01.395222  10.0.0.11      169.254.0.77   HTTP       267 GET / HTTP/1.1
 9  2022-11-10 17:57:01.395456  169.254.0.77   10.0.0.11      TCP        56  9200 → 49322 [ACK]
10  2022-11-10 17:57:01.395484  169.254.0.77   10.0.0.11      TCP        56  9200 → 49320 [ACK]
11  2022-11-10 17:57:01.396391  169.254.0.77   10.0.0.11      HTTP/JSON  717 HTTP/1.1 200 OK , J
12  2022-11-10 17:57:01.396401  10.0.0.11      169.254.0.77   TCP        56  49320 → 9200 [ACK]
13  2022-11-10 17:57:01.396406  169.254.0.77   10.0.0.11      TCP        56  9200 → 49320 [FIN,
14  2022-11-10 17:57:01.396455  10.0.0.11      169.254.0.77   TCP        56  49320 → 9200 [FIN,
15  2022-11-10 17:57:01.396585  169.254.0.77   10.0.0.11      HTTP/JSON  717 HTTP/1.1 200 OK , J
16  2022-11-10 17:57:01.396592  10.0.0.11      169.254.0.77   TCP        56  49322 → 9200 [ACK]
17  2022-11-10 17:57:01.396597  169.254.0.77   10.0.0.11      TCP        56  9200 → 49322 [FIN,
18  2022-11-10 17:57:01.396654  10.0.0.11      169.254.0.77   TCP        56  49322 → 9200 [FIN,
19  2022-11-10 17:57:01.396743  169.254.0.77   10.0.0.11      TCP        56  9200 → 49320 [ACK]
20  2022-11-10 17:57:01.396936  169.254.0.77   10.0.0.11      TCP        56  9200 → 49322 [ACK]
21  2022-11-10 17:57:37.398211  10.0.0.11      169.254.0.77   TCP        76  49386 → 9200 [SYN]
22  2022-11-10 17:57:37.398501  169.254.0.77   10.0.0.11      TCP        68  9200 → 49386 [SYN,
23  2022-11-10 17:57:37.398514  10.0.0.11      169.254.0.77   TCP        56  49386 → 9200 [ACK]
24  2022-11-10 17:57:37.400145  10.0.0.11      169.254.0.77   TCP        1480 49386 → 9200 [ACK]
25  2022-11-10 17:57:37.400158  10.0.0.11      169.254.0.77   TCP        1480 49386 → 9200 [ACK]
26  2022-11-10 17:57:37.400162  10.0.0.11      169.254.0.77   TCP        1304 49386 → 9200 [PSH, ACK] S

> Frame 40: 56 bytes on wire (448 bits), 72 bytes c
> Linux cooked capture v1
> Internet Protocol Version 4, Src: 169.254.0.77, D
> Transmission Control Protocol, Src Port: 9200, Ds

0000  00 00 00 01 00 06 fe ee  7f 99 99 19 00 00 08 00
0010  45 00 00 28 c3 1b 40 00  3d 06 c6 5e a9 fe 00 4d   E··(··@· =··^···
0020  0a 00 00 0b 23 f0 c0 ea  be 48 fa 43 c2 6a 27 c2   ····#··· ·H·C·j'
0030  50 10 00 a6 73 44 00 00  30 38 31 2d 65 78 65 63   P···sD·· 081-exe
0040  2d 31 39 39 5d 20 63 2e                            -199] c.

target1.cap          Packets: 95 · Displayed: 95 (100.0%)          Profile: Default
```

图 7-2

如图 7-3 所示，Filebeat 向 Elasticsearch 集群发送了两次“GET /”请求，并且都成功得到了响应。单击图 7-3 中自下而上的第一个 HTTP 协议数据包，如图 7-4 所示，数据包列表的下方是单击的 HTTP 协议响应的详情信息，以及响应体的信息。由此可见，Elasticsearch 集群返回了一个 JSON 格式的响应体，表示的是集群的基本信息。

```
 6  2022-11-10 17:57:01.392173  10.0.0.11      169.254.0.77   TCP    56  49322 → 9200 [ACK] S
 7  2022-11-10 17:57:01.395182  10.0.0.11      169.254.0.77   HTTP   267 GET / HTTP/1.1
 8  2022-11-10 17:57:01.395222  10.0.0.11      169.254.0.77   HTTP   267 GET / HTTP/1.1
 9  2022-11-10 17:57:01.395456  169.254.0.77   10.0.0.11      TCP    56  9200 → 49322 [ACK] S
10  2022-11-10 17:57:01.395484  169.254.0.77   10.0.0.11      TCP    56  9200 → 49320 [ACK] S
```

图 7-3

```
Hypertext Transfer Protocol
  HTTP/1.1 200 OK\r\n
  Server: nginx\r\n
  Date: Thu, 10 Nov 2022 09:57:01 GMT\r\n
  Content-Type: application/json; charset=UTF-8\r\n
  Content-Length: 503\r\n
  Connection: close\r\n
  \r\n
  [HTTP response 1/1]
  [Time since request: 0.001403000 seconds]
  [Request in frame: 7]
  [Request URI: http://169.254.0.77:9200/]
  File Data: 503 bytes
JavaScript Object Notation: application/json
  Object
    Member: name
    Member: cluster_name
    Member: cluster_uuid
    Member: version
    Member: tagline
```

图 7-4

继续浏览后续的数据包，可以发现 Filebeat 向 Elasticsearch 集群发出一次 bulk 写入请求，选中该次请求，如图 7-5 所示。在数据包的详情中，可以查看请求体的具体信息，这在排查程序的实际行为时非常有效。

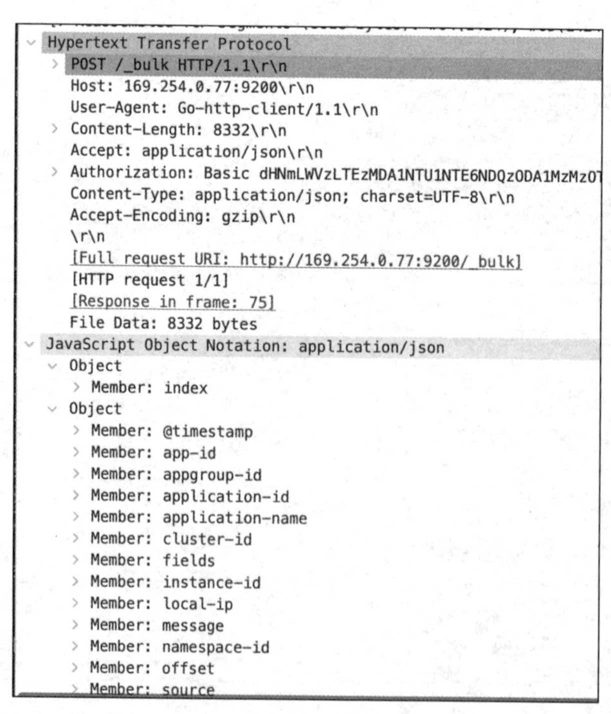

Hypertext Transfer Protocol
POST /_bulk HTTP/1.1\r\n
Host: 169.254.0.77:9200\r\n
User-Agent: Go-http-client/1.1\r\n
Content-Length: 8332\r\n
Accept: application/json\r\n
Authorization: Basic dHNmLWVzLTEzMDA1NTU1NTE6NDQzODA1MzMzO
Content-Type: application/json; charset=UTF-8\r\n
Accept-Encoding: gzip\r\n
\r\n
[Full request URI: http://169.254.0.77:9200/_bulk]
[HTTP request 1/1]
[Response in frame: 75]
File Data: 8332 bytes
JavaScript Object Notation: application/json
Object
Member: index
Object
Member: @timestamp
Member: app-id
Member: appgroup-id
Member: application-id
Member: application-name
Member: cluster-id
Member: fields
Member: instance-id
Member: local-ip
Member: message
Member: namespace-id
Member: offset
Member: source

图 7-5

笔者交付的项目中曾出现过一个服务的接口总是超时，经过排查发现简单的 Elasticsearch 集群的查询超过 20 秒。通过 tcpdump 抓包后导入 Wireshark，得到的结果如图 7-6 所示。图 7-6 中是一次简单地查询 Elasticsearch 集群的 POST 请求，但有大量深色标记的 TCP 重传包。在“Info”列中可以发现“TCP Retransmission”的信息，这标记了 TCP 数据包是重传的。根据抓包结果可知，该服务所在的网络环境不稳定，TCP 出现大量的丢包和重传，因此当查询数据较多时请求需要超过 20 秒才能返回。

	Time	Source	Destination	Protocol	Length	Info
1	2022-11-02 19:34:34.285280	172.16.0.6	10.105.2.49	TCP	68	42046 → 9201 [ACK] Seq=1 Ac
2	2022-11-02 19:34:34.285795	10.105.2.49	172.16.0.6	TCP	68	[TCP ACKed unseen segment]
3	2022-11-02 19:34:38.637286	172.16.0.6	10.105.2.49	TCP	68	42048 → 9201 [ACK] Seq=1 Ac
4	2022-11-02 19:34:38.637873	10.105.2.49	172.16.0.6	TCP	68	[TCP ACKed unseen segment]
5	2022-11-02 19:34:42.477278	172.16.0.6	10.105.2.49	TCP	68	42984 → 9201 [ACK] Seq=1 Ac
6	2022-11-02 19:34:42.477817	10.105.2.49	172.16.0.6	TCP	68	[TCP ACKed unseen segment]
7	2022-11-02 19:34:49.389286	172.16.0.6	10.105.2.49	TCP	68	[TCP Dup ACK 1#1] 42046 → 9
8	2022-11-02 19:34:49.389987	10.105.2.49	172.16.0.6	TCP	68	[TCP Dup ACK 2#1] 9201 → 42
9	2022-11-02 19:34:52.417127	172.16.0.6	10.105.2.49	TCP	76	39402 → 9201 [SYN] Seq=0 Wi
10	2022-11-02 19:34:52.418151	10.105.2.49	172.16.0.6	TCP	76	9201 → 39402 [SYN, ACK] Seq
11	2022-11-02 19:34:52.418221	172.16.0.6	10.105.2.49	TCP	68	39402 → 9201 [ACK] Seq=1 Ac
12	2022-11-02 19:34:52.418310	172.16.0.6	10.105.2.49	HTTP/JSON	575	POST /tsf-trace-1255000006@
13	2022-11-02 19:34:52.418558	10.105.2.49	172.16.0.6	TCP	68	9201 → 39402 [ACK] Seq=1 Ac
14	2022-11-02 19:34:52.723819	10.105.2.49	172.16.0.6	TCP	160	9201 → 39402 [PSH, ACK] Seq
15	2022-11-02 19:34:52.723864	172.16.0.6	10.105.2.49	TCP	68	39402 → 9201 [ACK] Seq=508
16	2022-11-02 19:34:52.740164	10.105.2.49	172.16.0.6	TCP	1496	[TCP Previous segment not c
17	2022-11-02 19:34:52.740193	172.16.0.6	10.105.2.49	TCP	80	[TCP Window Update] 39402 →
18	2022-11-02 19:34:52.740497	10.105.2.49	172.16.0.6	TCP	1496	[TCP Out-Of-Order] 9201 → 3
19	2022-11-02 19:34:52.740519	172.16.0.6	10.105.2.49	TCP	80	39402 → 9201 [ACK] Seq=508
20	2022-11-02 19:34:52.948262	10.105.2.49	172.16.0.6	TCP	1496	[TCP Retransmission] 9201 →
21	2022-11-02 19:34:52.948312	172.16.0.6	10.105.2.49	TCP	80	39402 → 9201 [ACK] Seq=508
22	2022-11-02 19:34:52.948644	10.105.2.49	172.16.0.6	TCP	1496	[TCP Retransmission] 9201 →
23	2022-11-02 19:34:52.948681	172.16.0.6	10.105.2.49	TCP	80	39402 → 9201 [ACK] Seq=508
24	2022-11-02 19:34:52.948657	10.105.2.49	172.16.0.6	TCP	1496	[TCP Retransmission] 9201 →
25	2022-11-02 19:34:52.948694	172.16.0.6	10.105.2.49	TCP	80	39402 → 9201 [ACK] Seq=508
26	2022-11-02 19:34:52.948881	10.105.2.49	172.16.0.6	TCP	1496	[TCP Retransmission] 9201 →
27	2022-11-02 19:34:52.948899	172.16.0.6	10.105.2.49	TCP	80	39402 → 9201 [ACK] Seq=508
28	2022-11-02 19:34:52.948938	10.105.2.49	172.16.0.6	TCP	1496	[TCP Retransmission] 9201 →
29	2022-11-02 19:34:52.948955	172.16.0.6	10.105.2.49	TCP	80	39402 → 9201 [ACK] Seq=508
30	2022-11-02 19:34:52.949114	10.105.2.49	172.16.0.6	TCP	1496	[TCP Retransmission] 9201 →
31	2022-11-02 19:34:52.949129	172.16.0.6	10.105.2.49	TCP	88	[TCP Window Update] 39402 →
32	2022-11-02 19:34:52.949180	10.105.2.49	172.16.0.6	TCP	2924	[TCP Retransmission] 9201 →
33	2022-11-02 19:34:52.949206	172.16.0.6	10.105.2.49	TCP	80	[TCP Window Update] 39402 →

图 7-6

对于 Wireshark 无法解析的一些应用层协议，开发人员可以尝试在开源社区中找到协议解析工具；对于私有协议，开发人员也可以自定义解析规则。

7.2 线上问题实时分析实战

通过观察业务的监控，可以了解业务的实时运行状态。当业务出现异常时，开发人员或运维人员需要立即定位到业务的问题所在，并有针对性地尝试解决。如果将指标、链路或日志等可观测性数据视为体检报告，那么 Profile 就是溯源找到根因的过程。7.1 节介绍了找到根因的常用工具，本节将介绍如何在实战中使用这些工具定位常见的异常。

7.2.1 实战一：当线上业务内存溢出时如何定位

内存溢出是线上业务最常见的异常之一。内存溢出是指程序在申请内存时无法获得足够的内存空间。Java 程序员都非常熟悉 OutOfMemoryError 异常，因为该异常在 JVM 内存中除程序计数器外的各个区域都会产生。JVM 内存通常可以分为堆内存、线程栈和本地方法栈所需内存、非堆内存（包括元空间等）、堆外内存（主要是指 DirectByteBuffer）和 JVM 本身运行所需的内存（如 GC 等）。当出现 OutOfMemoryError 异常时，异常信息包括异常出现的内存区域，由此可以进一步排查指定内存区域的异常状况。

经常有人将内存溢出和内存泄漏混淆。内存泄漏是指程序无法释放已经申请的内存。显然，内存泄漏的累积最终会导致程序无法申请到新的内存，因此内存泄漏是内存溢出的原因之一。常见的内存泄漏场景包括数据库连接、网络连接等未调用 close()方法，这会导致 GC 程序无法按照预期执行，继而导致内存泄漏。

引发 OutOfMemoryError 异常的原因很多。如果业务在测试环境下可以正常运行，但是在线上环境下频繁出现 OutOfMemoryError 异常，那么先查看 Java 程序的内存配置。将 Java 程序的运行所需的内存记为 RSS，RSS 的计算公式如下：

$$\mathrm{RSS} = \mathrm{Xmx} + \mathrm{MaxDirectMemorySize} + N \times \mathrm{Xss} + \mathrm{gc} + \mathrm{metaspace}$$

Xmx 表示最大堆内存大小，MaxDirectMemorySize 表示最大 DirectByteBuffer 的内存大小，N 表示线程数量，Xss 表示每个线程的内存大小，gc 表示 JVM 本身运行所需的内存大小，metaspace 表示元空间所需的内存大小。在程序上线前，需要先计算 RSS 的区间值，再对应地配置虚拟机或容器的内存值。对于线上业务，还需要查询数据库中的数据、从消息队列接收的数据等。如果数据量太大，那么在内存中会创建非常多的对象，最终会出现 OutOfMemoryError 异常。

内存溢出通常是由程序的 Bug 引起的。为了在程序异常退出时获取 OutOfMemoryError 异常的 Dump 文件，建议总是为线上程序配置启动参数-XX:+HeapDumpOnOutOfMemoryError-XX:HeapDumpPath=<file-or-dir-path>，其中参数 HeapDumpPath 指定了 Dump 文件存储的位置。对于可能存在内存溢出的线上业务，建议配置输出 GC 日志，以便排除故障。启动参数 -XX:+PrintGCDetails -Xloggc:/root/gc.log，如果需要输出 GC 的时间戳，那么还需要配置参数 -XX:+PrintGCTimeStamps。

下面的代码片段是一个典型的内存溢出场景，程序持续创建 TestClass 对象，直至内存耗尽：

```
import java.util.ArrayList;
import java.util.List;

public class TestOOM {

   static class TestClass {

   }

   public static void main(String[] args) {
      List<TestClass> list = new ArrayList<>();

      while (true) {
         list.add(new TestClass());
      }
   }
}
```

基于上述程序，接下来介绍如何使用各类工具排查问题根因。先编译程序后启动，设置启动参数为-Xmx300m -XX:+HeapDumpOnOutOfMemoryError -XX:HeapDumpPath=/root/test.dump -XX: + PrintGCDetails -Xloggc:/root/gc.log。启动一个命令行，输入"jstat -gcutil 23549 2000"，每两秒记录一次程序的 GC 情况。程序的 GC 情况如下所示（程序频繁地触发 Full GC，直至发生 OutOfMemoryError 异常）：

```
jstat -gcutil 23549 2000
  S0      S1      E       O       M       CCS    YGC    YGCT    FGC    FGCT      GCT
 42.44   0.00  100.00   99.85   63.86   57.46    8    0.393    12    8.191     8.584
 42.44   0.00  100.00   99.85   63.86   57.46    8    0.393    15   10.883    11.276
 42.44   0.00  100.00   99.85   63.86   57.46    8    0.393    17   12.577    12.970
 42.44   0.00  100.00   99.85   63.86   57.46    8    0.393    19   14.263    14.656
```

42.44	0.00	100.00	99.85	63.86	57.46	8	0.393	22	16.798	17.191
42.44	0.00	100.00	99.86	63.86	57.46	8	0.393	24	18.491	18.884

在程序启动时指定输出 GC 日志，接下来使用 GCeasy 对 GC 日志进行分析。打开 GCeasy，上传 GC 日志，单击“Analyze”按钮，等待分析结果（结果中将展示 GC 的详细信息。图 7-7 展示了堆内存的使用情况，单击左侧的“Heap after GC”按钮将展示执行后的堆内存使用情况，如图 7-7 的右侧图所示，堆内存占用值的曲线在启动后快速达到最大值，虽然有 GC，但是 GC 后的堆内存占用仍然保持最大值。由此可见，在程序退出前每次 GC 均未释放内存，这说明可能存在内存泄漏的场景。

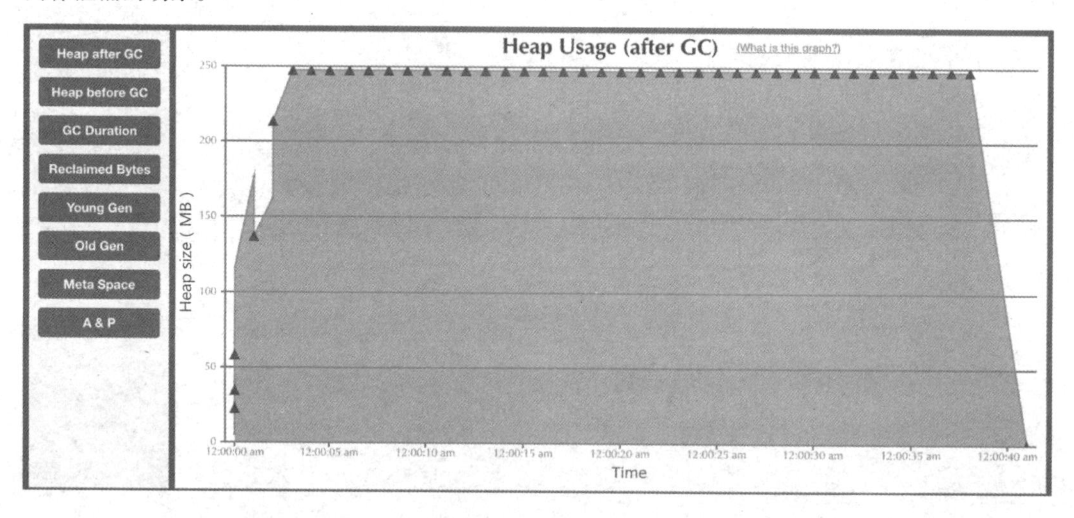

图 7-7

图 7-8 展示了 GC 的统计结果，其中左上第一个子图展示了 GC 回收对象的大小，其中 Full GC 回收了 337.09MB 的内存，Minor GC 回收了 16.45MB 的内存，由此可知，GC 回收的绝大部分对象都在 Full GC 阶段。图 7-8 中上方右侧的两个子图展示了 GC 花费的时间，Full GC 花费的时间远大于 Minor GC 花费的时间。图 7-8 中下方的 4 个子图统计了 GC 的次数与停顿时间，Full GC 的次数多达 48 次，停顿时间高达 39 秒。在 Java 程序中，GC 的停顿时间就是应用程序无法执行正常业务的时间。如果存在大量的 Full GC，就会导致 GC 的停顿时间显著增加。如果线上业务出现了大量的 Full GC 并且耗时很长，就会严重影响程序的性能。

GCeasy 还提供了对内存泄漏、GC 原因等的分析，当线上业务出现较多的 Full GC 时，可以参考 GCeasy 的分析结果进一步排查问题。本案例的程序的 GC 日志无法发现较为有用的信息，因此需要进一步分析 Dump 文件中的数据。

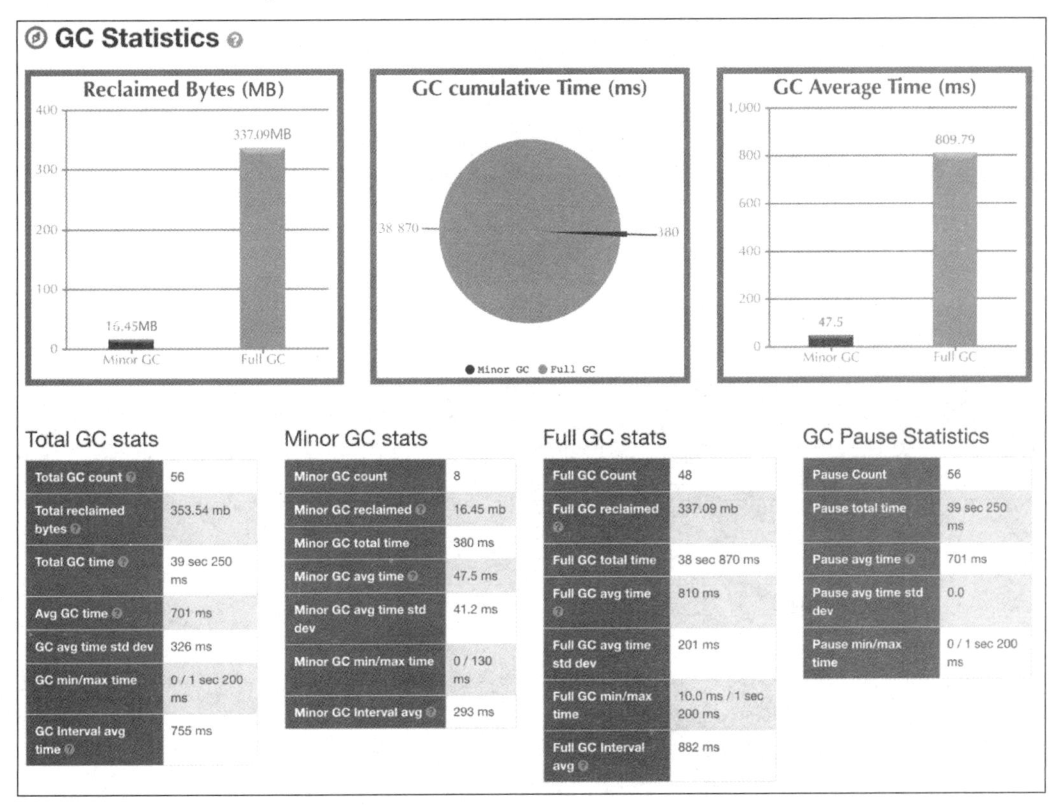

图 7-8

MAT（Memory Analyzer Tool）是一款离线的内存分析工具，可以快速定位内存占用太大、内存泄漏和内存溢出等问题。下载 MAT 后，导入上面案例程序退出前导出的 Dump 文件。图 7-9 展示了分析的 Dump 文件的概览，459 个类被加载，大约 1280 万个对象被分配。

单击图 7-9 中下方的“Leak Suspects”链接，如图 7-10 所示，在“Problem Suspect 1”区域发现存在疑似内存泄漏的场景。分析结果显示主线程的局部变量占用 99.92%的内存，并且 java.lang.Object[]类的一个实例占用的内存在持续增加。MAT 还提供了这次疑似内存泄漏相关的关键位置在程序的第 14 行。结合上面提供的程序内容，这里确实是导致 list 对象占用内存持续增加的原因。至此，该程序的 OutOfMemoryError 异常的根因已经找到。

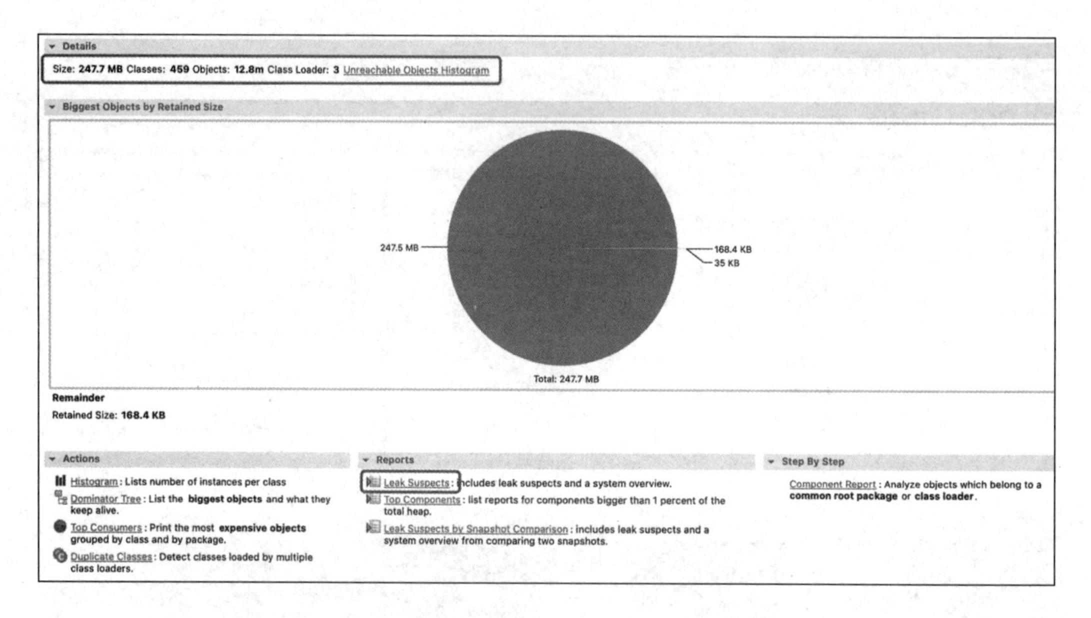
Details
Size: 247.7 MB Classes: 459 Objects: 12.8m Class Loader: 3 Unreachable Objects Histogram
Biggest Objects by Retained Size
247.5 MB
168.4 KB
35 KB
Total: 247.7 MB
Remainder
Retained Size: 168.4 KB
Actions
Histogram: Lists number of instances per class
Dominator Tree: List the biggest objects and what they keep alive.
Top Consumers: Print the most expensive objects grouped by class and by package.
Duplicate Classes: Detect classes loaded by multiple class loaders.
Reports
Leak Suspects: includes leak suspects and a system overview.
Top Components: list reports for components bigger than 1 percent of the total heap.
Leak Suspects by Snapshot Comparison: includes leak suspects and a system overview from comparing two snapshots.
Step By Step
Component Report: Analyze objects which belong to a common root package or class loader.

图 7-9

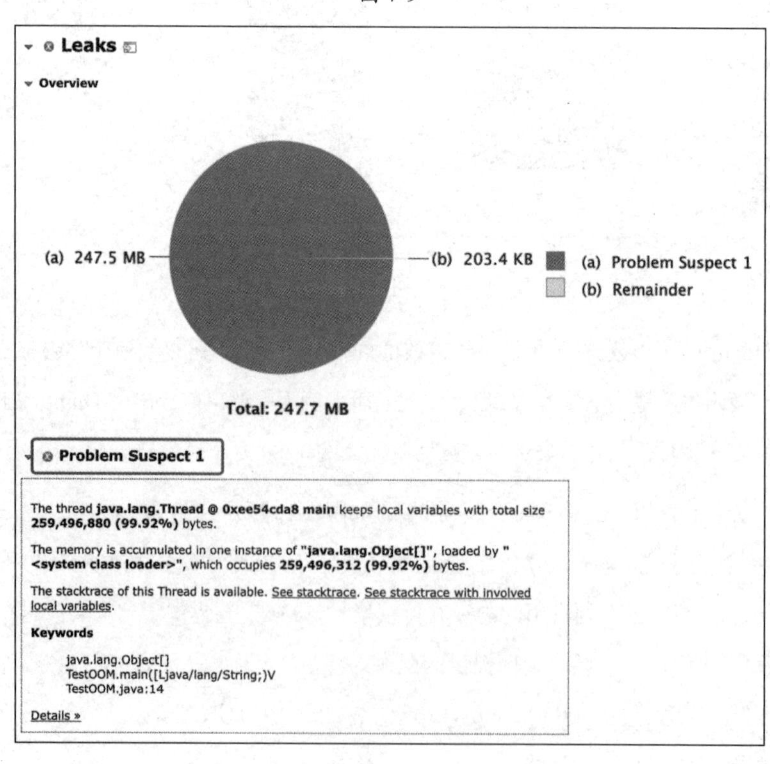
Leaks
Overview
(a) 247.5 MB
(b) 203.4 KB
(a) Problem Suspect 1
(b) Remainder
Total: 247.7 MB
Problem Suspect 1
The thread java.lang.Thread @ 0xee54cda8 main keeps local variables with total size 259,496,880 (99.92%) bytes.
The memory is accumulated in one instance of "java.lang.Object[]", loaded by "<system class loader>", which occupies 259,496,312 (99.92%) bytes.
The stacktrace of this Thread is available. See stacktrace. See stacktrace with involved local variables.
Keywords
java.lang.Object[]
TestOOM.main([Ljava/lang/String;)V
TestOOM.java:14
Details »

图 7-10

对于堆外内存的 OutOfMemoryError 异常，同样可以使用 MAT 进行分析，此时可以执行 OQL 表达式直接查询内存泄漏的对象，如 SELECT x, x.capacity FROM java.nio.DirectByteBuffer x WHERE (x.cleaner != null))。对于 MAT 列出的对象，查询相应的 GC 根节点并将对象的影响设置为 null，之后会自动释放 DirectByteBuffer。

对于 metaspace，也就是元空间的 OutOfMemoryError 异常，可能的原因之一是加载的类太多，此时可以通过 MAT 分析 Dump 文件中记载的类，查看哪些类是不需要的，从而减少加载的类的数量。另外一种可能的原因是类无法被回收。类被回收的条件包括类的所有实例已被回收、Class 对象没有被任何地方引用、加载该类的类加载器已被回收。此时问题就转换为对类加载器进行分析，可以使用 Arthas 的 classloader 命令对 JVM 中所有的类加载器逐一分析依赖关系与回收情况。

对于 Java 的 native 代码的内存相关问题，需要使用 NMT（Native Memory Tracking）来分析。需要注意的是，NMT 是 HotSpot 虚拟机的特性。NMT 的使用很简单，先添加启动参数 -XX:NativeMemoryTracking=detail，重启程序后再使用 jcmd <pid> VM.native_memory baseline 命令创建 baseline，最后使用 jcmd <pid> VM.native_memory detail.diff 命令观察内存变化情况，从而确定内存泄漏的根因。

如果需要查看内存中实际存储了什么数据，那么在 Linux 操作系统中使用 pmap 命令可以查看进程的内存映射关系。执行 pmap -x pid 命令即可输出内存的映射关系，之后可以根据需要定位到内存段进行排查。

7.2.2 实战二：当线上业务 CPU 的使用率较高时如何定位

CPU 也是需要重点关注的指标。线上业务 CPU 的使用率如果达到了 100%，就会严重影响业务程序的性能，甚至导致服务不可用。

在 Linux 操作系统中，通常使用 top 命令观察 CPU 的消耗情况。%us 表示用户进程消耗的 CPU 比例；%sy 表示系统空间，主要是内核程序消耗的 CPU 比例；%ni 表示以 nice 命令设置了优先级运行的程序消耗的 CPU 比例；%id 表示空闲的 CPU 比例；%wa 表示等待 I/O 消耗的 CPU 比例；%hi 表示硬中断处理消耗的 CPU 比例；%si 表示软中断处理消耗的 CPU 比例；%st 表示被虚拟机窃取时间的比例（虚拟机需要等待物理机分配 CPU）。对于 Java 程序，通常关注%us 和%sy 两个指标。当%us 较高时，Java 程序通常将 CPU 耗费在计算任务或 GC 任务上；当%sy 较高时，Java 程序通常在线程上下文切换上耗费较多的 CPU，此时需要重点排查锁竞争的场景。在 2 核云主机上执行 top 命令的结果如下：

```
top - 14:38:36 up 114 days, 21:11,  2 users,  load average: 2.20, 1.32, 2.87
Tasks:  92 total,   1 running,  91 sleeping,   0 stopped,   0 zombie
%Cpu(s): 65.7 us, 11.5 sy, 0.0 ni, 13.1 id,  0.0 wa,  0.0 hi,  9.7 si,  0.0 st
KiB Mem :  1882620 total,    66144 free,  1098592 used,   717884 buff/cache
KiB Swap:        0 total,        0 free,        0 used.   604504 avail Mem

  PID USER      PR  NI    VIRT    RES    SHR S  %CPU %MEM     TIME+ COMMAND
15302 root      20   0 3386740 842692  12140 S 169.4 44.8  31:39.99 java
```

top 命令默认根据 CPU 的使用率按照降序排列所有进程的资源的使用情况。在执行 top 命令的界面中，输入“P”也可以显式指定按照 CPU 的使用率进行排序。排序后可以定位到 CPU 的使用率最高的进程号 pid，使用 top -Hp pid 命令可以定位到 CPU 的使用率最高的线程号 tid，使用 printf '0x%x' tid 命令可以将线程号转换为十六进制形式，使用 jstack 命令可以显示线程的具体信息。下面的执行结果显示最终通过 jstack 命令定位到 CPU 消耗过多的原因是 GC，需要按需优化 GC：

```
top - 15:05:36 up 114 days, 21:38,  2 users,  load average: 7.40, 5.33, 4.21
Threads: 273 total,   6 running, 267 sleeping,   0 stopped,   0 zombie
%Cpu(s): 67.7 us, 12.9 sy, 0.0 ni,  6.5 id,  0.0 wa,  0.0 hi, 12.9 si,  0.0 st
KiB Mem :  1882620 total,    95200 free,  1077228 used,   710192 buff/cache
KiB Swap:        0 total,        0 free,        0 used.   626536 avail Mem

  PID USER      PR  NI    VIRT    RES    SHR  S %CPU %MEM     TIME+ COMMAND
15311 root      20   0 3386740 869476  10812 S 12.5 46.2   1:28.41 java
15312 root      20   0 3386740 869476  10812 S 12.5 46.2   1:28.23 java
15879 root      20   0 3386740 869476  10812 R  6.2 46.2   1:28.36 http-nio-18081-
26249 root      20   0 3386740 869476  10812 S  6.2 46.2   0:05.65 http-nio-18081-
.......................
[root@VM-0-11-centos ~]#
[root@VM-0-11-centos ~]# printf "0x%x" 15311
0x3bcf[root@VM-0-11-centos ~]# jstack 15302 | grep 0x3bcf
"GC task thread#0 (ParallelGC)" os_prio=0 tid=0x00007fd04c021000 nid=0x3bcf runnable
```

通过 top 命令与 jstack 命令虽然可以定位到 CPU 消耗高的线程，但需要执行一系列命令，当线上程序出现问题时，开发人员难免会手忙脚乱。在开源社区中，有的开发人员将排除故障的过程集成到单个脚本中。show-busy-java-threads 脚本可以一键显示当前消耗 CPU 最多的 Java 线程。使用 show-busy-java-threads -p pid -c 1 命令即可查看指定 pid 消耗 CPU 最多的一个线程。该命令执行示例的结果如下所示（GC 线程在此时消耗了最多的 CPU）：

```
[root@VM-0-11-centos ~]# ./show-busy-java-threads -p 15302 -c 1
[1] Busy(29.4%) thread(15311/0x3bcf) stack of java process(15302) under user(root):
"GC task thread#0 (ParallelGC)" os_prio=0 tid=0x00007fd04c021000 nid=0x3bcf runnable
```

使用 Arthas 也可以完成同样的工作，执行 thread -n 1 命令即可显示当前消耗 CPU 最多的线程，结果如下所示：

```
[arthas@15302]$ thread -n 1
"GC task thread#0 (ParallelGC)" [Internal] cpuUsage=8.6% deltaTime=17ms time=97384ms
```

7.2.3 实战三：当线上业务 I/O 异常时如何定位

线上业务 I/O 异常通常可以分为网络 I/O 异常和文件 I/O 异常两种场景，这两种场景都会显著影响线上业务的稳定性和性能。

对于网络 I/O 异常，可以先使用 sar 命令查看系统网络统计信息。Java 程序通常会关注 TCP 连接的网络情况。使用 sar -n TCP 1 命令以每秒一次的频率打印 TCP 连接的网络统计信息，示例执行结果如下所示（active/s 表示新的主动 TCP 连接，passive/s 表示新的被动 TCP 连接，iseg/s 表示输入的段，oseg/s 表示输出的段。结合 sar 命令的分析结果可以大致了解当前网络的情况，判断硬件是否存在异常，以及连接是否存在异常等）：

```
[root@VM-0-11-centos ~]# sar -n TCP 1
Linux 3.10.0-862.el7.x86_64 (VM-0-11-centos)   12/18/2022     _x86_64_      (2 CPU)

04:07:27 PM active/s passive/s   iseg/s   oseg/s
04:07:28 PM     0.00   2789.11  14117.82  14137.62
04:07:29 PM     0.00   3635.00  18366.00  18335.00
04:07:30 PM     1.00   3672.00  18420.00  18355.00
04:07:31 PM     0.00   2933.00  16216.00  16150.00
04:07:32 PM     0.00   3829.70  18481.19  17949.50
04:07:33 PM     1.00   3565.00  17700.00  17654.00
```

iftop 命令可以用来分析网络流量的入口和出口的分布情况。iftop 命令的使用非常简单，直接输入“iftop”即可观测流量的分布情况。使用 iftop 命令可以显示当前主机与各远端主机的流量往来请求，从而判断请求与数据库、服务端等主机的连接情况。第一行展示了流量的刻度值（此处限于格式未标出第一行），每行的出入口均会通过高亮显示流量的多少。后续每行都是出入流量的方向及其大小显示。TX 表示发送流量，RX 表示接收流量，cum 表示启动 iftop 命令至今的总流量，peak 表示峰值流量，rates 表示过去 2 秒、10 秒和 40 秒的平均流量，TOTAL 表示总流量。执行结果如下：

```
VM-0-11-centos      => 10.0.0.14              12.6Mb  12.1Mb  10.6Mb
                    <=                      9.83Mb  9.43Mb  8.37Mb
VM-0-11-centos      => 169.254.0.77             320b   2.32Kb  2.27Kb
                    <=                       8.98Kb  13.3Kb  6.38Kb
VM-0-11-centos      => 169.254.0.4              0b    3.22Kb  3.79Kb
                    <=                      0b    1.46Kb  1.68Kb
VM-0-11-centos      => 101.93.192.250          2.45Kb  2.69Kb  3.64Kb
                    <=                      208b    208b    404b
--------------------------------------------------------------------------------
TX:     cum:   32.0MB   peak:   12.7Mb          rates:  12.6Mb  12.1Mb  10.7Mb
RX:            25.1MB            9.91Mb                  9.83Mb  9.45Mb  8.38Mb
TOTAL:         57.1MB            22.6Mb                  22.4Mb  21.5Mb  19.0Mb
```

sar 命令和 iftop 命令用于在主机维度对网络请求进行分析，但无法在进程或线程维度进行分析。如果通过 sar 命令和 iftop 命令判断某些端口或某台主机的连接有异常，那么需要通过 7.1.3 节介绍的 tcpdump 命令和 Wireshark 对程序代码进行分析。

出现磁盘 I/O 异常的原因比较复杂。如果怀疑磁盘 I/O 出现异常，那么可以先使用 pidstat 命令查看磁盘 I/O 的统计信息。通常，pidstat 命令可以用来查看当前消耗磁盘 I/O 多的进程，从而判断是当前 Java 程序影响了磁盘 I/O 还是其他程序影响了磁盘 I/O。如果是 Java 程序影响了磁盘 I/O，那么需要通过 jstack 命令找到执行 I/O 操作的线程，并结合代码分析 I/O 是否符合预期。pidstat -d 1 命令的执行结果如下所示（kB_rd/s 表示每秒读取的字节数，kB_wr/s 表示每秒写入的字节数，kB_ccwr/s 表示每秒取消写入的字节数）：

```
[root@VM-0-11-centos ~]# pidstat -d 1
Linux 3.10.0-862.el7.x86_64 (VM-0-11-centos)   12/18/2022     _x86_64_       (2 CPU)

04:39:27 PM   UID       PID   kB_rd/s   kB_wr/s kB_ccwr/s  Command
04:39:28 PM     0     15302      0.00   9283.17      0.00  java
```

如果要查看磁盘整体 I/O 的使用情况，就需要使用 iostat 命令。直接执行 iostat 命令，结果如下所示（tps 用来显示每秒的 I/O 请求数，也就是 IOPS；kB_read/s 和 kB_wrtn/s 分别表示每秒读取和写入的字节数；kB_read 和 kB_wrtn 分别表示读取和写入的总的字节数。通常，磁盘有基准的 IOPS 等指标，通过对比基准指标和当前指标可以判断磁盘硬件是否正常）：

```
[root@VM-0-11-centos ~]# iostat
Linux 3.10.0-862.el7.x86_64 (VM-0-11-centos)    12/18/2022     _x86_64_       (2 CPU)

avg-cpu:  %user   %nice %system %iowait  %steal   %idle
           0.90    0.00    0.94    0.07    0.00   98.08

Device:            tps    kB_read/s    kB_wrtn/s    kB_read    kB_wrtn
vda               7.47         8.24        85.61   81808469  850466536
scd0              0.00         0.00         0.00      17252          0
```

还可以使用 iostat -x 命令显示更详细的统计信息，-x 用来显示详细的读/写的每秒请求数和吞吐量。除此之外，await 指标用来显示平均 I/O 响应时间（单位为毫秒），%util 指标用来显示设备处理 I/O 请求的时间百分比。await 和%util 是衡量当前磁盘性能和利用率的重要指标，如果任意指标较高，就需要考虑更换性能更高的磁盘，以满足程序的性能要求。iostat -x 命令的执行结果如下所示：

```
[root@VM-0-11-centos ~]# iostat -x
Linux 3.10.0-862.el7.x86_64 (VM-0-11-centos)    12/18/2022     _x86_64_       (2 CPU)

avg-cpu:  %user   %nice %system %iowait  %steal   %idle
           0.91    0.00    0.94    0.07    0.00   98.08

Device:         rrqm/s   wrqm/s     r/s     w/s    rkB/s    wkB/s avgrq-sz avgqu-sz   await
r_await w_await  svctm  %util
vda               0.01    10.95    0.12    7.36     8.30    85.99    25.23     0.01    1.14
4.27    1.09   0.28   0.21
scd0              0.00     0.00    0.00    0.00     0.00     0.00    77.54     0.00    0.83
0.83    0.00   0.55   0.00
```

7.2.4　实战四：当接口请求响应变慢时应如何定位

在复杂的企业级程序中，经常出现线上服务正常运行一段时间就逐渐出现接口请求响应变慢的场景。接口请求响应变慢的诱因很多，一般需要先判断是多个接口同时变慢还是单个接口变慢。

如果是多个接口同时变慢，那么先考虑是否是服务所在主机的硬件资源达到了瓶颈，此时需要查看 CPU 使用率、内存使用率、磁盘 I/O 情况等监控指标，判断是否需要对资源进行扩容或优化。如果硬件资源使用率不高，就需要查看 GC 和 JVM 配置等，判断是否是配置不当导致无法合理使用资源。另外，如果多个接口有共同的下游和依赖的组件，如数据库、消息队列等，就需要考虑依赖的组件是否有性能问题，以及是否需要针对下游服务采取服务熔断等降级措施。

如果是单个接口变慢，那么通常是程序代码出现问题，需要考虑以下几方面。

- 是否是线程池数量不够，导致任务被阻塞，请求变慢，此时需要对线程池的线程数量进行扩容。
- 是否是锁竞争问题，大量请求互相竞争锁资源，导致请求变慢，此时需要考虑锁的必要性，以及是否可以切换为乐观锁或无锁，以减少竞争。
- 是否可以增加缓存，一些重复的数据是否可以通过设置缓存来减少与数据库等外部组件的交互。
- 是否可以将代码并行化，串行执行对于高并发的场景是较低效的，如果多个业务逻辑可以并行执行，那么可以节省大量的请求时间。
- 业务日志是否配置了一些非常耗费性能的内容，如对于 log4j2，“%C”、“%F”、“%l”、“%L”和“%M”等都非常耗费性能，大量写入此类日志会导致接口的响应变慢。

如果程序的新版本发布后接口的性能表现明显更差，那么需要尽快回滚到上一个版本。对于新版本的代码，需要重点针对有修改的部分进行代码评审，查看是否是代码逻辑导致的接口的响应变慢，并在上线前增加接口压测工作。如果无法通过代码逻辑判断接口响应变慢的原因，就需要考虑是否是依赖组件的版本导致的异常，此时建议增加一个空的接口，不添加任何业务逻辑和日志输出，并通过压测对比两个版本的接口的性能情况，同时将升级后的组件的版本逐一降级到上一个版本，逐步缩小排查范围，最终确定影响接口性能的组件。

7.3 线上问题处理流程实战

对于线上业务可能出现的问题，开发人员与运维人员需要有完整的问题处理预案，包括事前的可观测、事中的处理流程及事后的复盘工作。任意一个流程的缺失或操作不当，都会导致问题难以根治甚至复发。

对于企业级的线上服务，需要构建完备的可观测系统。关于日志、链路、监控和事件等可观测系统，本书都有非常翔实的实战案例，读者可以参考搭建可观测系统完成对线上服务的监测。在搭建可观测系统时，笔者建议添加日常巡检功能，针对重点服务和接口，需要模拟用户行为进行自动化的拨测，并将拨测结果添加到可观测系统中。

当可观测系统触发告警或客户反馈异常时，需要根据异常迅速定位到具体的服务和硬件，并判断当前异常的影响范围：是多个服务的集群级异常，是单个服务异常，是单个服务的部分实例异常，还是单个服务的接口级异常。

在出现异常的具体实例上，笔者建议根据“Linux 性能分析 60 秒”的指标，快速对事故现场进行系统级采样（可以参考《性能之巅》（第 2 版））。采样指标大致包括以下几个。

- uptime 命令：用来采集平均负载。
- dmesg -T | tail 命令：用来采集包括 OOM 事件等的内核错误。
- vmstat -SM 1 命令：用来采集系统级统计信息，包括运行队列长度、交换分区信息和 CPU 总体的使用情况。
- mpstat -P ALL 1 命令：用来采集 CPU 的平衡情况。
- pidstat 1 命令：用来采集每个进程的 CPU 的使用情况。
- iostat -x 1 命令：用来采集磁盘 I/O 的使用情况。
- free -m 命令：用来采集内存的使用情况。
- sar -n DEV 1 命令：用来采集网络设备 I/O 的使用情况。
- sar -n TCP,ETCP 1 命令：用来采集 TCP 的统计情况。
- top 命令：用来采集 CPU 的使用情况。

另外，需要保留当前程序的日志。对于 Java 程序，建议使用 jstack 命令和 jmap 命令对线程和内存做出快照。虽然这些快照信息在分析问题时不一定会用到，但是宁可备而不用。

对于多个服务集群级或单个服务级的异常，通常遵循以下步骤进行判断。

（1）判断是否是依赖的下游服务或基础组件出现异常：如果是此类异常，就需要将问题排查重点转移到对应的组件上。

（2）判断是否是新版本部署引发的异常：如果是此类异常，就需要立即回滚版本。如果新的功能有开关，那么可以关闭开关立即恢复业务。

（3）判断重启集群是否能恢复业务：需要考虑重启前后是否可以支持大量的业务重试流量，以及重启时间的长短。

如果发现异常是实例级的，也就是某个服务的某个或多个实例出现异常，那么通常考虑快速将无异常的实例扩容，并将有问题的实例从负载均衡中移除，从而快速恢复业务，并且保留事故现场。

在完成线上问题的快速修复后，需要针对问题进行具体分析，定位到问题根因所在。

在定位到问题根因后，此次事故的排查并未结束，极为重要的一环是事故的总结。开发人员、测试人员和运维人员需要共同对整个问题的发生进行复盘，并对以下问题达成共识。

- 线上问题是什么？影响范围和影响时长是多少？
- 问题是如何解决的？是否已完全定位问题并解决问题？
- 为什么会发生问题？问题是否应在开发阶段和测试阶段被覆盖？
- 是否会出现类似问题？如何避免同类问题？

良好的问题复盘是避免问题扩大和问题重复发生的关键。整个线上问题的排查和解决过程是本书各章内容综合运用的实战。

第 8 章

可观测性的探索

随着可观测性的发展，越来越多的可观测性数据、越来越丰富的可观测性应用为探索可观测性的边界提供了无限遐想。本章主要介绍可观测性在 DevOps 与 AIOps 中的作用。在 DevOps 中，可观测性有助于用户了解服务的依赖关系，并及时发现新版本上线后的变化。可观测性在全链路压测和混沌工程中具有重要作用。本章还将探索在 AIOps 中应用可观测性数据以实现智能化运维，以及企业级场景下 AIOps 落地的难点与经验。

8.1 DevOps 与可观测性

在云原生时代，DevOps 推动了服务的快速部署和上线，也对服务的稳定性提出了更高的要求。在大量微服务快速迭代的系统中，保持服务稳定、减少线上故障，都需要依赖可观测性数据。可观测性不仅可以提供服务间的依赖关系和新版本发生的变化，还可以为全链路压测和混沌工程提供必要的信息。下面介绍可观测性在 DevOps 中的重要作用。

8.1.1 服务依赖关系

云原生系统以微服务的方式部署，在迭代部署更灵活高效的同时，微服务之间的依赖关系也随之更加复杂。一个服务的异常会导致上下游服务受到直接影响，更多的微服务会被间接影响，最终可能导致系统或应用发生灾难级故障。虽然开发人员可以在代码中尝试使用服务熔断、服务限流或服务路由等治理方法规避上下游服务的异常，但在应用此类治理方法之前，需要准确了解当前服务对其他服务的依赖关系。可观测性为用户了解服务之间的依赖关系提供了可能。

可观测性的链路追踪数据通常会记录请求的主调服务与被调服务，如 Zipkin 的 localEndpoint 和 remoteEndpoint 两个字段分别包含请求调用方和被调用方的服务名、IP 地址及端口号等信息。依赖链路追踪数据的主调数据和被调数据，可以构造出表现服务间依赖关系的服务依赖拓扑图。服务依赖拓扑图是一个有向图，图中的每个节点代表一个微服务或一个组件，每条有向边代表请求的依赖关系。服务依赖拓扑图通常还会展示指标数据，如请求的耗时、错误率和请求量等，从而使用户可以直接查看整个系统的运行状态。

图 8-1 所示是腾讯云微服务平台 TSF 的服务依赖拓扑图示例，其中 consumer-demo 与 provider-demo 是普通的微服务节点，scg 是网关微服务节点。在选中具体节点时，节点之间边的箭头表示服务的调用方向，边上的数值表示服务之间调用的延迟。例如，在选中 provider-demo 节点后，可以发现 consumer-demo 与 scg 都有调用 provider-demo 的请求，调用延迟分别是 1.14 毫秒与 0.9 毫秒。由此可知，服务间的依赖关系和指标数据都能清晰地在服务依赖拓扑图中展示。对于开发人员或运维人员来说，清晰、准确的服务依赖关系都能为下一步的服务治理或运维提供有力的支持。

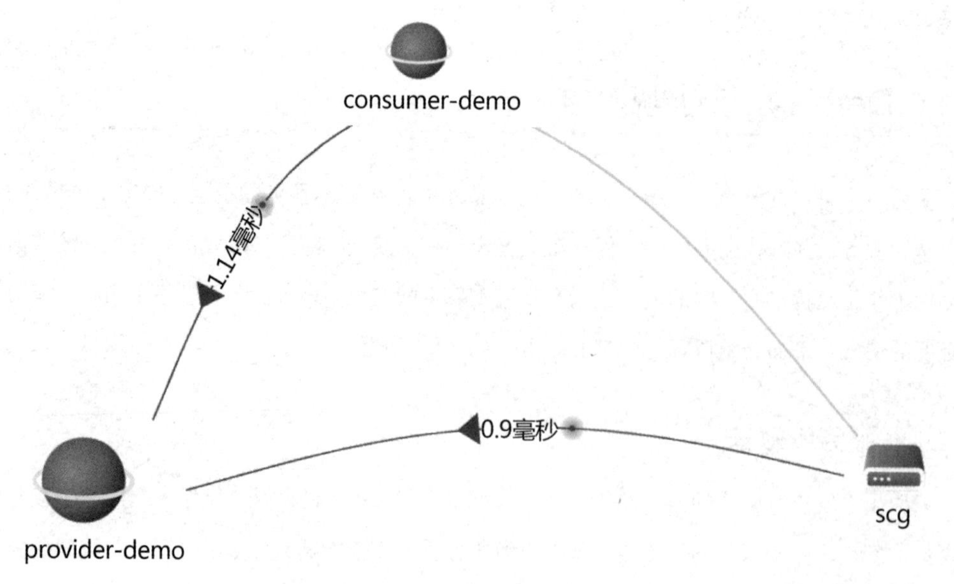

图 8-1

在实现服务依赖拓扑图时，可观测系统需要具备准确、近乎实时和灵活检索等特性。准确是指服务的依赖关系必须是准确的；近乎实时表示能在出现异常时及时判断影响的范围；灵活检索意味着针对任意的节点、调用链，以及任意指标的选择（如只显示异常），都能展示出预期内的服务依赖拓扑图。

服务依赖拓扑图是根据链路追踪数据聚合获取数据的，链路追踪数据量非常大。在企业级场景下，每秒的调用链数据能轻易达到百万级或千万级的数量，并且数据通常来自数万个服务或组件。因此，服务依赖拓扑图的实现需要考虑数据量大且数据基数较高的问题。

最简单的服务依赖拓扑图的实现方法是在服务维度进行链路追踪数据的聚合。例如，对于图 8-1 中的 3 个节点 consumer-demo、provider-demo 和 scg，存在的调用关系包括 consumer-demo→provider-demo、scg→provider-demo 和 consumer-demo→scg→provider-demo 等 3 种。在链路追踪的调用链中，根据 Span 的主调和被调进行聚合就有 3 种边，分别是 consumer-demo→provider-demo、scg→provider-demo 和 consumer-demo→scg。将聚合的 3 种边组合在一起，即可实现当前应用的服务依赖拓扑图。该种方法非常简单，是开源常用的方案。对于 Elasticsearch 或 ClickHouse，此类聚合都能用非常简单的命令完成查询。

直接聚合主调节点和被调节点无法满足对具体一种调用关系的检索，如对于图 8-1 中的 scg→provider-demo 的调用，在查询时输入“scg”作为起点服务，期望的结果是只展示 scg 节点和 provider-demo 节点，但是实际上会展示 scg 节点、provider-demo 节点和 consumer-demo 节点，与预期不符。

因此，改进的实现方式是根据具体的调用关系来聚合。仍然以图 8-1 中的调用关系为例，当前应用存在 3 种调用关系，也就是 consumer-demo→provider-demo、scg→provider-demo 和 consumer-demo→scg→provider-demo，分别命名为路径 1、路径 2 和路径 3，标记路径 1 经过了 consumer-demo 节点和 provider-demo 节点，路径 2 经过了 scg 节点和 provider-demo 节点，路径 3 经过了 consumer-demo 节点、scg 节点和 provider-demo 节点。如果将 scg 作为起点服务，那么查询到路径 2 满足需求，将路径 2 所属的节点展示在服务依赖拓扑图中即可。

以链路关系的维度记录节点之间的关系，能准确地获取各种不同输入的依赖关系。但该方法需要根据调用链的 parentID 字段（也就是当前 Span 的上一个 Span）进行聚合，由此可以判断 Span

之间的依赖关系。在实际应用时，由于服务上报调用链存在不同程度的延迟，并且嵌套的调用关系非常多，按照准确的服务依赖关系进行聚合的效率非常低，存在实际调用关系的类型太多导致基数太大，以及服务调用关系较深导致嵌套聚合过多等问题，因此在大数据场景下仍不是实现服务依赖拓扑图的较方法。

一种折中查询效率和准确度的方法是仍然以主调服务和被调服务的组合进行聚合，但增加拓扑关系的缓存和实时调用链的冗余查询，可以确保数据准确。在大数据场景下，如果查询服务依赖拓扑图的时间范围很大，那么命中的链路追踪数据量可能会达到 TB 级。对 TB 级的数据进行实时聚合的延迟非常高，因此上面介绍的两种方法中的任意一种都无法完成较大时间范围的查询。考虑到企业级的应用是比较稳定的，服务可能在不断更新迭代中，但服务之间的关系通常不会发生较大的变化，因此可以设计缓存服务依赖拓扑图中节点和边的关系。

具体而言，仍然使用主调与被调相结合的聚合方法，从链路追踪数据中聚合出服务和服务之间的依赖关系。按照一个较小的时间粒度重复计算，需要先确保该时间粒度下聚合的延迟非常低，再构造缓存记录服务依赖拓扑图中节点和边的在线时间与离线时间。因此，无论上报的调用链数据量多大，在服务依赖拓扑图缓存中数据的粒度始终是服务级的。相比 TB 级的调用链数据，服务级维度的数据将长期保持在 MB 级。每次聚合仅对当前的服务依赖拓扑图进行存量更新，相比之前每次的全量查询性能会有显著的提升。对于查询请求，由于缓存始终代表最新的服务依赖拓扑图，因此查询也是近乎实时的。

增加服务依赖拓扑图缓存仍无法解决指定具体调用关系的需求。因此，需要在服务依赖拓扑图查询前增加调用链查询的逻辑。具体而言，对于指定的调用关系，先通过调用链查询所有的 Span，再直接聚合 Span 的所有主调节点和被调节点，最后将聚合后的主调节点和被调节点作为输入对服务依赖拓扑图缓存进行过滤。在聚合 Span 时只需获取主调节点和被调节点的信息，无须根据 parentID 对上下游关系进行嵌套聚合，因此避免了查询效率的问题。通过服务依赖拓扑图缓存和调用链查询两个存储和查询层次的冗余，可以实现大数据多服务下准确、近乎实时和灵活检索的服务依赖拓扑图能力。开发人员也可以选择以图数据库作为基础实现服务依赖拓扑图缓存，但这会引入新的数据库类型并增加运维的复杂度。

在获得服务依赖拓扑图之后，将服务节点和服务间调用边作为输入，从指标系统中获取指标数据，从而构成如图 8-1 所示的完善的服务依赖拓扑图。在任意服务发生故障时，通过服务依赖拓扑图可以快速定位到上下游服务，从而立即对上下游服务采用服务治理等方法做出保护，避免出现级联异常。

8.1.2　了解新版本的变化

DevOps 追求快速高效的迭代，这会使服务的发布次数增加。发布次数越多意味着发生故障的可能性越高。DevOps 推出了几种常见的发布策略，以减少发布导致的故障概率，如灰度发布、滚动发布及蓝绿发布等。无论采用哪一种发布策略，关键在于如何判断新版本所在的环境是可用的及符合业务预期的，这就需要引入可观测性。可观测性在各种发布策略中扮演是否继续发布的关键角色。

下面以灰度发布为例展开介绍。灰度发布是在线上环境中选择一部分机器或部署单元，将这部分机器或部署单元的代码更新到最新的版本中，并以流量达标的方法将部分流量引入部署了新代码的环境中。在验证无误后逐渐扩大灰度的范围，直到所有的部署单元都部署完新的代码。在整个新版本的发布过程中，线上同时有新的代码与旧的代码两套环境，所以可以比较新旧代码环境的差异，以及在新代码环境出现问题时快速回滚到旧代码环境中。灰度发布是无停机的发布策略，但发布周期较长，需要能够判断新代码环境是否有可用的完善机制。

在灰度发布中，可观测系统可以实现对新旧版本有流量时的性能对比，如不同部署单元的请求量、请求延迟和错误率等重要指标，从而对比发现新版本部署的环境是否存在问题。对于性能优化类的发布，请求延迟的下降是检验性能优化成功与否的重要标志。

下面以腾讯云微服务平台 TSF 提供的功能为例展开介绍。图 8-2 和图 8-3 中配置了灰度发布的参数，通过对服务请求打标，可以对入口流量进行分发，此处的最小部署单元为微服务平台的部署组。图 8-3 中指定的流量的入口微服务是 consumer-new 部署组。如果满足如图 8-2 所示的标签 tag1 的值为 123，那么流量将分发到 provider-1 部署组中；如果不满足如图 8-2 所示的配置，那么流量将分发到其他微服务部署组中，如 provider-2 部署组。

查看不同部署单元的监控，如图 8-4 所示，在部署之后，新部署单元接收请求的平均响应耗时是 1.1 毫秒，旧部署单元的平均响应耗时是 0.48 毫秒，新部署单元的平均响应耗时比旧部署单元的长，此时需要针对新部署单元的代码或部署环境进行分析。

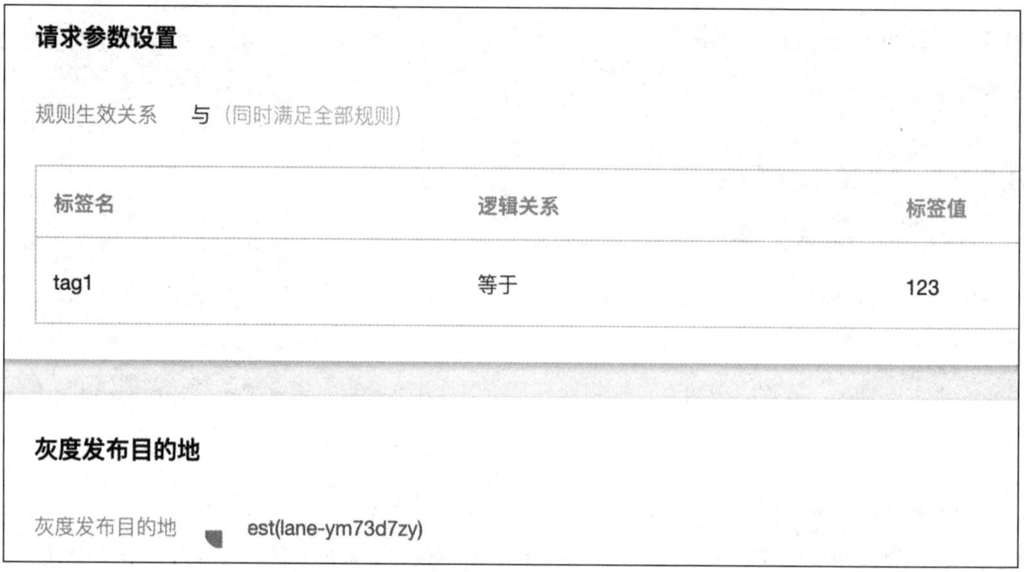

请求参数设置

规则生效关系　与（同时满足全部规则）

标签名	逻辑关系	标签值
tag1	等于	123

灰度发布目的地

灰度发布目的地　est(lane-ym73d7zy)

图 8-2

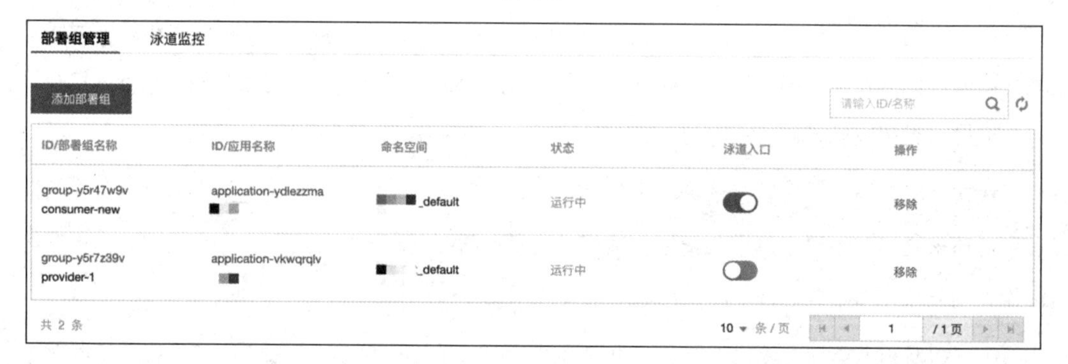

部署组管理　泳道监控

添加部署组

ID/部署组名称	ID/应用名称	命名空间	状态	泳道入口	操作
group-y5r47w9v consumer-new	application-ydlezzma	_default	运行中		移除
group-y5r7z39v provider-1	application-vkwqrqlv	_default	运行中		移除

共 2 条　10 条 / 页　1　/ 1 页

图 8-3

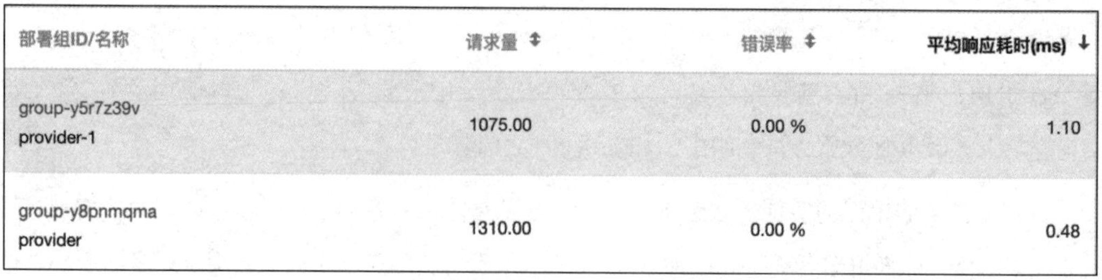

部署组ID/名称	请求量	错误率	平均响应耗时(ms)
group-y5r7z39v provider-1	1075.00	0.00 %	1.10
group-y8pnmqma provider	1310.00	0.00 %	0.48

图 8-4

灰度环境的响应耗时如图 8-5 所示。在发布后的一段时间内响应耗时都比较高，但随着时间的增加，响应耗时的平均值、P50、P75 和 P95 等指标总体上呈现下降趋势，发布后约 10 分钟，平均响应耗时已下降至刚发布时的约 55%。响应耗时的 P99 指标在 17:35 突增，对应时间段的调用链的详细信息如图 8-6 所示。图 8-6 中的“调用信息”区域展示了请求是从 consumer-new 部署组到达 provider-1 部署组的，调用的接口是/echo/{param}；“阶段耗时”区域提示新部署的服务单元对该请求的处理时间达到了 6.47 毫秒。结合代码判断在刚发布后流量切换时，路由花费了更多的时间。随后的请求将命中服务路由的缓存，从而减小平均响应耗时。图 8-5 中出现的响应耗时的减小趋势和突增与服务路由的花费有直接的关系，属于发布期间正常的变化，排除了服务的异常，因此可以继续下一阶段的发布。

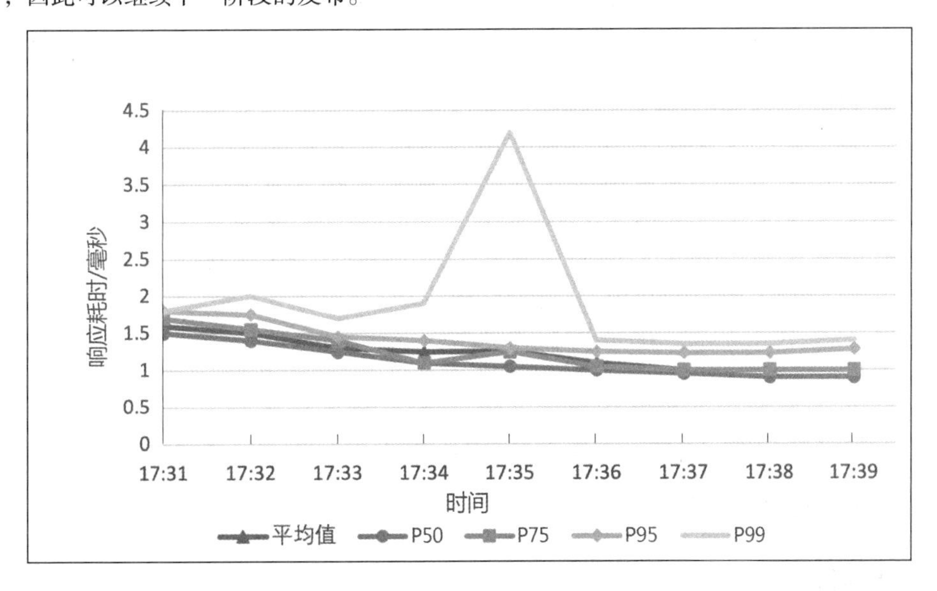

图 8-5

DevOps 的快速迭代离不开可观测性的支持。在实践 DevOps 不同的发布策略之前，需要构建完善的可观测平台。例如，在微服务平台的发布案例中，当迭代发布时，如果任意可观测性数据出现异常，那么通过可观测系统可以快速定位到问题发生在代码层面或部署环境层面，从而修复问题或回滚版本，以避免问题的扩大，在提高发布效率的同时最大限度地降低故障发生率。

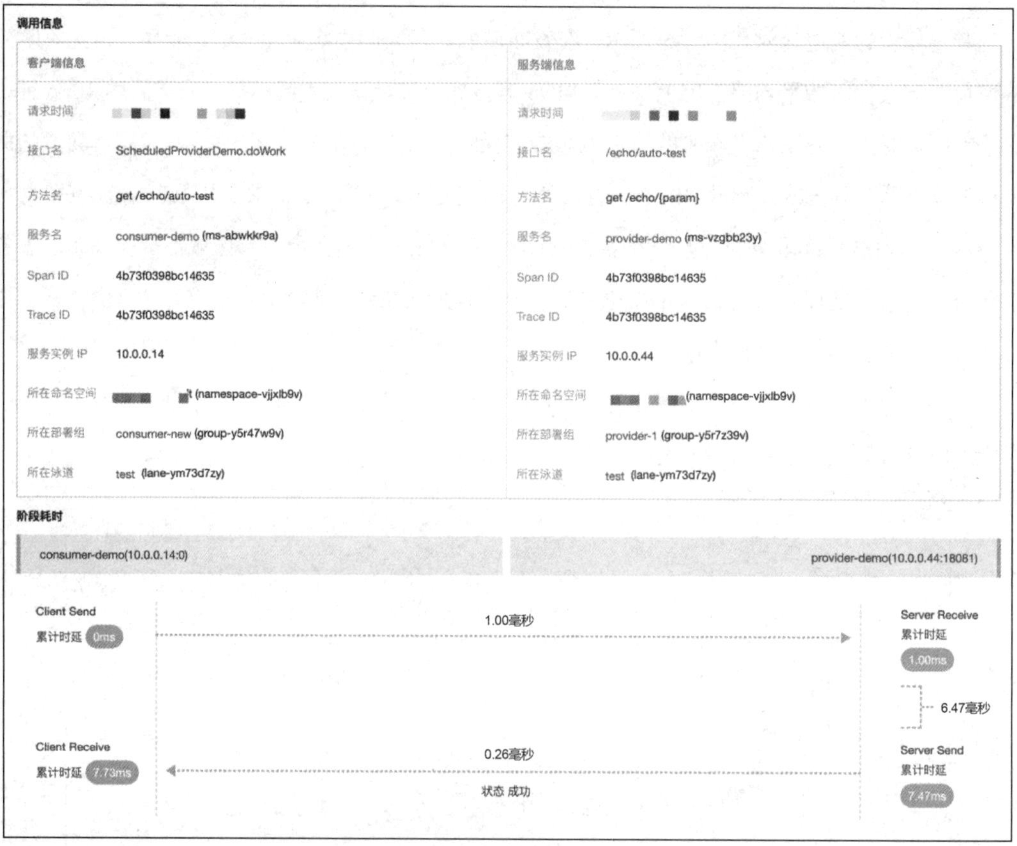

调用信息			
客户端信息		服务端信息	
请求时间	[illegible]	请求时间	[illegible]
接口名	ScheduledProviderDemo.doWork	接口名	/echo/auto-test
方法名	get /echo/auto-test	方法名	get /echo/{param}
服务名	consumer-demo (ms-abwkkr9a)	服务名	provider-demo (ms-vzgbb23y)
Span ID	4b73f0398bc14635	Span ID	4b73f0398bc14635
Trace ID	4b73f0398bc14635	Trace ID	4b73f0398bc14635
服务实例 IP	10.0.0.14	服务实例 IP	10.0.0.44
所在命名空间	(namespace-vjjxlb9v)	所在命名空间	(namespace-vjjxlb9v)
所在部署组	consumer-new (group-y5r47w9v)	所在部署组	provider-1 (group-y5r7z39v)
所在泳道	test (lane-ym73d7zy)	所在泳道	test (lane-ym73d7zy)

阶段耗时

consumer-demo(10.0.0.14:0)　　provider-demo(10.0.0.44:18081)

Client Send 累计时延 0ms —— 1.00毫秒 ——> Server Receive 累计时延 1.00ms

6.47毫秒

Client Receive 累计时延 7.73ms <—— 0.26毫秒 状态 成功 —— Server Send 累计时延 7.47ms

图 8-6

8.1.3 全链路压力测试不可或缺的可观测性

压测是验证应用可用性和性能的关键方法。目前，云原生应用通常由大量的微服务构成，微服务可以互相调用，很难对单一的微服务进行压测，并且很难在测试环境下复制整个调用链路，因此全链路压测是企业级架构中常见的压测模式。相比传统的压测方法，全链路压测的作用对象扩大到调用的整个链路，并且在生产环境下直接进行压测。因此，全链路压测需要重点关注不能对生产环境正常的业务请求产生影响。

在 DevOps 快速迭代上线的过程中，需要引入全链路压测对新版本进行性能评估和可用性检测，以避免新版本影响性能或边界条件存在问题，这在一般的测试中通常难以发现。

可观测是全链路压测中不可或缺的部分。全链路压测的重点在于全链路，因为在压测前需要对压测对象进行评估。在可观测系统中，可以找到生产环境既有的所有请求链路。读者可以参考 8.1.1 节的内容了解可观测系统中服务之间的依赖关系，这通常需要依赖链路追踪系统（读者可以参考第 4 章了解链路追踪系统）。

通过可观测系统获取全链路的服务依赖关系后，如果直接开始执行全链路压测，那么会对生产环境造成极大的压力，甚至可能引发服务雪崩的线上故障。虽然云原生服务通常用弹性扩容/缩容来保证服务在突发流量下的可用性，但全链路压测可能涉及无法容器化的支撑组件，或者容器平台底座需要准备硬件资源。因此，在真正执行全链路压测前，还需要评估全链路压测的流量对全链路中各微服务和组件的影响，以及是否需要提前扩容或准备硬件资源。

通过可观测系统对各微服务和组件进行监控，可以评估服务入口流量与各项监控指标之间的比例关系，包括硬件维度的监控（如 CPU 使用率、内存使用率、磁盘 I/O 状态、网络请求量等）、服务维度的监控（如请求量、错误率和调用延迟等）及组件维度的监控（如数据库、消息队列等中间件的各项监控指标）。在了解全链路压测前的系统状态后，需要确认可弹性扩容的服务或组件，并在压测开始后关注这些组件的扩容情况，验证弹性扩容是否满足预期。对于需要手动扩容的组件，在压测开始前建议配置半自动化的扩容/缩容方案，即通过配置化的方式完成组件的扩容/缩容操作。

为了保证全链路压测不会影响正常流量，需要区分压测流量和正常流量，也就是对压测流量进行打标，如增加 HTTP 请求头等，从而实现在可观测系统中对不同类型的流量进行观察。全链路压测中涉及的所有服务和组件，需要完善告警策略，以保证在任意指标出现异常时，可以及时触发告警并通知压测人员。如果支持服务熔断等治理策略，那么需要在压测前配置或调整熔断策略与阈值，从而保证在大流量下正常服务的可用性。另外，建议配置一键开启或关闭压测流量的开关，用来保证服务在异常时可立即移除压测流量，使线上业务快速恢复正常。

在全链路压测过程中，需要通过可观测系统密切关注全链路中各个服务和组件的运行状态，包括正常流量的各项指标是否有异常，是否有异常日志和告警等，以及压测流量的表现是否符合预期。如果期望获得告警，那么密切关注是否能从可观测系统中收到告警。如果期望压测流量进入指定的服务，那么密切关注是否可以从可观测系统的链路观测中得到验证等。在全链路压测过程中，可观测系统扮演了验证压测是否顺利及评估是否需要终止压测的重要角色。

在全链路压测结束后，需要通过可观测系统输出全链路压测中各服务的性能和监控统计结果，并与压测前的预期进行对比，继而完善压测方案或补充服务的监控指标维度。如果压测的结果与预期不符合，对于有异常的请求，就需要从可观测系统中获取请求的调用链进行分析，在修复后可以尝试复原异常请求并再次验证。对于代码类的问题，可以使用 Profile 对异常进行诊断。

在全链路压测的整个流程中，可观测性都发挥了不可或缺的作用。在压测前，通过可观测系统可以发现全链路中的各服务和组件，并为压测提供扩容和告警建议；在压测中，可观测系统可以实时输出被压测的系统状态，并及时发出告警；在压测后，可观测系统有助于快速定位出现的问题，并完善压测方案。

8.1.4 利用混沌工程及时发现问题

根据中国信息通信研究院发布的《混沌工程实践指南（2021 年）》可知，混沌工程是通过主动向系统中引入软件或硬件的异常状态（扰动）制造故障场景，并根据系统在各种压力下的行为表现确定优化策略的一种系统稳定性保障手段。不同于被动地在客户使用服务时发现的异常，混沌工程由服务提供者主动发现并解决服务问题。

混沌工程与可观测性密不可分，在混沌工程实施前，需要引入完善的可观测性建设，否则无法判断当前服务的运行状态是否正常，也无法对服务的健康程度构造基线（基线包括业务应用和平台的可观测性数据，如监控指标、链路、事件及日志等）。在混沌工程实施中，可观测系统提供了对实施混沌工程服务的全方位观测，各项可观测性数据的表现需要 DevOps 实施者密切关注，一旦任何可观测指标与预期不符，就需要考虑终止混沌工程的实施并分析根因。在实施混沌工程后，如果服务出现了预期之外的问题，就需要结合可观测性的 Profile 诊断及定位问题的根因，并将其补充到可观测性建设中。可观测性与混沌工程是相辅相成的，服务越复杂，混沌工程实施的切点越多，可观测性需要覆盖的点也就越多。缺少可观测性的混沌工程将失去其主动发现并解决问题的价值。

当前常用的混沌工程框架有 Chaos Monkey、Chaos Toolkit、Chaos Blade 和 Chaos Mesh 等。下面以 Chaos Monkey 和 Chaos Blade 为例展示针对一个 Spring Boot 服务的混沌工程与可观测性的实践。

Chaos Monkey 可以通过依赖或外置 jar 包两种方式引入。本节在 Maven 的 pom.xml 文件中引入 Chaos Monkey，代码如下所示（此处的版本最好与 Spring Boot 的版本保持一致，以避免出现兼容性问题）：

```
<dependency>
   <groupId>de.codecentric</groupId>
   <artifactId>chaos-monkey-spring-boot</artifactId>
   <version>2.7.0</version>
</dependency>
```

在 application.yaml 文件中配置 Chaos Monkey 的相关设置如下所示（chaos.monkey.assaults.level 与 chaos.monkey.assaults.deterministic 决定了 Chaos Monkey 将每两次请求攻击一次，chaos.monkey.assaults.latencyActive 指定启用延迟攻击，也就是 Chaos Monkey 会故意将代码逻辑执行延迟。参数 chaos.monkey.assaults.latencyRangeStart 与 chaos.monkey.assaults.latencyRangeEnd 用来指定攻击执行时延迟的上限与下限。chaos.monkey.watcher 参数用来指定延迟攻击的作用范围，此处的 Spring Boot 使用了 RestController 注解的类）：

```
spring:
 profiles:
   active: chaos-monkey

chaos:
 monkey:
   # 启动 Monkey
   enabled: true
   assaults:
     level: 2
     deterministic: true
     latencyRangeStart: 5000
     latencyRangeEnd: 10000
     latencyActive: true
   watcher:
     restController: true
```

请求服务的接口，可以发现每隔一个请求就会出现较长的请求延迟。此时服务的调用链如下所示（可以发现两个请求的调用耗时存在显著差异。如果服务配置了调用耗时告警事件，那么此处会收到调用耗时异常增加的事件）：

```
{"traceId":"9f0694c2632dd233","id":"9f0694c2632dd233","kind":"SERVER","name":"get/
echo/{param}","timestamp":1671970537736054,"duration":2806,"localEndpoint":
{"serviceName":"provider-demo","ipv4":"172.30.0.86","port":18081},"remoteEndpoint":
{"ipv6":"::1","port":45202},"tags":{"http.method":"GET","http.path":"/echo/123",
"localInterface":"/echo/123","mvc.controller.class":"ProviderController","mvc.
controller.method":"echo","pathTemplate":"/echo/{param}","resultStatus":"200"}}
{"traceId":"c7fcaf97707d1f5a","id":"c7fcaf97707d1f5a","kind":"SERVER","name":"get/
echo/{param}","timestamp":1671970538906065,"duration":8894940,"localEndpoint":
{"serviceName":"provider-demo","ipv4":"172.30.0.86","port":18081},"remoteEndpoint":
{"ipv6":"::1","port":45206},"tags":{"http.method":"GET","http.path":"/echo/123",
"localInterface":"/echo/123","mvc.controller.class":"ProviderController","mvc.
controller.method":"echo","pathTemplate":"/echo/{param}","resultStatus":"200"}}
```


Chaos Monkey 还可以用来执行异常、关闭进程、消耗内存和 CPU 等。在混沌工程实践中，根据 Chaos Monkey 的功能，可以模拟服务可能出现的异常，结合可观测能力还可以检验服务的容错性和鲁棒性，从而提升服务的稳定性。

Chaos Blade 是阿里巴巴开源的混沌工程框架，支持对硬件、平台和应用的故障注入。下面继续对一个 Spring Boot 微服务基于 Chaos Blade 实践混沌工程和故障注入。首先在应用部署的机器上安装 Chaos Blade，命令如下：

```
wget
https://github.com/chaosblade-io/chaosblade/releases/download/v1.7.1/chaosblade-1.7.1-
linux-amd64.tar.gz

tar -xvf chaosblade-1.7.1-linux-amd64.tar.gz && cd chaosblade-1.7.1/
```

然后使用./blade v 命令验证安装是否成功，输出结果如下：

```
[root@VM-0-86-centos chaosblade-1.7.1]# ./blade v
version: 1.7.1
env: #1 SMP Thu Mar 17 17:08:06 UTC 2022 x86_64
build-time: Thu Dec 15 07:57:49 UTC 2022
```

最后基于 Chaos Blade 对当前机器上的 Java 服务做故障注入。先使用 jps 命令获取 Java 服务的进程号，再使用./blade prepare jvm --pid 26515 命令执行注入前的 prepare 操作。使用./blade c jvm cfl --pid 26515 --cpu-count 2 命令可以模拟 Java 进程 CPU 满载的场景，其中的--cpu-count 用来指定满载的核数。此时可以查看可观测系统的 CPU 使用率，如图 8-7 所示。在 Chaos Blade 执行 CPU 满载模拟后，服务的 CPU 使用率明显上升。在此种场景下，可以检验服务具有大规模请求或大量计算任务时的性能状态。当需要模拟任务结束时，执行./blade d a4352ba824eb30eb 命令，其中的 a4352ba824eb30eb 是执行模拟操作时的返回值。

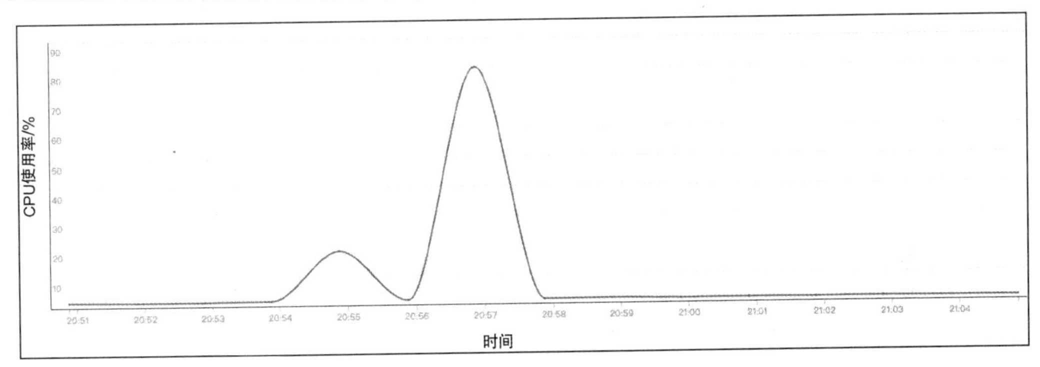

图 8-7

Chaos Blade 还可以用来模拟 OOM 的场景，如使用./blade c jvm oom --area HEAP --pid 26515 命令可以模拟堆内存 OOM 的场景。查看可观测系统的内存监控，在模拟操作发生后，堆内存使用率就达到了堆内存的上限（见图 8-8），并且不断触发 Young GC（见图 8-9）和 Full GC（见图 8-10）。在这种场景触发下，可以检测服务在频繁出现 GC 时的性能状况。

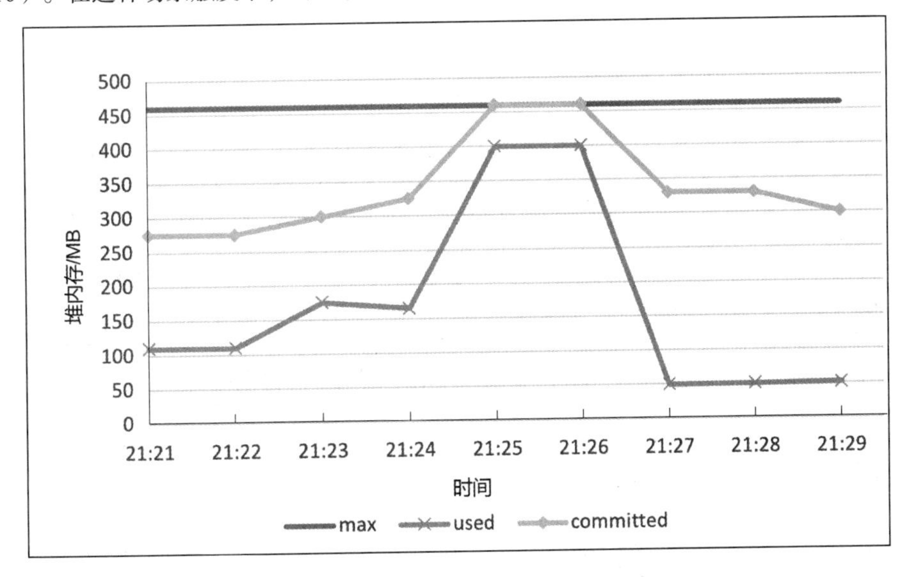

图 8-8

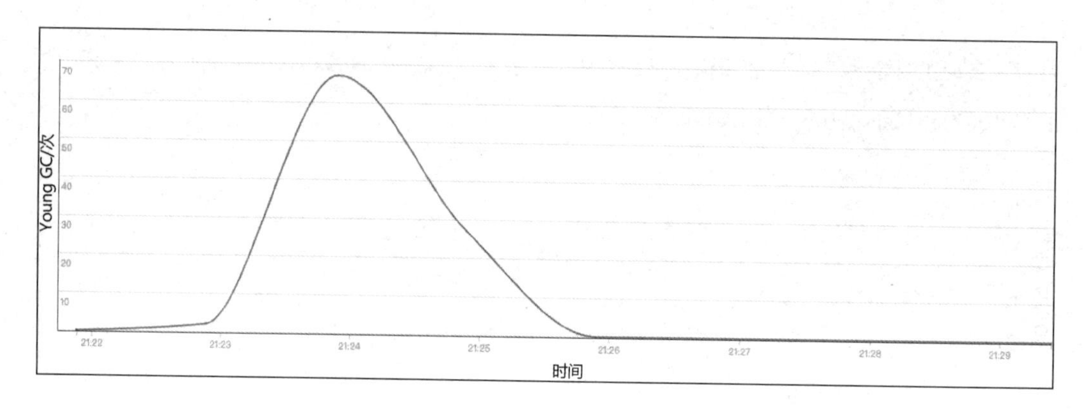

图 8-9

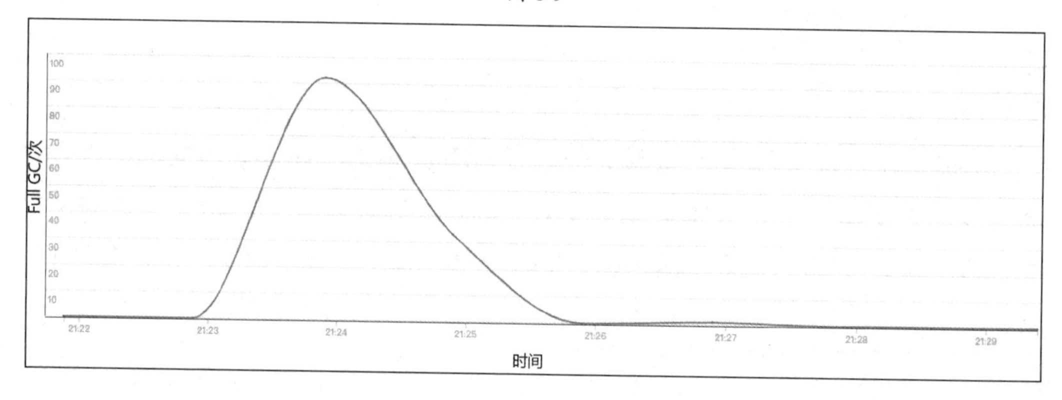

图 8-10

Chaos Blade 还可以对 Java 应用模拟类方法调用延迟、指定类方法返回值、模拟类方法抛出自定义异常等进行操作，对主机模拟网络、CPU 和磁盘等故障，以及对 k8s Pod、节点和容器执行故障注入等。通过 Chaos Blade 实施的混沌工程与可观测性相结合，可以检验服务在出现各种异常时的性能，主动发现服务问题，避免类似问题在线上环境中出现。

随着云原生技术的不断发展，混沌工程的复杂度会越来越高，规模也会越来越大，所以对可观测性的覆盖度和性能要求也会越来越高。不断地在混沌工程实施中提升可观测性的能力，有助于线上服务的稳定运行和故障的快速定位处理。

8.2 AIOps 与可观测性

AIOps 是指使用人工智能优化 IT 运行，也就是智能运维。AIOps 使用数据分析、机器学习等从海量的运营数据中主动学习规则并做出决策，从而实现自动化运维。AIOps 将人工智能与运维结合在一起，常见的应用场景包括异常检测、事件关联、趋势预测和故障诊断等。

AIOps 不仅需要依赖人工智能算法，还需要依赖运维数据。在大多数场景下，运维数据都来自可观测性数据，如指标数据、日志数据等。因此，了解可观测性数据并从中提炼出有价值的洞察信息是 AIOps 实践的必经之路。

8.2.1 如何选择合适的数据和算法

在实践 AIOps 之前，应该先确定是否需要 AIOps。AIOps 虽然能实现智能运维，但对于一些业务场景，进行简单的规则判断即可实现运维的自动化。例如，在异常检测场景中，通过对日志数据进行简单的 grep 查询，就可以过滤出有“ERROR”内容的数据，从而实现日志告警的功能。通过对容器配置 CPU 使用率或内存使用率的阈值，可以实现弹性扩容/缩容。此类基于规则的配置能快速上线，是实践智能运维的前奏。当基于规则的判断无法定位业务异常或无法进行有效分析，以及需要对未来业务趋势进行预测时，就可以使用 AIOps。

AIOps 离不开可观测性数据。在本书介绍的可观测性实践的各类系统中，会产生大量的可观测性数据。在基于可观测性数据应用 AIOps 之前，需要选择合适的可观测性数据。AIOps 中可观测性数据的特征包括以下几点。

- 时序相关性。可观测性数据源于实时运行的业务程序，伴随业务程序的生命周期不断产生新的数据。同一周期内的数据可能存在相似性，因此时序相关性是选择 AIOps 算法需要着重关注的特征。
- 时效性。距离当下越近，可观测性数据的价值越高。因此，AIOps 需要能及时处理数据，较高的延迟会使数据的价值下降。
- 大数据量。可观测性数据来源于多个系统，并且所有线上业务都会产生。这意味着可观测性数据的规模非常大，AIOps 需要有能高效处理大规模数据的能力。
- 高维度、高基数，并且频繁变化。可观测性数据来源于各类业务系统，新的业务系统上线后会出现新的维度和新的数据格式，可观测性数据会出现高维度、高基数的特征。服务的频繁变化会使可观测性数据难以保持统一的维度。因此，AIOps 需要能够应对数据频繁变化且基数和维度较高的场景。

上述特征决定了 AIOps 中的机器学习模型需要能够快速对大量变化的数据进行处理，这为算法的设计与开发带来了较大的挑战。

在引入 AIOps 中之前，通常可以将可观测性数据划分为指标数据、文本数据及拓扑结构数据等。指标数据是 AIOps 中常见的数据源类型，来自指标系统的大量数据非常适合应用各类机器学习算法，如 CPU 使用率、内存使用率、磁盘使用率、请求量、请求耗时、请求错误率和 GC 次数等；事件的触发与未触发也可抽象为指标数据。指标数据是数值类型的表达，因此不需要进行转换即可输入机器学习模型中进行计算。

可观测性数据中的文本数据通常来自日志系统。日志可以来自虚拟机或容器系统的运行日志，也可以来自业务程序的输出日志。文本数据还可来自事件系统，如 Kubernetes 事件中的文本。文本数据没有统一的格式，不同的业务程序输出的日志中的表达信息也千差万别。因此，使用文本数据需要有数据打标的前置步骤，以及大量数据预处理操作，从而使不同的文本数据有比较标准的预处理后的表现。

可观测性数据中的拓扑结构数据可以来自链路追踪数据聚合后的结果，8.1.1 节介绍了如何从链路追踪数据中挖掘服务之间的服务依赖拓扑图。拓扑结构数据还可以是类级别的数据，如在 Java Profile 中可以挖掘出类的加载顺序及依赖关系。在数据中心或网络中心，网络拓扑图也是经常出现的可观测性数据。通过聚类算法可以聚合出不同的类别，类别之间的连线也可以形成拓扑结构图。网络拓扑结构在自动定位问题根因和问题影响程度的模型中是必要的数据之一。

AIOps 的各个应用场景离不开可观测性数据的支撑。AIOps 的实践需要根据应用场景从海量的可观测性数据中选择合适的数据，并用合适的算法构建模型。

AIOps 最常见的场景之一是异常检测。异常检测有两个主要的应用任务，分别是离群点挖掘和目标异常判定。离群点挖掘主要用于识别数据源中的异常数据，如果因为网络问题丢失数据，那么某个时间点的指标值为 0。离群点会影响数据的质量，在后续数据分析环节会影响模型的构建和使用效果。离群点检测可以剔除数据源中的此类异常数据，提高数据质量。

目标异常判定是检测整个服务或服务的某个指标的异常行为，根据检测对象的不同，输入的数据可能是单个指标的连续时间区间的值，也可能是多个指标在同一连续时间区间的值。输出则是检测对象是否是异常状态。因此，可以将异常检测视为一个分类问题，而分类问题可以使用多种机器学习算法进行处理，如逻辑回归、决策树等简单算法，以及构建的深度学习模型等复杂算法。

故障诊断是 AIOps 典型的应用场景。在服务出现异常时，快速定位故障根因是缩短故障的关键因素之一。有经验的团队通常会根据异常发生时的各类可观测性数据整理出定位故障的思维导图，如故障发生时 CPU 使用率与内存使用率的情况，以及程序 GC 状态等。在 AIOps 中，根据运维人员的经验可以构造出故障诊断的专家系统。当发生故障时专家系统会根据程序化的经验快速判断并获得诊断结果。专家系统可以基于简单的规则判断进行构造，也可以基于概率图模型构造更复杂的系统。在云原生时代，服务之间的关系复杂且环境多变，可能会出现专家系统中缺乏经验的问题，此时可以通过可观测性数据中的调用链数据串联找到故障的发起服务，并以专家系统或人工接入的方式继续定位。

趋势预测是通过对一段时间内的可观测性数据进行分析，预测未来一段时间内的数据。趋势预测可以用于多个场景，如预测未来的指标值，在未来真实指标值出现时进行对比，在比例超过阈值时触发异常告警，或者在预测值超过一定的阈值后立即触发告警。趋势预测还可以用于对容量进行预估，如流量的变化、硬件资源使用率的变化，从而提前对业务进行扩容/缩容。趋势预测是典型的时间序列预测问题，因此可以使用 Holt-Winters 和 ARIMA 等算法，也可以构造循环神经网络模型等进行预测。

事件关联是判断两个可观测性数据之间是否有相关性的 AIOps 应用场景。例如，当服务出现响应耗时增加时，查看其与其他指标数据是否有关联，从而为异常的根因提供线索。常用的关联算法包括 Apriori 算法及改进的 FP-Growth 算法等。

AIOps 的应用场景有多种，每种场景都有丰富的可观测性数据。选择合适的可观测性数据能使算法构造出最佳的模型，而选择合适的算法能最大限度地体现可观测性数据的价值。面向运维场景，AIOps 更需要精准及时的数据与高效的算法相辅相成。

8.2.2 企业级场景下 AIOps 落地的难点与经验

AIOps 加速了智能化运维，减少了人工参与，看似是一个非常完美的通过技术提高生产力的案例。但是，AIOps 实际落地较为困难，大量实践还停留在简单的规则判断阶段。本节主要介绍 AIOps 落地实践的难点与相应的处理经验。

AIOps 落地实践困难的原因繁多，其中非常重要的一点是知识缺乏与分散。AIOps 的目标是智能运维，但并非只需要运维知识。对异常的判定、各项可观测性数据的含义的理解，都需要业务团队贡献其知识与经验。AIOps 与人工智能算法密不可分，理解最前沿的算法的优劣，需要算法工程师不断地学习与沉淀知识。AIOps 平台还需要开发人员构建稳定易用的操作平台。另外，AIOps 还需要运维人员提供运维的流程、方法等知识。AIOps 需要将业务、算法、开发和运维等知识整合在一起才能发挥作用。但在很多落地实践中，这些内容都或多或少有缺乏或缺少整合。

因此，在实践 AIOps 之前，需要针对具体的任务将业务、算法、开发和运维团队整合在一起。如图 8-11 所示，产品、运营等业务团队和运维人员分别需要为 AIOps 提供业务知识与需求，以及运维知识与需求。在整合知识与需求后，平台开发人员和算法工程师需要分别开发稳定易用的平台和高效准确的算法，并反馈给业务团队，以提供稳定高效的服务，同时为运维人员带来智能运维方面的体验。在 AIOps 的实践过程中，需要每个团队不断交流整合知识和反馈问题，这样才能使 AIOps 融合各个团队的知识，从而解决知识缺乏与分散带来的问题。

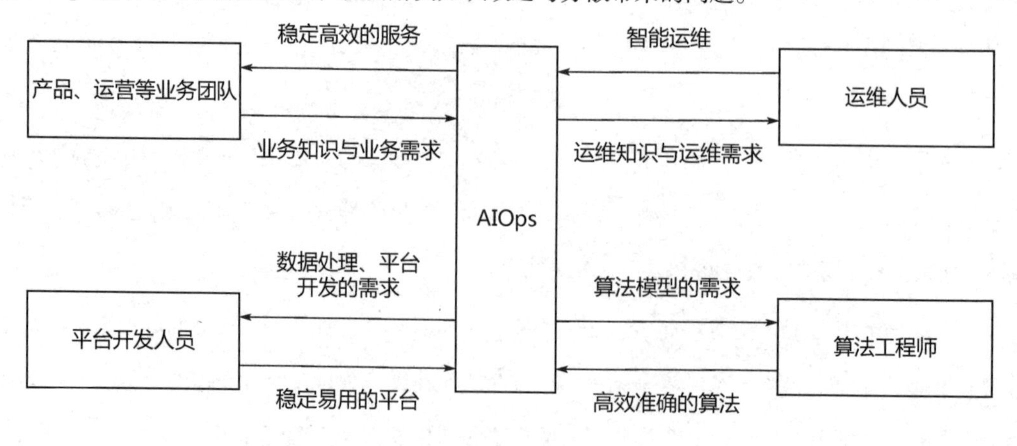

图 8-11

一些 AIOps 项目落地时会出现数据处理能力不足的问题。8.2.1 节在介绍可观测性数据的特征时提到，可观测性数据具有数据量大、变化频繁等特点。数据量大意味着无论是数据预处理阶段还是算法应用阶段，程序都要有处理海量数据的能力。大多数开源工具（如 ELK 等）在处理海量数据时都存在一些问题，需要开发团队做二次开发或扩展。处理后的数据需要保存到数据库中，海量数据可能有多种表达形式，这对存储成本来说压力不小。

面对数据量大的场景，简单有效的方式是采用分布式计算框架并适时对计算单元进行扩容。云计算也是一种应对大量数据的有效方法。另外，需要将在线计算与离线计算拆分。离线计算使用的数据可以存储在更廉价的设备上，机器学习模型的训练和完善也使用离线数据；在线计算相关的任务（如实时数据预处理及实时数据的模型输出计算）需要使用高速但成本较高的硬件。在设计算法时，需要考虑精准度与成本的平衡，如果简单的回归模型可以胜任绝大多数任务，那么是否需要更复杂的深度学习模型由 AIOps 团队决定。可观测性数据的生产者需要规范各个业务生产数据的格式，并尽可能减少数据预处理的步骤。建议对多个业务开发通用的统一脚手架，尽可能减少独立的维度，以及减少数据的维度和基数。

一些 AIOps 算法模型的通用性不够，因此开发迭代成本较高。可观测性数据的显著特征是变化频繁，微服务化使服务类型和服务的各项指标维度都处于快速变化中。在其他领域的人工智能问题中，模型的输入与输出往往是限定的，改进的是中间算法模块。AIOps 的输入随着微服务的变化不断变化，输出也随着业务团队的需求不断变化。变化频繁对模型的通用性提出了很高的要求。另外，AIOps 中的大多数机器学习方法都是有监督或半监督的，无监督模型的效果较差。模型对标签的依赖使模型通用化能力不足。

微服务频繁变化是不可控的因素，因此 AIOps 需要探索更通用化的模型。总结多个 AIOps 项目的共同点，查看是否可以在数据预处理阶段将差异化的数据通用化。探索可迁移学习的模型，如适配不同行业业务的模型，其区别只是数据的含义不同，是否可以将原始数据映射为通用的数值类型进行计算。对于标签的依赖问题，可以尝试将标注能力与业务相结合，如建立易用的标签平台，使业务、开发和运维团队在日常工作的同时可一并完成标签标注工作。通用化模型需要大量的实践和尝试，是 AIOps 实践中较难攀登的高峰。

AIOps 落地较难的另一个原因是结果可解释性较差。一些机器学习模型应用在 AIOps 中虽然有较好的效果，但由于 AIOps 是面向业务和运维的，因此做出的决策是可解释的，这为“黑盒”的机器学习方法带来了很大的挑战。如何为可行的决策结果补充有说服力的解释是当前 AIOps 落地遇到的难题。关于此类算法原理性的问题，笔者期待前沿研究能带来突破性的好消息。

AIOps 是可观测性发展中一个新兴的交叉领域。大量可观测性数据为 AIOps 的实践带来了更多的可能性。选择合适的可观测性数据作为“原料”，并配以合适的算法作为“加工方法”，相信 AIOps 即使有很多难点需要解决，最终也会变成云原生时代提高生产力的“利器”。